新手学Photoshop CS4中文版

U0117643

越萬年
帝豪莊園
DI HAO ZHUANG YUAN
BEST WISH TO YOU

Whiskey
Ballantine, founded in 1827, its products are produced in the Scottish Higlands of the eight breweries dominated the production of pure malt whiskey, is the world's most popular whiskey in Scotland and one gainst.

memory
岁月如歌 记忆的河

龍

CSC
ALM BRAND

新手学Photoshop CS4中文版

神龙工作室 编著

人 民 邮 电 出 版 社

北 京

图书在版编目（CIP）数据

新手学Photoshop CS4中文版 / 神龙工作室编著. --
北京 : 人民邮电出版社, 2010.6
ISBN 978-7-115-22709-6

Ⅰ. ①新… Ⅱ. ①神… Ⅲ. ①图形软件，
Photoshop CS4—基本知识 Ⅳ. ①TP391.41

中国版本图书馆CIP数据核字(2010)第071249号

内 容 提 要

本书是指导初学者快速掌握 Photoshop CS4 的入门书籍。书中详细地介绍了初学者必须掌握的 Photoshop CS4 软件的基础知识和操作方法，并对初学者在使用 Photoshop CS4 时经常会遇到的问题进行了专家级的指导，以免初学者在起步的过程中走弯路。本书分为 3 篇，第 1 篇主要介绍 Photoshop CS4 的基础知识和基本操作以及图像的基本修饰等内容；第 2 篇主要介绍运用 Photoshop CS4 软件中的路径和图层功能调整图像，利用通道和蒙版编辑图像，以及应用滤镜功能修饰图像等内容；第 3 篇主要介绍应用 Photoshop CS4 软件设计制作数码照片和商业案例，并应用路径功能绘制唯美人物等内容。

本书附带一张情景互动式多媒体教学光盘，可以帮助读者快速掌握 Photoshop CS4 的使用方法。光盘中不仅提供了与书中所有实例对应的素材文件和最终效果文件，同时还赠送了精彩的外挂滤镜使用电子手册、10 个 PSD 分层模板、70 个动作库、100 个样式库、863 个画笔素材、1026 个形状素材，大大扩充了本书的知识范围。

本书主要面向 Photoshop CS4 的初级用户，适合于广大 Photoshop CS4 图像处理爱好者以及各行各业需要学习 Photoshop CS4 软件的人员阅读，同时也可以作为 Photoshop CS4 图像处理短训班的培训教材或者学习辅导书。

新手学 Photoshop CS4 中文版

◆ 编　　著　神龙工作室
　责任编辑　马雪伶
◆ 人民邮电出版社出版发行　　北京市崇文区夕照寺街 14 号
　邮编　100061　　电子函件　315@ptpress.com.cn
　网址　http://www.ptpress.com.cn
　北京鑫丰华彩印有限公司印刷
◆ 开本：787×1092　1/16
　印张：13.5　　彩插：1
　字数：344 千字　　2010 年 6 月第 1 版
　印数：1 – 6 000 册　　2010 年 6 月北京第 1 次印刷

ISBN 978-7-115-22709-6

定价：29.80 元（附 DVD 光盘）

读者服务热线：(010)67132692　印装质量热线：(010)67129223
反盗版热线：(010)67171154

Preface 前言

Photoshop 很神秘吗?

不神秘!

学习 Photoshop CS4 图像处理难吗?

不难!

阅读本书能掌握使用 Photoshop CS4 处理图像的方法吗?

能!

为什么要阅读本书

随着 Photoshop 软件的不断升级，使用该软件制作平面设计作品已经不仅仅是专业人员需要学习和掌握的，对于普通人而言，熟练地掌握 Photoshop 软件不仅能在工作中帮助您解决平面设计方面的实际问题，而且还可以为您的生活增添更多的乐趣。

作为使用 Photoshop CS4 软件的新手，您是否也曾为如何辨别矢量图像与位图图像而发愁，您是否也曾为如何熟练使用各种工具而苦恼，您是否也曾为如何准确编辑选区以及有效应用图层而冥思苦想，您是否也曾为了如何制作漂亮的手绘效果而感到力不从心……如果您掌握了 Photoshop CS4 的一些基本概念和通用方法，多思考，勤动手，那么这些问题都会迎刃而解。基于这个出发点，我们组织了具有多年实践经验的 Photoshop 软件培训师，为使用 Photoshop CS4 软件的初学者编写了这本“入门”书籍。通过阅读本书，您也可以制作出完美的平面设计作品，充实自己的生活。

本书是否适合您

如果您是第一次使用 Photoshop CS4 软件，本书将从初学者的角度出发，一步一步地引导您掌握 Photoshop CS4 的基本操作；如果您还不知道 Photoshop CS4 有哪些功能，本书将以实例的形式，让您在边学边做的过程中通晓 Photoshop CS4 图像处理的强大功能；如果您对专业的图像处理软件的书籍感到费解，本书将以实例图解、视频演示的教学方式让您轻松掌握 Photoshop CS4 软件的各项实用技能。

阅读本书能学到什么

掌握 Photoshop CS4 的基本操作

掌握绘画与色彩应用功能

熟练应用图层、通道和蒙版的功能

掌握神奇的滤镜功能

手绘唯美人物

DVD-ROM 配套光盘使用说明

1 将光盘印有文字的一面朝上放入光驱中，几秒钟后光盘会自动运行。若光盘没有自动运行，可以打开【我的电脑】窗口，然后在光盘图标上单击鼠标右键，从弹出的快捷菜单中选择【自动播放】菜单项，光盘就会运行。

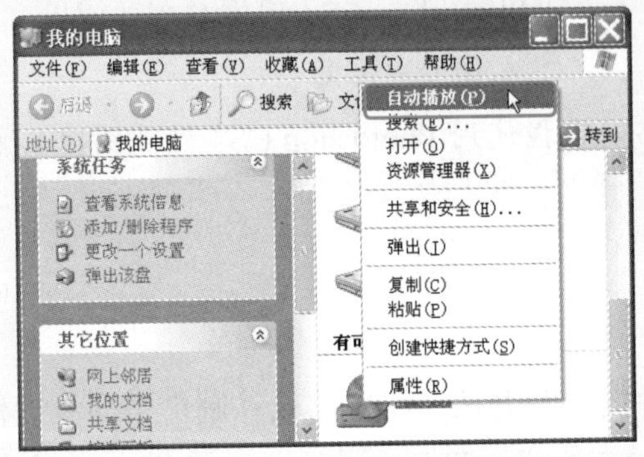

2 首先会播放一段片头动画，接着开始播放光盘中的人物介绍（单击鼠标左键可以跳过该环节），稍后会进入光盘的主界面，此时可以看到光盘中包含的各个章节目录。

3 将鼠标指针移到目录按钮上单击鼠标左键，会弹出对应的下一级子目录，然后单击某个子目录按钮即可进入光盘播放界面，并自动播放该节的内容。

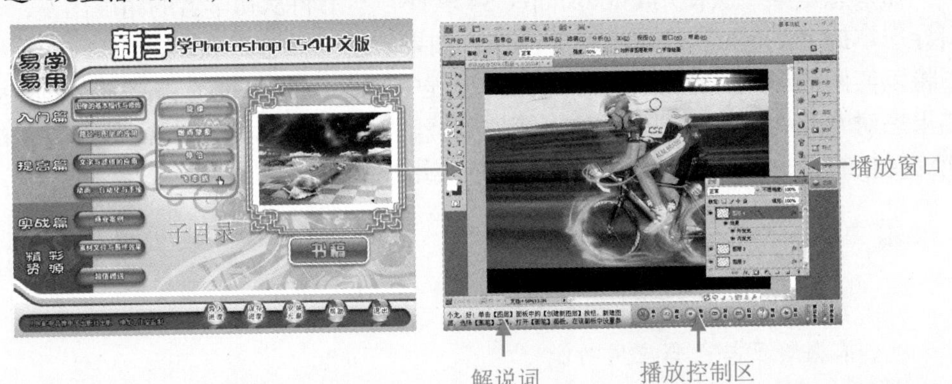

Contents 目录

第1篇 入门篇

第2篇 提高篇

以下内容请参见本书光盘

第3篇　实战篇

第 I 篇

入门篇

Photoshop 是目前功能比较强大并且使用比较广泛的平面设计软件之一，具有制作图形和编辑、修饰图像等功能，与多个行业密切相关。本篇主要介绍 Photoshop CS4 的基础入门知识、Photoshop 的工作界面和基本操作等相关内容。

新手

第1章 Photoshop CS4 基础知识

Chapter 

小月：小龙，你对 Photoshop 很精通吧？

小龙：呵呵，还可以吧！

小月：那你能教教我吗？

小龙：可以啊！这个软件很容易掌握。

小月：是吗？你快教我吧！

小龙：呵呵，好的。

要点导航

- Photoshop 的应用领域
- Photoshop CS4 的工作界面
- Photoshop CS4 的基本操作
- Photoshop CS4 的新增功能

1.1 Photoshop的应用领域

多数人对于 Photoshop 的了解仅限于“一个很好的图像编辑软件”，并不知道它的诸多应用方面。其实，在实际应用中，Photoshop 的应用领域是很广泛的。

1. 广告摄影

作为对视觉要求非常严格的广告摄影作品，往往需要经过 Photoshop 的处理才能得到满意的效果。

设置效果前后对比

2. 平面设计

平面设计是 Photoshop 应用最为广泛的领域，无论是图书封面，还是招贴画、海报，这些具有丰富图像的平面印刷品，基本上都需要使用 Photoshop 软件对图像进行处理。

设置效果前后对比

3. 修复照片

Photoshop 具有强大的图像修饰功能，利用这些功能可以快速修复人像照片中的瑕疵，也可以修复有问题的照片。

设置前效果

设置后效果

4. 婚纱写真设计

当前影楼里使用 Photoshop 软件设计婚纱及写真照片已经成为一种流行趋势。

婚纱设计

5. 视觉创意

视觉传达是艺术设计的一个分支，视觉传达设计通常没有非常明显的商业目的，但为广大设计爱好者提供了广阔的设计空间，因此 Photoshop 逐渐成为传达个人特色与风格的主要工具。

视觉创意

6. 影像创意

通过 Photoshop 的处理可以将原本毫不相关的对象组合在一起，也可以使用改头换面的手段使图像发生巨大的变化。

影像创意

7. 绘画

由于 Photoshop 具有良好的绘画与调色功能，可以使用【铅笔】和【钢笔】工具绘制草稿，然后使用 Photoshop 填色的方法来绘制插画。

绘画效果

8. 绘制或处理三维贴图

在三维软件中，能够制作出精良的模型，但是无法为模型应用逼真的贴图，也无法得到较好的渲染效果。实际上，在制作材质时，除了依靠软件本身具有材质功能外，还可以利用 Photoshop 制作在三维软件中无法得到的合适的材质。

9. 网页制作

网络的普及是促使更多人掌握 Photoshop 的一个重要原因，因为在制作网页的过程中 Photoshop 是必不可少的图像处理软件。

网页效果

1.2 Photoshop CS4的工作界面

Photoshop CS4 是在以往的 Photoshop 版本基础上进行的一次全新改版，与以前的版本相比，Photoshop CS4 的界面更加时尚，并且增加了很多实用功能。

Photoshop CS4 的工作界面在以往版本的基础上进行了一系列的变化，界面变得时尚并且容易操作，用户可以根据需要选择不同的工作区，并且可以存储或者自定义工作区，还可以对工具箱或者面板进行相应地缩放和组合。

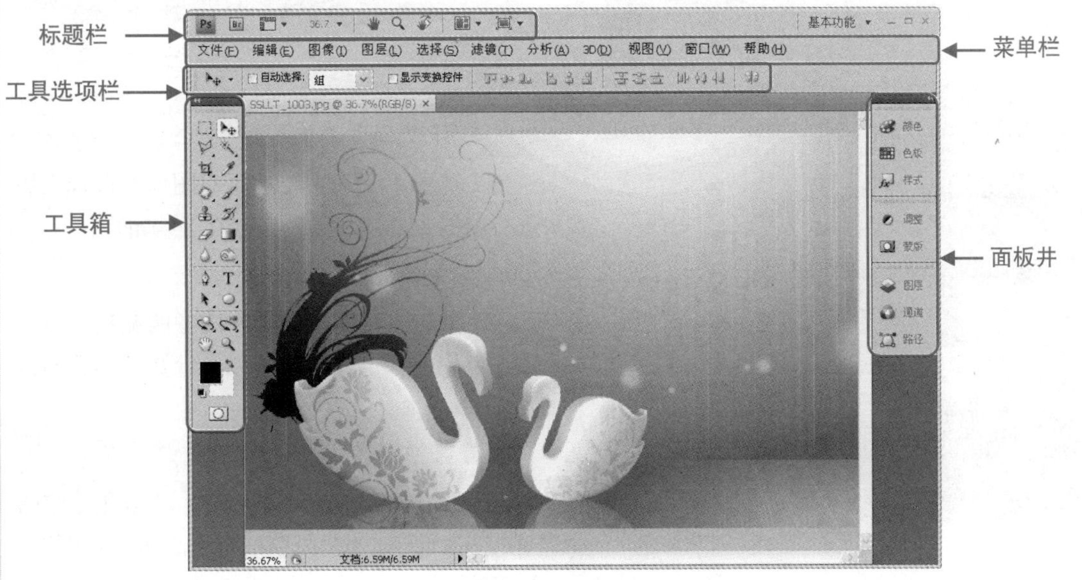

1. 标题栏

在标题栏中可以设置当前窗口中打开的图像的缩放级别、排列方式和屏幕的显示模式等属性。

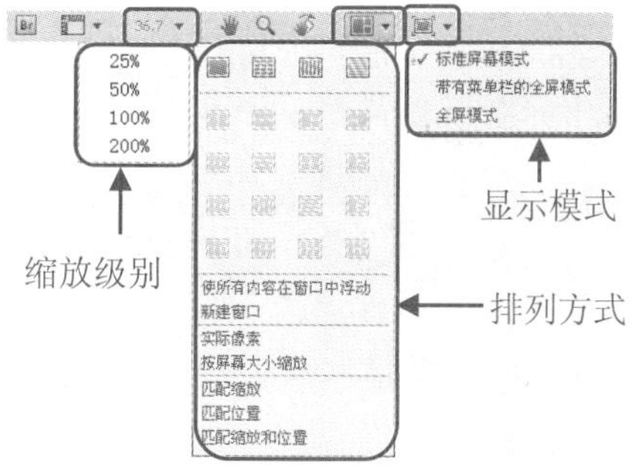

打开多个图像文件后，单击【排列文档】按钮，在弹出的菜单中选择相关的按钮，图像的排列即会发生相应的变化。

三联排列方式

四联排列方式

2. 菜单栏

⑴【文件】菜单。

【文件】菜单集合了所有与文件管理有关的基本操作命令。在【文件】菜单中可以完成对图形文件的新建、打开、存储、导入、导出、自动、脚本和打印等基本操作。

⑵【编辑】菜单。

【编辑】菜单主要用于对图像进行剪切、复制、粘贴、填充和变换等基本的编辑操作。

⑶【图像】菜单。

【图像】菜单主要用于完成对图像的模式、颜色以及画布尺寸等的设置。

⑷【图层】菜单。

【图层】菜单主要用于对图层进行新建、复制、图层样式和合并图层等基本操作。

编辑图层后效果

⑸【选择】菜单。

【选择】菜单主要用于对图像的选择区域进行取消、羽化、修改和保存等编辑操作。

⑹【分析】菜单。

【分析】菜单主要用于图像的测量比例、数据点的选择、标尺工具以及计数工具等的设置。

⑺【3D】菜单。

【3D】菜单是新增的菜单，主要用于编辑三维图像，例如创建简单模型和制作 3D 明信片效果等。

编辑 3D 后效果

(8) 【滤镜】菜单。

使用【滤镜】菜单中的滤镜特效可以制作出非常奇特的图像效果。

编辑滤镜后效果

(9) 【视图】菜单。

【视图】菜单是一个起辅助作用的菜单，主要用于颜色校样、缩放显示窗口以及标尺、网格和参考线等参数的设置。

(10) 【窗口】菜单。

【窗口】菜单主要用于控制面板的显示或隐藏，并能对打开的图像文件进行管理等。

(11) 【帮助】菜单。

【帮助】菜单主要用于查看 Photoshop CS4 相关的信息，以帮助用户了解 Photoshop CS4 的各种功能。

3. 工具箱

使用工具箱中的工具可以对图像进行各种编辑操作，以满足不同的需要。Photoshop CS4 软件中的工具箱包含了几十种工具，其中有用于创建选区的选择工具组，修整图像的修复工具组，添加渐变颜色的渐变填充工具组，创建多种路径的钢笔工具组，绘制特定形状路径的自定形状工具组，还有 Photoshop CS4 软件新增的三维旋转工具组等。

选择工具

选择工具主要用于选择图像中的部分区域，或者创建指定的形状选区，以便对图像进行精确的编辑操作。

选择图像后

绘图工具

绘图工具主要用于绘制特殊的图像样式，对图像进行修饰等操作，例如为图像添加点状花纹等效果。

绘制的羽毛

图像处理工具

图像处理工具主要用于修复图像中的污点、缺失等问题，使图像效果更佳，常用于修整有污损的照片。

设置效果前后对比

颜色设置工具

颜色设置工具主要用于编辑图像的色彩和色调，使图像的颜色达到饱和状态，或者达到所需的理想状态。

3D 辅助工具

3D辅助工具是Photoshop CS4新增的工具，主要是针对三维图像文件进行编辑和操作的智能化工具。

3D 效果图

路径工具

路径工具主要用于为图像添加特殊的效果，如文字、变换的线条等样式，还可以使用【钢笔】工具绘制实体效果。

手绘效果

空间辅助工具

工具箱中还有一些其他的辅助工具，利用这些辅助工具可以进行图像的缩放、移动等操作，便于对图像进行精确的编辑。

4. 工具选项栏

工具选项栏的主要功能是配合工具设置不同的参数。工具选项栏中的部分设置专用于某个工具。选中工具箱中的某个工具时，在工具选项栏中会显示出相应的工具参数设置。例如选中【裁剪】工具，工具选项栏中会出现与【裁剪】工具对应的参数，在此可以进行相应地设置。

【裁剪】工具选项栏

在工具选项栏中的【宽度】和【高度】文本框中输入相关的参数，则使用【裁剪】工具裁剪图像时，裁剪的定界框的属性会随着设定参数的变化而发生变化。

选择【矩形选框】工具，工具选项栏中会出现与【矩形选框】工具对应的参数，在此可以进行相应地设置。

【矩形选框】工具选项栏

在工具选项栏中的【样式】下拉列表中选择不同的选项，可以绘制相应的矩形选区。

5. 窗口选项卡

Photoshop CS4 中的图像窗口与以往的版本有所不同，它采用了网页浏览器的形式排列在工作区中，并且可以选中所需的图像文件。按住鼠标左键拖动其位置，可以将其拖出成为单独的图像窗口。

选中需要拖出的图像文件

拖出后的图像文件

打开多个图像文件后，在图像显示区域中只能显示其中的一部分，如果想选择其他的图像文件，可以单击图像显示区域名称栏右侧的 >> 按钮，在弹出的菜单中选中所需的图像文件即可。

罗列图像展开菜单

6. 面板井

默认情况下面板井中只显示了几种常用的控制面板。面板井中各个面板的功能主要是对图像进行各种调节。在标题栏中单击其右侧的 基本功能 ▾ 按钮，在弹出的菜单中可以选择不同的面板显示模式。

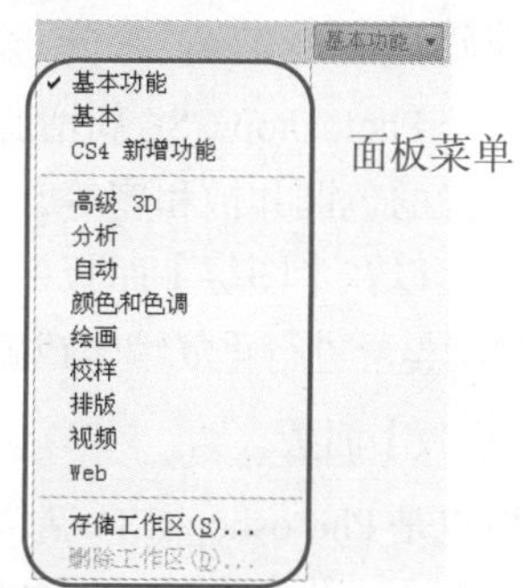

面板菜单

在处理图像的过程中，可以根据需要在菜单栏中选择【窗口】菜单，在弹出的菜单中选择所需的面板。单击面板井中面板的图标即可打开相应的面板，再次单击即可还原，各个面板的基本功能如下。

(1)【颜色】面板。

该面板的作用是利用 6 种颜色模式的滑块准确地设置和选取颜色。单击该面板右上角的按钮，在弹出的面板菜单中可以选择颜色模式滑块选项。

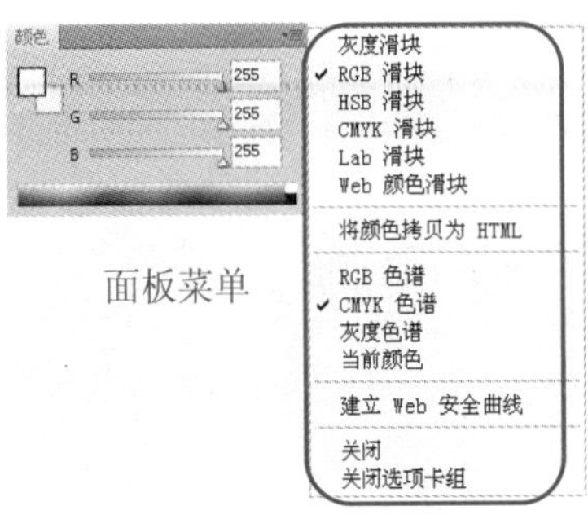

面板菜单

(2) 【色板】面板。

该面板的作用是提供系统预设好的颜色，以便在处理图像的过程中选取、设置和保存颜色。

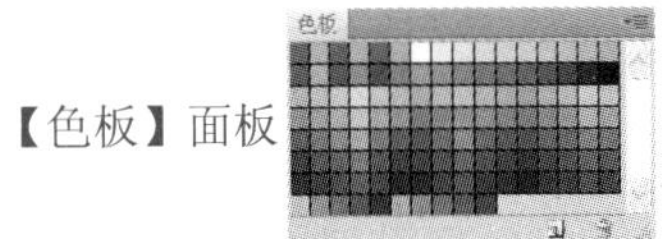

【色板】面板

(3) 【样式】面板。

该面板的作用是提供预设的图层样式效果，并且可以直接应用到当前操作的图层中。

(4) 【调整】面板。

该面板是 Photoshop CS4 新增的面板，主要用于调整图像的色调和饱和度等，该面板的特殊性就在于可以在【图层】面板中新建调整图层，能够对调整层进行重复编辑或删除等操作。

(5) 【蒙版】面板。

该面板也是 Photoshop CS4 新增的面板，其功能与【图层】面板下方的【添加图层蒙版】按钮相同，该面板中添加了调整滑块，大大提高了处理图像的效率。

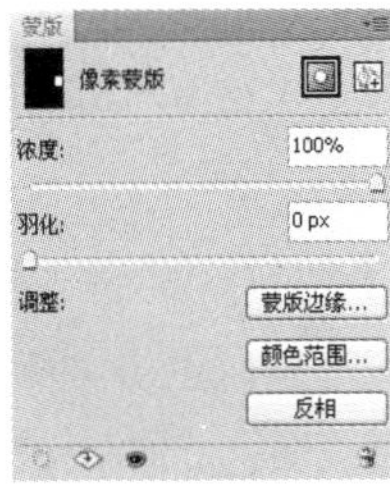

【蒙版】面板

(6) 【图层】面板。

【图层】面板的作用主要是显示各个图层的信息和图层的操作等内容。

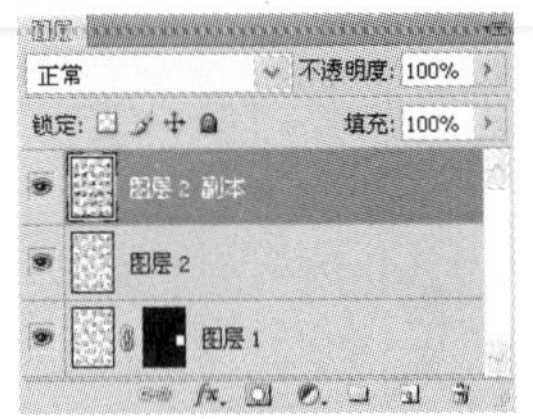

【图层】面板

(7) 【路径】面板。

【路径】面板的作用主要是建立矢量式的蒙版路径，保存矢量蒙版的内容等。

(8) 【通道】面板。

该面板的作用主要是将图层分为不同的颜色通道来记录图像的颜色数据，对不同的颜色通道进行各种操作以及保存图层蒙版的内容。

(9) 【导航器】面板。

该面板的作用是显示图像的缩览图，从而可以有效地控制图像的显示比例和图像的显示区域。当显示比例放大时，鼠标指针在面板窗口中显示为形状，此时按住鼠标左键拖动显示框即可变换显示的图像内容。

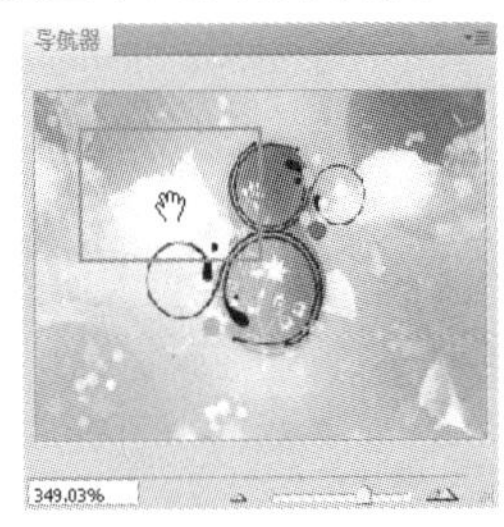

【导航器】面板

(10) 【直方图】面板。

该面板的作用是显示图像各个部分的色阶信息以及通道模式等信息。

(11) 【信息】面板。

该面板的作用是显示鼠标指针所在位置的坐标值以及像素值。当旋转图像时，【信息】面板还可以显示出图像的旋转角度等信息。

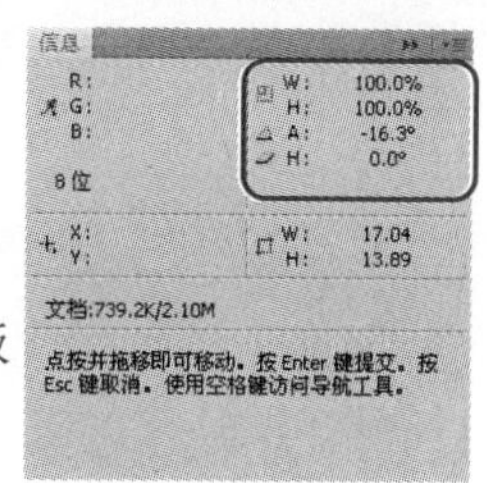

【信息】面板

⑿【历史记录】面板。

该面板的作用是恢复和撤消指定步骤的操作或者为指定的操作建立快照。

⒀【动作】面板。

该面板的作用是录制一系列的编辑操作，可以对大量的图片进行批处理。

⒁【画笔】面板和【工具预设】面板。

【画笔】的作用是设置不同型号的画笔笔触大小、形状等相关参数。【工具预设】面板的作用是设置【修复画笔】、【画笔】、【裁切】等工具的预设参数。

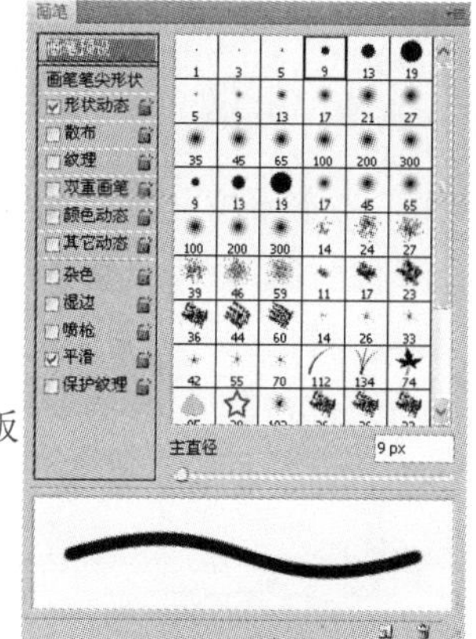

【画笔】面板

【工具预设】面板

⒂【仿制源】面板。

该面板的作用类似于复制功能，并且可以精确设置仿制图像的位置。

⒃【字符】面板。

【字符】面板的主要作用是调节文字的字符格式、字符的类型、大小、颜色和行距等相关的属性。

⒄【段落】面板。

【段落】面板的主要作用是调节段落文字的格式、排列方向、缩进量等相关属性。

⒅【动画】面板。

该面板的作用是快速创建 GIF 动画效果。

⒆【测量记录】面板和【注释】面板。

【测量记录】面板的作用是保存测量工具曾经执行过的测量记录。【注释】面板是为了方便【注释】工具的使用而配备的，方便查看相关信息。

⒇【3D】面板和【Kuler】面板。

这两个面板也是 Photoshop CS4 新增的面板，在【3D】面板中可以对场景、灯光、网格和材质等参数进行多样化编辑。在【窗口】菜单中选择【扩展功能】➢【Kuler】菜单项，会弹出【Kuler】面板，通过链接网络来浏览 Kuler 网站上的多个主题，然后下载其中的主题进行编辑，该功能在设计网页模板的颜色搭配过程中非常有帮助。

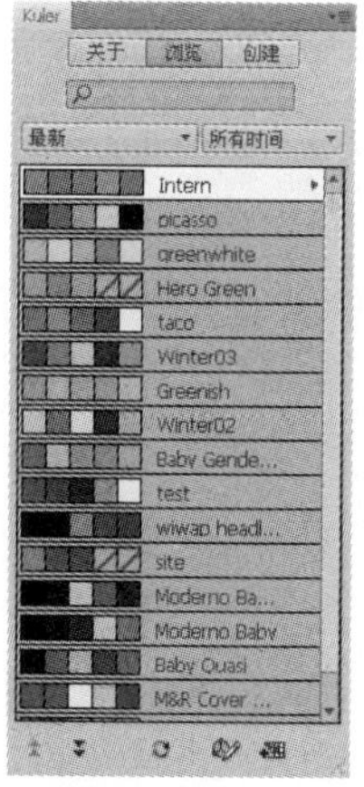

【Kuler】面板

1.3 Photoshop CS4的基本操作

图像文件的基本操作主要包括图像文件的新建、打开、置入、图像大小、调整画布和保存文件等。

1. 新建文件

选择【文件】➢【新建】菜单项，弹出【新建】对话框；也可以按下【Ctrl】+【N】组合键打开【新建】对话框（还可以在按下【Ctrl】键的同时，在工作区域中双击鼠标左键打开【新建】对话框）。在【新建】对话框中可以对新建文件的【名称】、【宽度】、【高度】、【分辨率】、【颜色模式】和【背景内容】等属性参数进行设置。

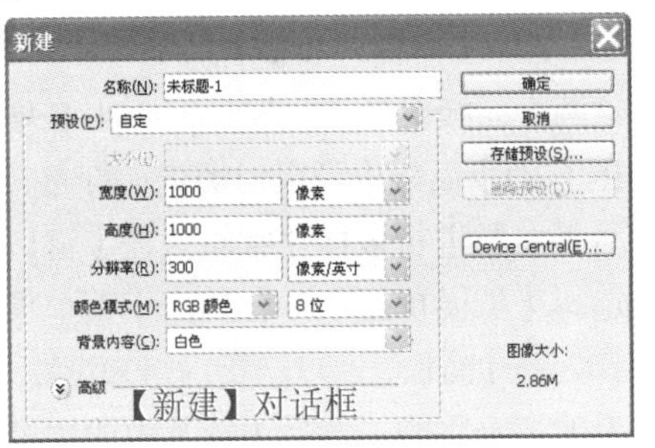

【新建】对话框

设置完成后单击 确定 按钮即可新建一个文件。

新建文件

2. 打开文件

打开文件常用的几种方法如下。

(1) 选择【文件】➢【打开】菜单项，弹出【打开】对话框，单击右上角的【查看菜单】按钮，在弹出的子菜单中可以选择文件的预览模式，这里选择的是【列表】模式。

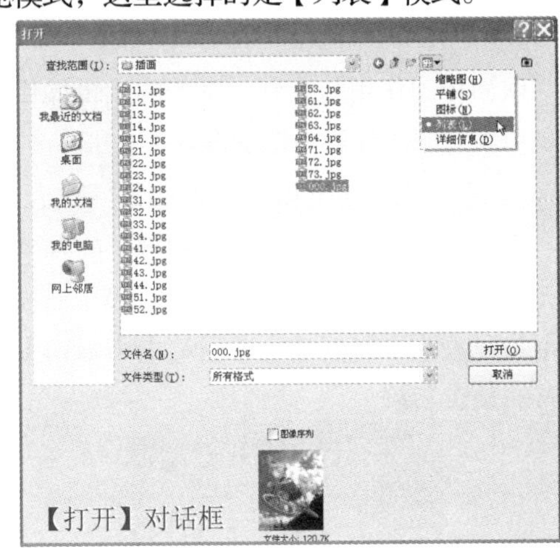
【打开】对话框

在【查找范围】下拉列表中找到需要打开的文件夹的正确路径。在【文件类型】下拉列表中可以选择需要打开的文件的格式，通常情况下默认为【所有格式】选项。选择所需要的文件后单击 打开(O) 按钮即可打开所选文件。

设置文件类型

⑵ 选择【文件】➢【打开为】菜单项，弹出【打开为】对话框。使用【打开为】菜单项可以打开一些使用【打开】菜单项无法辨认的文件，例如从网上下载的以错误的格式保存的图像文件等。

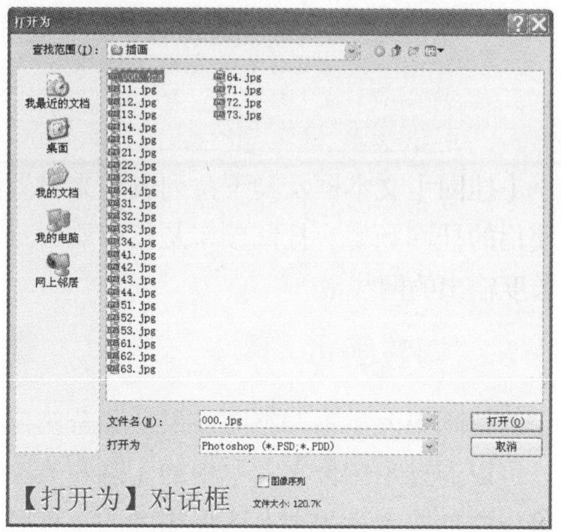
【打开为】对话框

⑶ 选择需要打开的图像文件，按住鼠标左键的同时将其拖到 Photoshop CS4 的工作区域中，或者双击.psd 格式的图像文件即可将其打开。

⑷ Adobe Bridge 是一个可以独立运行的应用程序，Adobe Bridge 的出现使图片的管理和处理变得更加简单和快捷。

单击 Photoshop CS4 标题栏左侧的 Br 按钮，即可打开【Adobe Bridge】窗口。

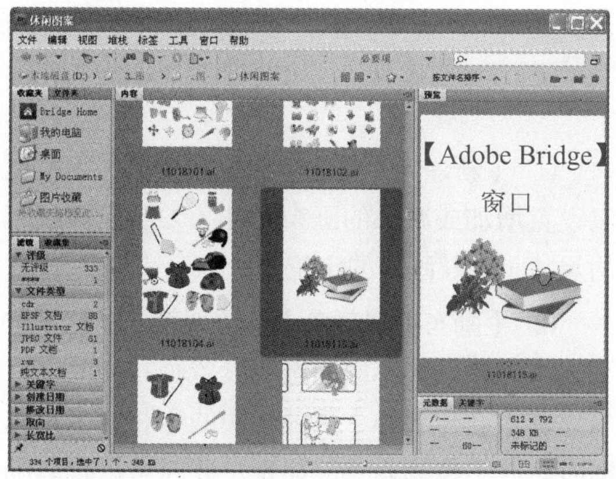
【Adobe Bridge】窗口

在该浏览器窗口中，选择需要打开的图像文件，将其拖至 Photoshop CS4 软件的工作区域中即可打开文件。

3. 置入文件

利用 Photoshop CS4 编辑图像文件，有时需要用到其他软件格式的图像文件，此时就需要对图像文件进行置入操作。

选择【文件】➢【置入】菜单项，弹出【置入】对话框，在该对话框中可以选择其他格式的图像文件。

【置入】对话框

例如选择.ai 格式的图像文件，单击 置入(P) 按钮，弹出【置入 PDF】对话框。

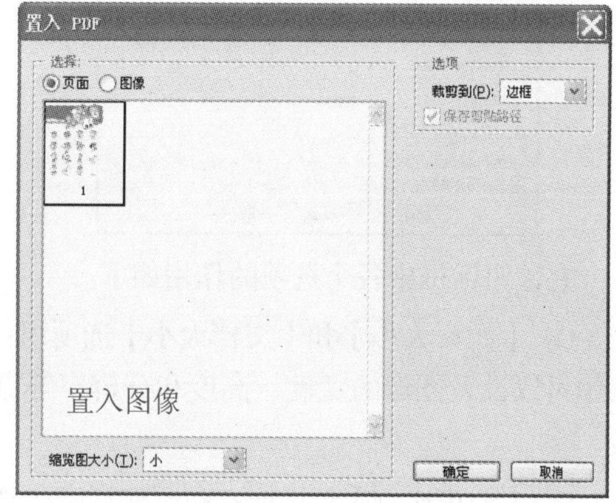
置入图像

单击 确定 按钮即可将所选的文件置入到 Photoshop CS4 软件的工作区域中。

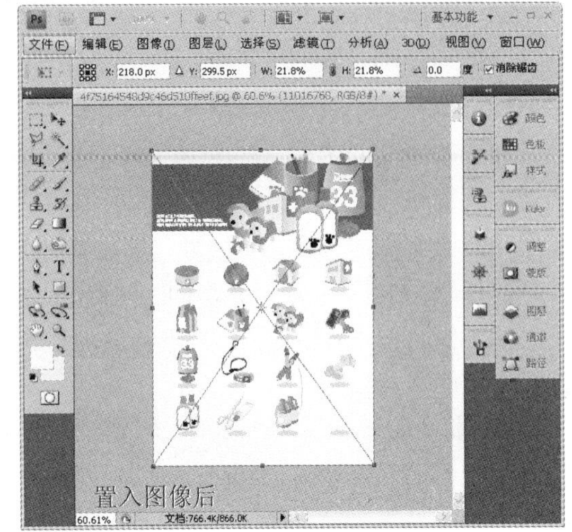
置入图像后

按【Enter】键确认操作即可将调整控制框取消。

4. 图像大小

在处理图像的过程中，有时需要将图像的大小进行适当的调节，例如像素、尺寸等。

选择【图像】➢【图像大小】菜单项，弹出【图像大小】对话框。

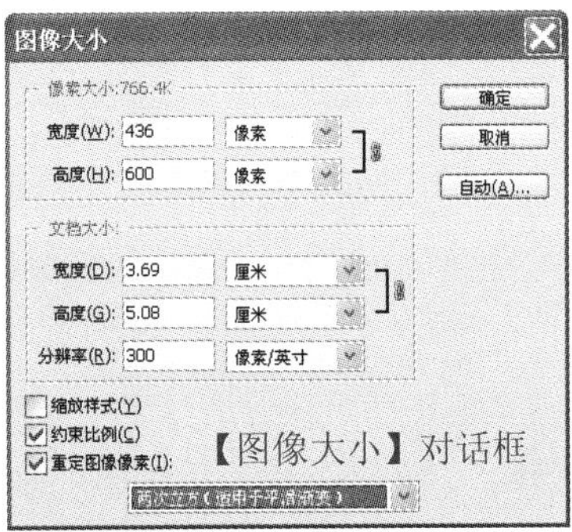

【图像大小】对话框

在该对话框中各个选项的作用如下。

⑴【像素大小】和【文档大小】选项组：从中可以设置图像的宽度、高度和分辨率等参数。

⑵【约束比例】复选框：在调整宽度和高度中的某一个数值时，系统将按照一定的比例调整另一个数值，以保持图像的宽度和高度的比例不变。

⑶【重定图像像素】复选框：重定图像像素可增加图像中包含像素的数量，再放大显示图像的时候就不会模糊不清。

⑷ 自动(A)... 按钮：单击该按钮，弹出【自动分辨率】对话框。

【挂网】文本框及其下拉列表用来设置图像使用的挂网频率。挂网频率是指印刷时每单位长度输出的网线数。

5. 调整画布

调整画布大小与调整图像尺寸和分辨率类似。可以通过【图像】菜单中的【画布大小】菜单项添加或者移去现有图像周围的工作区。使用该命令还可以裁剪图像。

选择【图像】➢【画布大小】菜单项，弹出【画布大小】对话框。

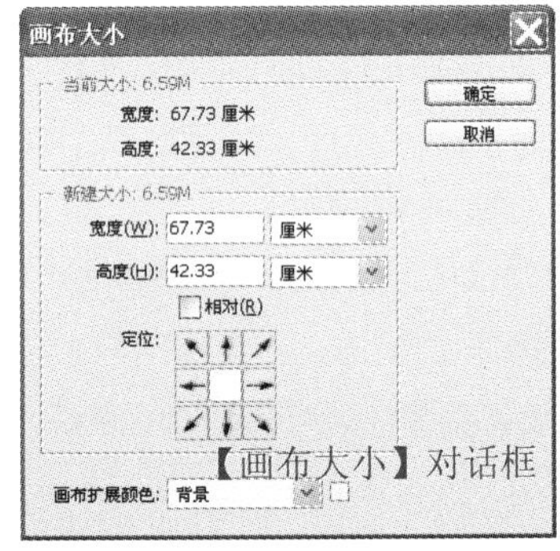

【画布大小】对话框

⑴【新建大小】选项组：在该选项组中可以设置增加或减小的画布尺寸（参照当前画布的尺寸）以及画布的定位。

⑵【画布扩展颜色】下拉列表：在该下拉列表中可以选择不同的选项设置画布的颜色。当撤选【新建大小】选项组中的【相对】复选框时，该下拉列表不能显示，此时可以裁剪画布尺寸。

设置画布大小前后效果对比

6. 调整视图

选择【图像】➢【图像旋转】菜单项，在弹出的子菜单中选择所需的菜单项，当前图像会随之旋转相应的角度。

翻转画布前后效果对比

当选择【任意角度】菜单项时，会弹出【旋转画布】对话框。

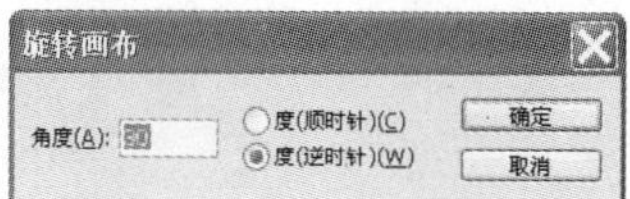

在该对话框中的【角度】文本框中输入所需的旋转角度值，选择旋转的方向，然后单击 确定 按钮即可。

旋转画布前后效果对比

7. 图像的恢复与取消

在对图像进行相关操作的过程中，如果出现操作失误等情况，此时可以对图像进行恢复或者取消操作。

图像的恢复与取消可以通过以下方法实现。

⑴ 使用【历史记录】面板：打开【历史记录】面板，该面板中会显示对图像执行的操作过程，选择需要恢复的操作即可。

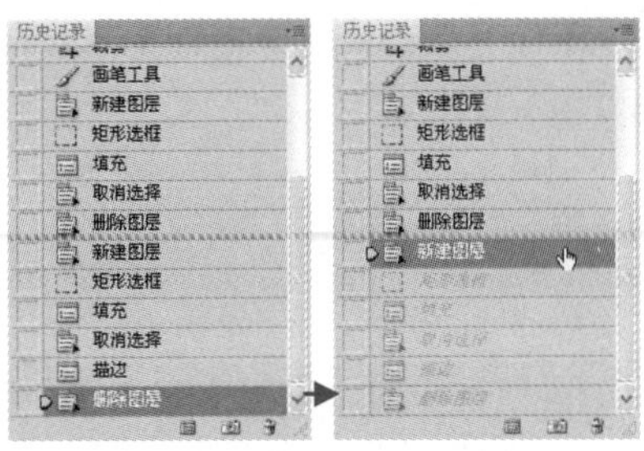

恢复历史记录前后效果对比

(2) 使用组合键：按下【Ctrl】+【Shift】+【Alt】+【Z】组合键可以撤消上一步执行的操作。

(3) 使用菜单项：选择【编辑】➢【后退一步】菜单项，即可撤消上一步执行的操作。

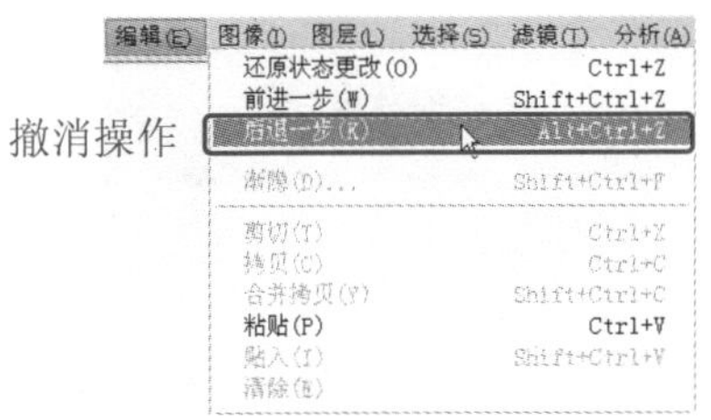

撤消操作

8. 保存文件

处理完成的图像需要进行保存，保存图像文件的方法如下。

(1) 选择【文件】➢【存储】菜单项，弹出【存储为】对话框。

【存储为】对话框

在【文件名】文本框中输入新建文件的名称，在【格式】下拉列表中选择存储文件的格式，然后单击保存(S)按钮即可（还可以按下【Ctrl】+【S】组合键打开【存储为】对话框）。

(2) 存储为：选择【文件】➢【存储为】菜单项，可以对已经保存的图像文件的名称和保存路径进行修改，然后将该文件另存为其他名称或者存储在其他的位置。

(3) 存储为 Web 和设备所用格式：在使用 Photoshop 软件中的【动画】面板制作动画时，可以将制作的动画存储为.gif 格式的文件。选择【文件】➢【存储为 Web 和设备所用格式】菜单项，弹出【存储为 Web 和设备所用格式】对话框。

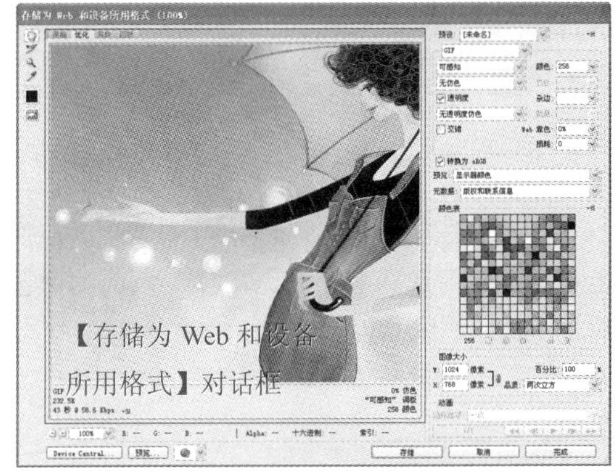

【存储为 Web 和设备所用格式】对话框

设置完参数后单击存储按钮，弹出【将优化结果存储为】对话框。

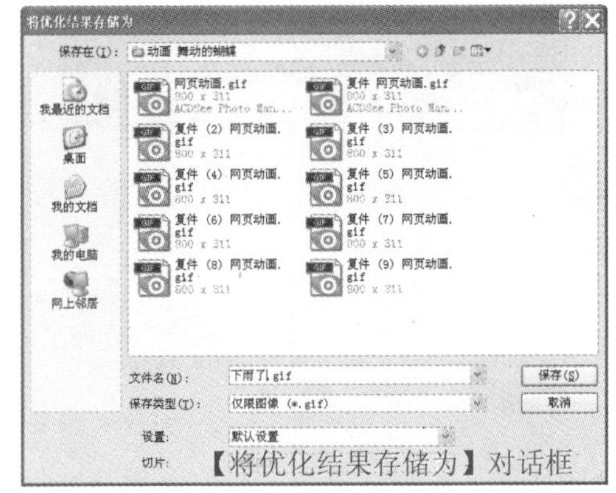

【将优化结果存储为】对话框

在该对话框中设置文件的名称和存储位置，单击保存(S)按钮即可。

1.4 Photoshop CS4的新增功能

与以往版本相比，Photoshop CS4 的界面样式发生了变化，更换了 Windows 原本的“蓝条”，直接以菜单栏代替，并有一系列常规操作的功能按钮，例如移动、缩放、显示网格标尺和新增的旋转视图工具等。

Photoshop CS4 软件的新增功能如下。

1. 【调整】面板

之前版本中的【调整】命令是以菜单的形式排列在【调整】菜单中，Photoshop CS4 新增的【调整】面板的功能和【调整】菜单中的调整命令相同，不过【色阶】、【曲线】等命令是以更加直观和方便的按钮形式出现的，极大地提升了工作效率。

【调整】面板

在处理图像的过程中执行【调整】面板中的调整命令后，在【图层】面板中会相应地创建一个【调整】图层，当执行完其他操作后，如果需要对【调整】命令进行修改，只需选中相应的【调整】图层，打开【调整】面板，重新设置参数即可。

【色相/饱和度】调板

调整图层

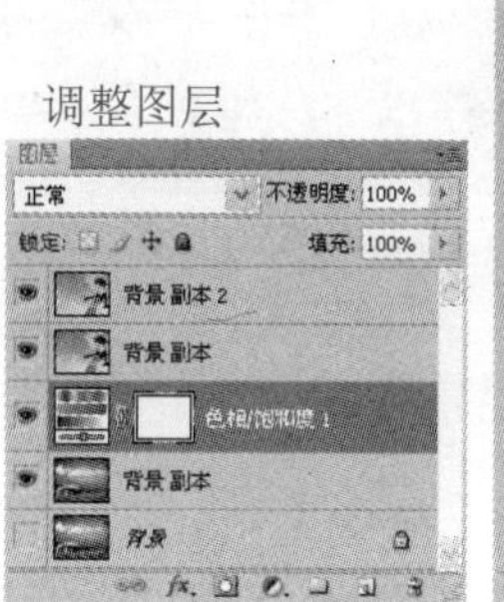

2. 【自然饱和度】命令

【自然饱和度】命令源自 Camera Raw 中的【细节饱和度】功能。与【色相/饱和度】命令的功能类似，可以使图片更加鲜艳或者更加暗淡，但是执行【自然饱和度】命令的效果会更加细腻。该命令会智能地处理图像中不够饱和的部分并忽略足够饱和的颜色。

设置自然饱和度前后效果对比

3. 【蒙版】面板

Photoshop CS4之前版本的蒙版功能是设置在【图层】面板中的，而 Photoshop CS4 新增了

【蒙版】面板，用于创建基于像素和矢量的可编辑蒙版，不但操作方便，而且比较直观。

【蒙版】面板

【蒙版】面板中包含 蒙版边缘... 按钮，颜色范围... 按钮和 反相 按钮，通过这些按钮可以方便快捷的对图像进行相应地处理。

4. 【内容识别比例】命令

在处理图像的过程中，使用自由变换功能变换图像时，所有元素都随之缩放，同时会出现变形和扭曲。Photoshop CS4 中新增了【内容识别比例】命令，可以在调整图像的尺寸时，智能地按比例保留其中重要的区域。

变形前效果

内容识别比例缩放效果

普通缩放效果

5. 【自动对齐图层】命令

Photoshop CS4 中的【自动对齐图层】功能又增加了【镜头校正】选项组，可以更加精确快速地对齐与连接多张图片。Photoshop CS4 的【自动对齐图层】功能十分强大，在对全景图进行拼接时，即使是未用三脚架拍出的多张图片，或者粗略的重复区域，甚至个别图片背光拍摄等，也几乎能够完美的合成。

自动对齐后效果

6. 【自动混合图层】命令

【自动混合图层】命令主要用来混合全景图，在 Photoshop CS4 中，该功能则作为单独选项出现在 Photoshop CS4 中。

【自动混合图层】对话框

【堆叠图像】选项是新增的自动混合图层命令选项，主要用来融合不同曝光度、颜色和焦点的图像。比如相机以大光圈快速连拍时得到了多张焦点不同且景深较浅（焦外模糊）的图片，就可以使用该功能把多张图片混合为一张完全清晰并经过颜色校正的图片。

堆叠图像效果

7.　3D 功能

Photoshop CS4 中对三维支持有了翻天覆地的变化。Photoshop CS4 新增了 3D 面板，在该面板中可以设置场景、灯光、网格和材质等参数对图像进行多样化编辑。在工具箱中增加了两组控制三维对象和摄像机的三维工具；同时在菜单中也增加了【从图层新建三维明信片】命令，可以把普通的图片转换为三维对象，并可以使用相关工具调整其位置、大小和角度等。

在 Photoshop CS4 中可以生成基本的三维形状，例如帽子、易拉罐、酒瓶以及一些基本形状等。用户不但可以使用材质进行贴图，还可以直接使用【画笔】和【图章】工具在三维对象上绘画，以及结合【动画】面板来完成三维动画等操作。

三维立方体效果

三维球体效果

8.　【Kuler】面板

【Kuler】面板是访问由在线设计人员社区所创建的颜色组、主题的入口。可以使用它来浏览 Kuler 网站上的数千个主题，也可以下载其中的一些主题进行编辑，还可以创建和保存主题，通过上传与【Kuler】社区共享这些主题。【Kuler】面板作为专业的配色创建，分享和评论工具，特别是在制作网页方面，可以快速地获得更多专业的配色方案。

【Kuler】面板效果

9. 清晰的像素边缘提示

在 Photoshop CS4 软件中无限放大图像时，当被放大足够倍数后，图像中会有像素边缘的高亮提示，在排版和网页设计过程中非常有用。

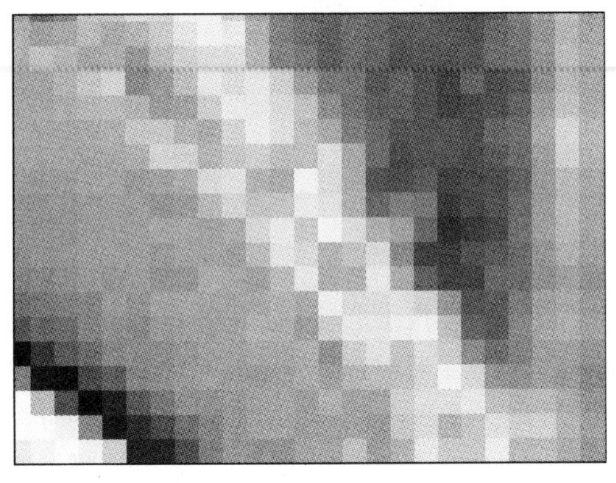
放大图像后效果

新手

第2章 选区的创建、编辑与应用

Chapter 2

小龙：小月，Photoshop CS4了解得怎么样了？

小月：Photoshop的常识和基本应用领域我已经了解了，那接下来给我讲讲其他知识吧！

小龙：嗯，好的。

要点导航

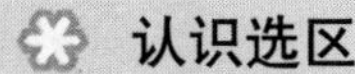

- 认识选区
- 选框工具组
- 套索工具组
- 魔棒工具组
- 使用菜单命令创建选区
- 选区的应用

2.1 认识选区

在使用 Photoshop 软件处理图像的过程中，使用选区编辑图像是必不可少的，选区的作用主要是为了针对图像的部分区域进行精确的编辑操作。

选区主要是通过一些特定的工具或命令进行创建，例如魔棒工具组、选框工具组等。

使用魔棒工具组选择云彩

使用选框工具组选择水域

在特殊情况下还需要特定的创建选区工具对图像进行编辑，例如套索工具组和【色彩范围】命令等。

使用套索工具组选择跑车

使用【色彩范围】命令选择区域

使用【色彩范围】命令可以快速地选择图像中颜色相近的区域，并对其进行相关的编辑。

使用【色彩范围】命令前后对比

2.2 选框工具组

选框工具组中包含【矩形选框】工具、【椭圆选框】工具、【单行选框】工具和【单列选框】工具，应用这些工具可以绘制矩形和圆形选区等。

1. 创建规则选区

使用选框工具组中的工具可以自由绘制矩形、圆形等选区，还可以绘制规则的选区。

选择【矩形选框】工具，在工具选项栏中的【样式】下拉列表中可以设置绘制的矩形选框的样式。例如选择【固定比例】选项，此时【宽度】和【高度】文本框则处于可用状态，在此可以设定绘制选区的长宽比例。

【矩形选框】工具选项栏

设定比例参数后，在图像中可以绘制固定比例的矩形选区。

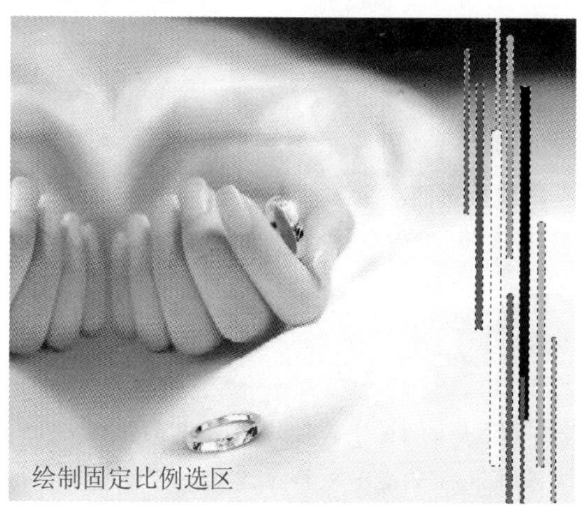

绘制固定比例选区

2. 设置选区的属性

绘制的选区可以通过编辑工具选项栏中的相关选项进行设置。

例如选择【矩形选框】工具，在图像中绘制矩形选区。

绘制矩形选区

单击工具选项栏中的 调整边缘... 按钮，弹出【调整边缘】对话框，在该对话框中可以对选区进行相关的编辑，例如羽化、收缩或者扩展等。

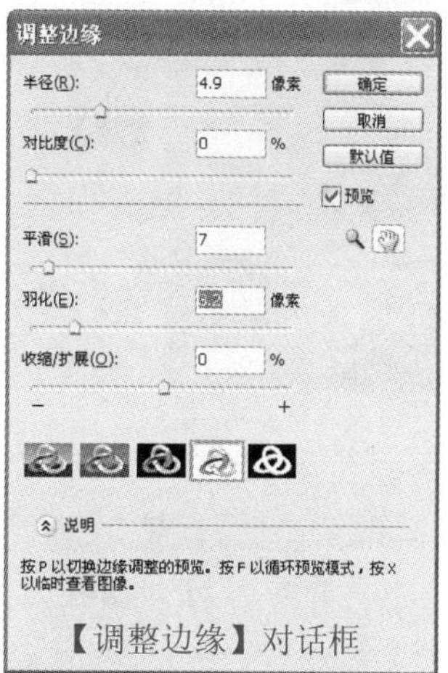

【调整边缘】对话框

3. 实例——韩式标签

下面使用选框工具组中的部分工具制作韩式标签。

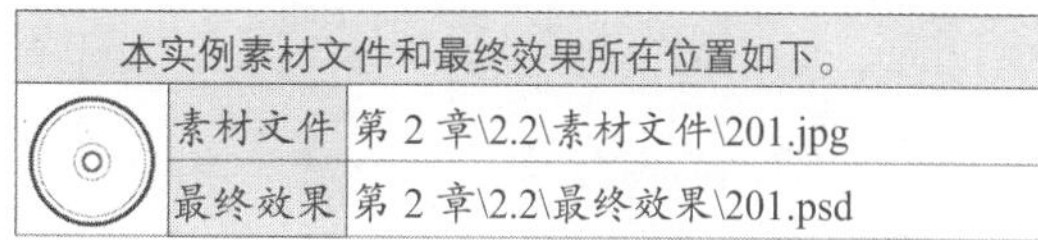

本实例素材文件和最终效果所在位置如下。		
	素材文件	第 2 章\2.2\素材文件\201.jpg
	最终效果	第 2 章\2.2\最终效果\201.psd

1 打开本实例对应的素材文件 201.jpg。

2 单击工具箱中的【设置前景色】颜色框，弹出【拾色器（前景色）】对话框，在该对话框中设置相关参数，然后单击 确定 按钮。

单击【设置前景色】颜色框

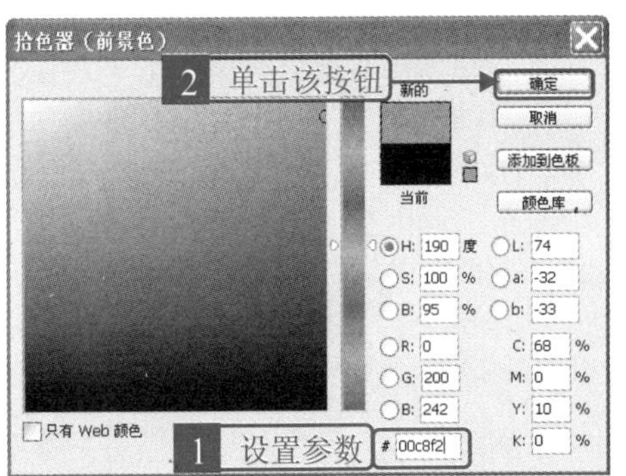

3 单击工具箱中的【设置背景色】颜色框，弹出【拾色器（背景色）】对话框，在该对话框中设置相关参数，然后单击 确定 按钮。

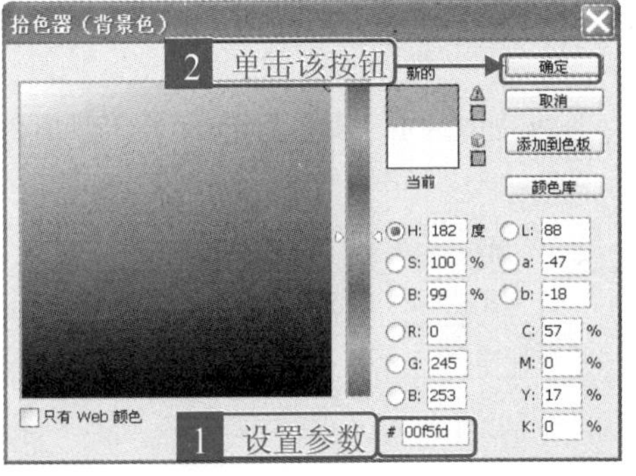

4 选择【椭圆选框】工具，在工具选项栏中设置如图所示的参数及选项。

5 在图像中绘制如图所示的选区。

6 单击【图层】面板中的【创建新图层】按钮，新建图层。

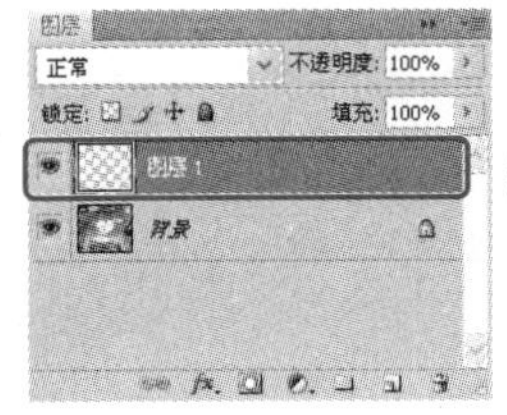

7 选择【渐变】工具，在工具选项栏中设置如图所示的参数及选项。

8 使用【渐变】工具在绘制的选区的上边缘按住鼠标左键不放拖至选区的下边缘，释放鼠标左键，为选区添加渐变效果。

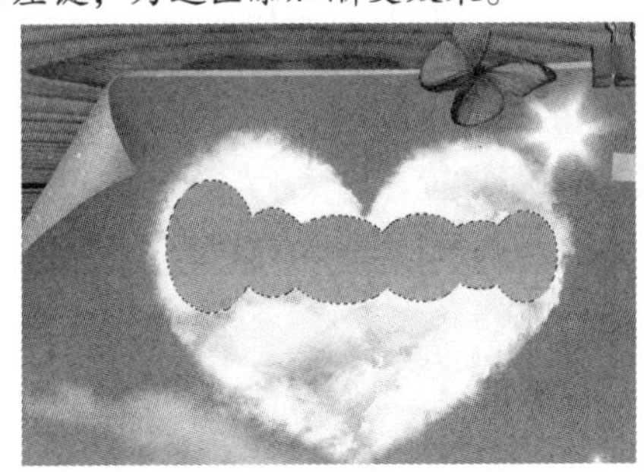

9 单击【图层】面板中的【创建新图层】按钮，新建图层。选择【椭圆选框】工具，在工具选项栏中设置如图所示的参数及选项。

羽化: 0 px　消除锯齿　样式: 正常

设置参数

10 在图像窗口中绘制如图所示的选区。

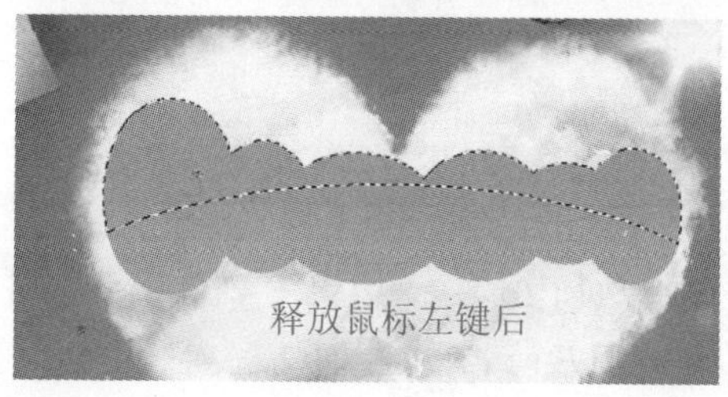

11 将前景色设置为"ffffff"号色，选择【渐变】工具，在工具选项栏中设置如图所示的参数及选项。

12 在图像上如图所示的位置按住鼠标左键垂直拖曳，为选区添加渐变效果。

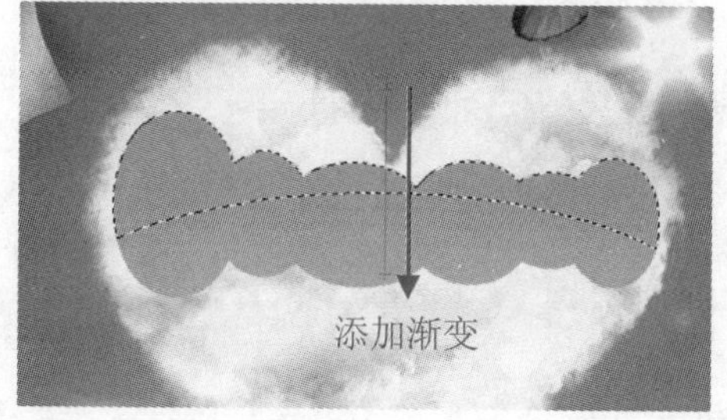

13 添加渐变效果后，按下【Ctrl】+【D】组合键取消选区。

14 单击【图层】面板中的【添加图层样式】按钮，在弹出的菜单中选择【投影】菜单项。

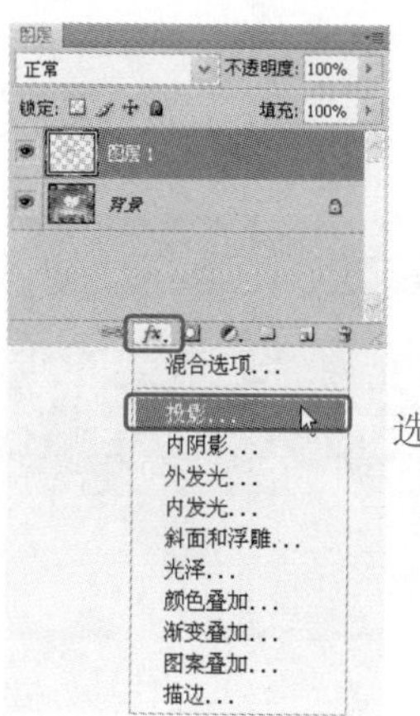

15 弹出【图层样式】对话框，在该对话框中设置如图所示的参数，然后单击 确定 按钮。

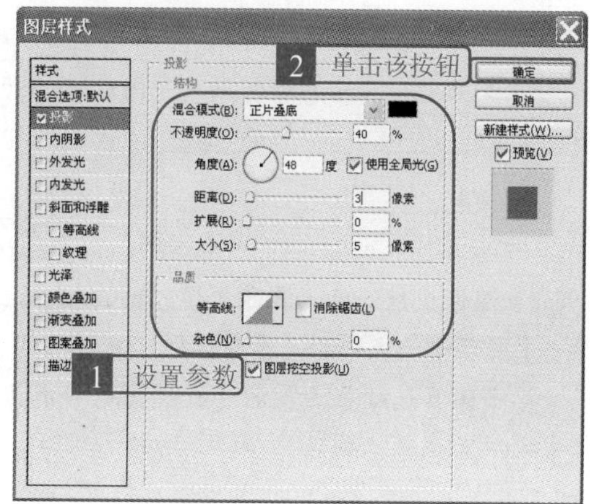

16 得到的图像效果如图所示。

添加投影后效果

17 将前景色设置为“ffffff”号色，在工具箱中选择【横排文字】工具T，在工具选项栏中设置文字的相关属性。

字体样式　字体大小

18 在图像中输入如图所示的文字。

添加文字

19 在工具选项栏中重新设置文字的属性，如图所示。

字体样式　字体大小

20 在图像中继续输入其他文字，输入完成后，单击【图层】面板中的文字图层即可确认操作。或者单击工具选项栏右侧的【提交当前所有操作】按钮✓也可以确认操作。

21 在【图层】面板中的【设置图层的混合模式】下拉列表中选择【叠加】选项。

混合模式

22 按下【Ctrl】+【J】组合键复制文字图层，在【设置图层的混合模式】下拉列表中选择【正常】选项，在【不透明度】文本框中输入“70%”。

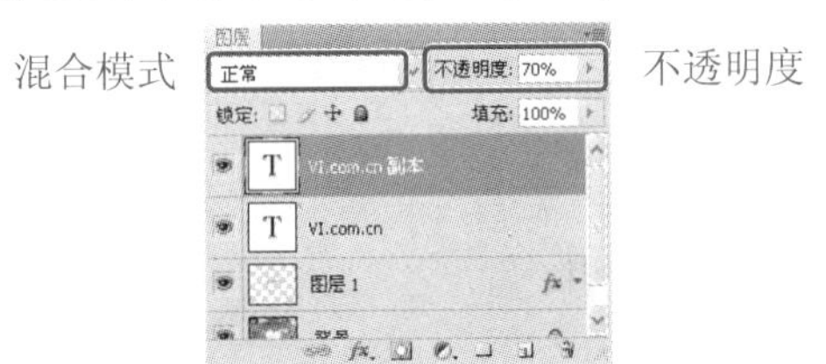

混合模式　不透明度

23 最终得到如图所示的图像效果。

最终效果

2.3 套索工具组

套索工具组中包含【套索】工具、【多边形套索】工具和【磁性套索】工具，使用该工具组中的工具可以绘制所需的选区。

1. 使用【套索】工具

选择【套索】工具，在图像中按住鼠标左键不放，沿着需要绘制选区的对象拖曳鼠标，至合适的位置后释放鼠标左键即可绘制出选区。但使用该工具绘制的选区不稳定，因此通常应用在选择大致范围的图像轮廓的操作中。

使用【套索】工具对图像进行粗略的选取后，编辑选区内的图像部分，也可以制作出特殊的效果。

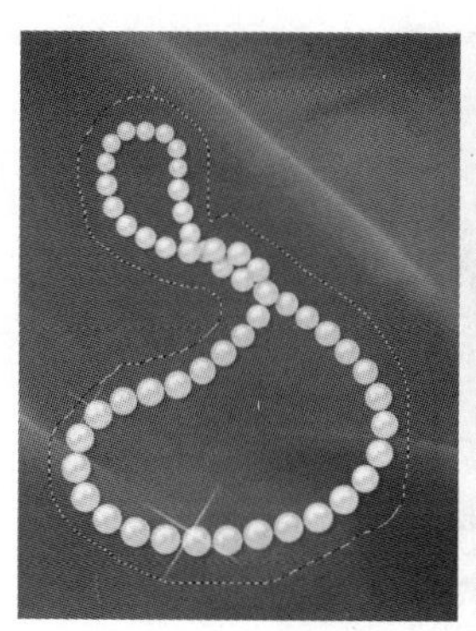

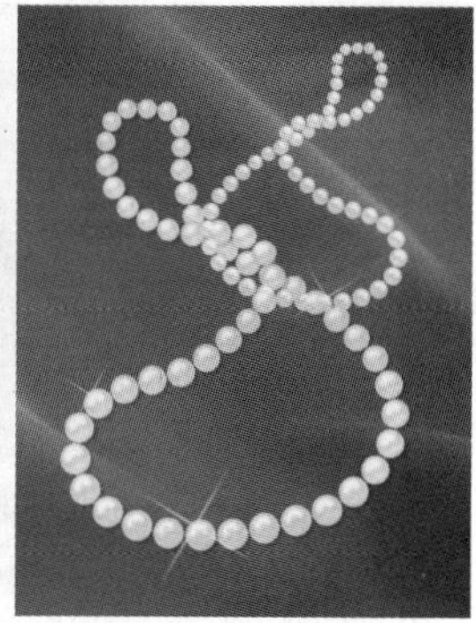

使用【套索】工具绘制的选区前后对比

2. 使用【多边形套索】工具

使用【多边形套索】工具，可以方便地选择形状比较规则的多边形图像轮廓。例如矩形、三角形图像等。

多边形图像的轮廓线越规则，使用【多边形套索】工具绘制的选区就越精确。

使用【多边形套索】工具绘制选区时，只需在多边形的一个顶点处单击鼠标左键确定起点，然后在相邻的另一点再次单击鼠标左键，绘制第一条边，依次类推，直至回到起点闭合选区。

使用【多边形套索】工具绘制的选区

3. 使用【磁性套索】工具

选择【磁性套索】工具，将鼠标指针移至需要选择的图像的边缘处单击，然后沿着其边缘移动鼠标，系统可以自动快速地选择图像中的图形轮廓。【磁性套索】工具适合选择对比度较大的图像轮廓。

使用【磁性套索】工具绘制的选区

选择【磁性套索】工具，在工具选项栏中可以设置该工具的相关属性。在【频率】

文本框中输入参数，可以设置【磁性套索】工具绘制的锚点的密度，参数越大，锚点的密度越大；参数越小，锚点的密度越小。

频率参数设置为“100”时锚点效果

频率参数设置为“40”时锚点效果

4. 实例——蜗牛晋级赛

下面通过实例介绍套索工具组中各个工具的功能及特性。

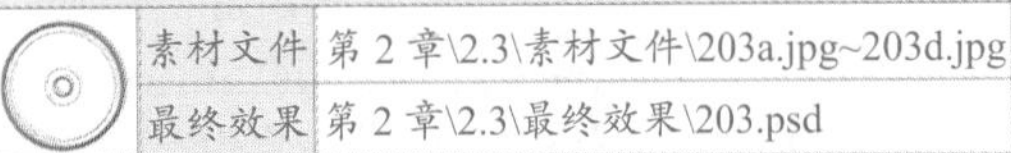

本实例素材文件和最终效果所在位置如下。	
素材文件	第 2 章\2.3\素材文件\203a.jpg~203d.jpg
最终效果	第 2 章\2.3\最终效果\203.psd

1 打开本实例对应的素材文件 203a.jpg 和 203b.jpg。

素材文件 203b.jpg

2 选择素材文件 203b.jpg，按下【Alt】+【A】组合键全选图像，按下【Ctrl】+【C】组合键复制选中的图像，选择素材文件 203a.jpg，按下【Ctrl】+【V】组合键粘贴图像。

3 按下【Ctrl】+【T】组合键调整图像大小及位置，在图像上单击鼠标右键，在弹出的快捷菜单中选择【变形】菜单项。

4 调整控制框中的角点及控制手柄，将图像变形，调整完成后按下【Enter】键确认操作，效果如图所示。

调整图像

5 打开【图层】面板，在【设置图层的混合模式】下拉列表中选择【柔光】选项。

设置柔光

6 打开本实例对应的素材文件 203c.jpg。

素材文件

7 选择【磁性套索】工具，在工具选项栏中可以设置如图所示的参数及选项。

8 在图像中蜗牛的轮廓线上单击一点作为起始点，沿着蜗牛的轮廓慢慢移动鼠标，带鼠标指针变为形状时闭合路径，将蜗牛载入选区。

载入选区

9 按下【Ctrl】+【C】组合键复制选中的图像，选择素材文件 203a.jpg，按下【Ctrl】+【V】组合键粘贴图像。

粘贴图像

10 按下【Ctrl】+【T】组合键调出调整控制框，按住【Shift】键拖动控制框的角点，等比例缩放图像的大小，然后调整图像的位置，调整合适后，按下【Enter】键确认操作。

调整图像

11 单击【图层】面板中的【创建新图层】按钮，新建图层。选择【多边形套索】工具，在图像中绘制如图所示的选区。

绘制选区

12 将前景色设置为“000000”号色，按下【Alt】+【Delete】组合键为选区填充黑色，按下【Ctrl】+【D】组合键取消选区。

填充黑色

13 在菜单栏中选择【滤镜】➤【模糊】➤【高斯模糊】菜单项，弹出【高斯模糊】对话框，从中设置如图所示的参数，然后单击 确定 按钮。

14 在【图层】面板中的【设置图层混合模式】下拉列表中选择【叠加】选项，得到的图像效果如图所示。

设置叠加

15 单击【图层】面板中的【创建新图层】按钮，新建图层。选择【多边形套索】工具，在图像中绘制如图所示的选区。

绘制选区

16 将前景色设置为“eeeeee”号色，按下【Alt】+【Delete】组合键填充选区，按下【Ctrl】+【D】组合键取消选区。

取消选区

17 在菜单栏中选择【滤镜】➤【扭曲】➤【波浪】菜单项，弹出【波浪】对话框，从中设置如图所示的参数，然后单击 确定 按钮。

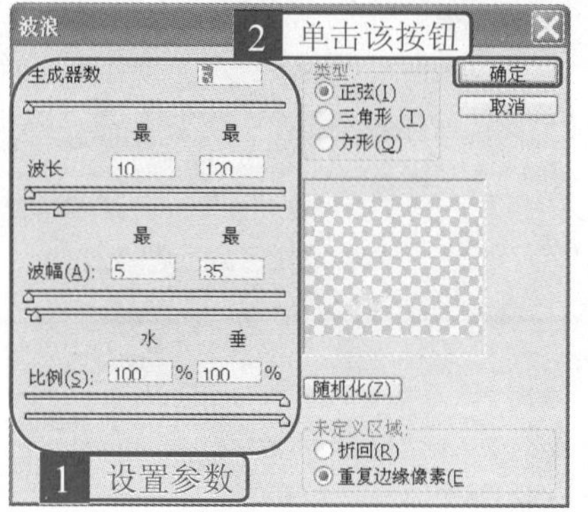

18 按下【Ctrl】+【F】组合键重复执行【波浪】命令，使图像扭曲成烟雾效果。

19 参照上述方法，继续绘制其他烟雾效果。

20 在【图层】面板中选中【图层 1】图层，单击【创建新图层】按钮，新建【图层 6】图层。

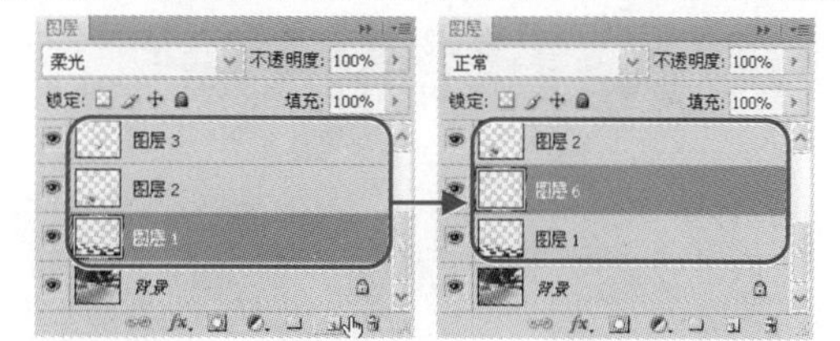

21 选择【多边形套索】工具，在工具选项栏中设置如图所示的参数及选项。

羽化: 10 px 消除锯齿 参数设置

22 在图像中绘制如图所示的选区。

绘制选区

23 将前景色设置为"000000"号色，按下【Alt】+【Delete】组合键填充选区为黑色，按下【Ctrl】+【D】组合键取消选区。

取消选区

24 参照前面编辑蜗牛的方法，再制作两只奔跑的蜗牛。

25 打开本实例对应的素材文件 203d.jpg。

素材文件

26 按下【Alt】+【A】组合键全选图像，按下【Ctrl】+【C】组合键复制选中的图像，选择素材文件 203a.jpg，按下【Ctrl】+【V】组合键粘贴图像。

拖入图像

27 按下【Ctrl】+【T】组合键调整图像的大小及位置。

调整图像

28 在图像上单击鼠标右键，在弹出的快捷菜单中选择【透视】菜单项。

选择透视

29 调整图像的透视效果，调整合适后按下【Enter】键确认操作，得到如图所示的效果。

30 在【图层】面板中的【设置图层混合模式】下拉列表中选择【深色】选项，得到的图像效果如图所示。

2.4 魔棒工具组

魔棒工具组中包括【快速选择】工具和【魔棒】工具，该工具组中的工具主要是对图像中相同或者相近的颜色进行概念选取。

1. 【快速选择】工具

选择【快速选择】工具，在工具选项栏中可以设置该工具的相关参数。

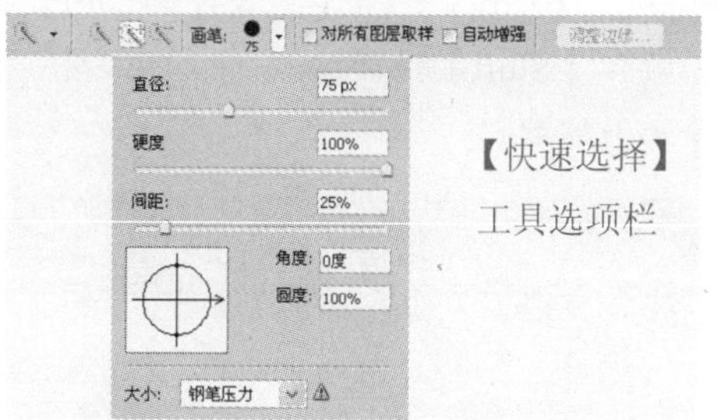

【快速选择】工具选项栏

在图像中单击鼠标左键并沿着需要选择的图像部分拖曳鼠标，即可将相近像素的图像部分载入选区。

相似图像载入选区

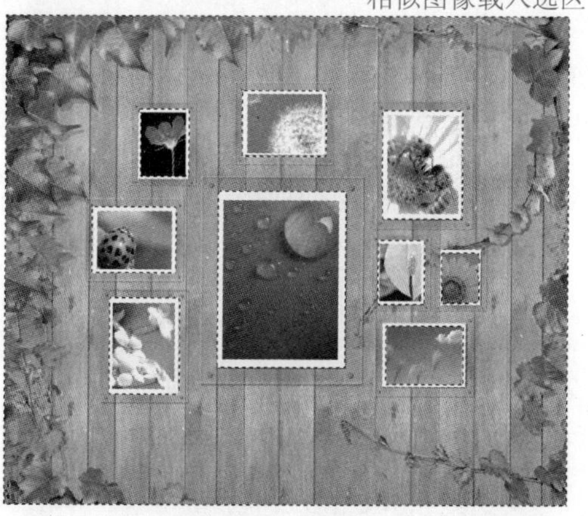

2. 【魔棒】工具

选择【魔棒】工具，在需要选择的图像区域单击鼠标左键，即可选中与该部分颜色相近的图像区域。

选择【魔棒】工具，在工具选项栏中可以设置选区颜色的容差参数、羽化参数等。

【魔棒】工具选项栏

在工具选项栏中设置容差的参数越大，使用【魔棒】工具选择的图像区域越大。

3. 实例——替换背景

下面通过实例介绍【魔棒】工具的用法及其制作的特殊效果。

本实例素材文件和最终效果所在位置如下。		
	素材文件	第 2 章\2.4\素材文件\204a.jpg~204d.jpg
	最终效果	第 2 章\2.4\最终效果\204.psd

1 打开本实例对应的素材文件 204a.jpg。

2 选择【魔棒】工具，在工具选项栏中设置如图所示的参数及选项。

设置魔棒工具参数

3 使用【魔棒】工具 在图像中黑色背景处单击鼠标左键，将黑色图像区域载入选区。

4 按下【Ctrl】+【Shift】+【I】组合键将选区反选，按下【Shift】+【F6】组合键，弹出【羽化】对话框，在该对话框中设置如图所示的参数，然后单击 确定 按钮。

5 按下【Ctrl】+【C】组合键复制选中的图像，打开本实例对应的素材文件 204b.jpg。

素材文件

6 按下【Ctrl】+【V】组合键粘贴复制的图像，得到如图所示的效果。

7 按下【Ctrl】+【T】组合键调出调整控制框，按住【Shift】键调整控制框的角点，使图像等比例缩放。

8 调整合适后，按下【Enter】键确认操作，最终得到如图所示的效果。

2.5 使用菜单命令创建选区

在图像中创建选区时，除了可以使用相关工具外，还可以使用特殊的菜单命令，例如【色彩范围】命令，该命令可以根据需要选择相近颜色的图像区域。

1. 【色彩范围】命令

使用【色彩范围】命令可以选择特定颜色的像素，并且创建的选区可以边预览边调整，还可以任意调整选区的范围。

打开一幅图像，选择【选择】➢【色彩范围】菜单项，弹出【色彩范围】对话框，从中可以设置相关参数。

【色彩范围】对话框

在【选择】下拉列表中列出了 11 种选取颜色范围的方式。

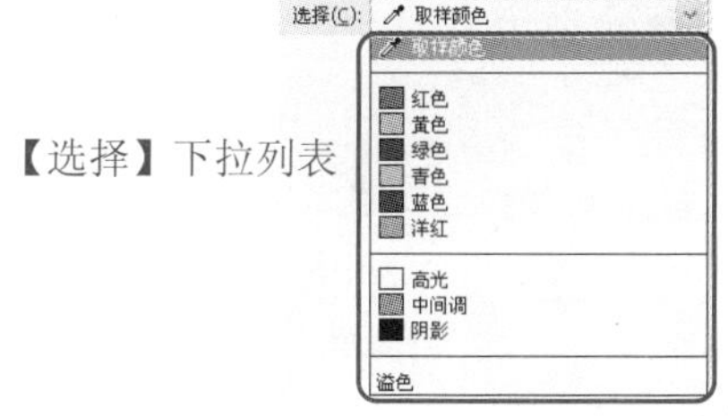

【选择】下拉列表

⑴【取样颜色】选项：选择该选项后，可以使用【吸管工具】按钮在预览图中或者图像窗口中的图像上单击来吸取颜色，从而确定颜色范围，同时可以配合【颜色容差】滑块进行调节。【颜色容差】文本框中的参数设置得越大，选区包含的近似颜色越多，选区就越大。

⑵ 选择【高光】、【中间调】和【阴影】选项，可以选取图像中不同亮度的区域。

⑶ 选择【溢色】选项仅适用于 RGB 或 Lab 模式的图像（不能使用印刷色打印）。

在【色彩范围】对话框中选中【选择范围】单选钮，预览图中将用黑白两种颜色显示图像；其中，白色的部分表示选取的图像，黑色的部分表示未选取的图像。选中【图像】单选钮，预览图中将显示整个的原始图像。在【色彩范围】对话框中有 3 个吸管工具。

⑴【吸管工具】按钮：单击该按钮可以选取指定位置的色彩值。

⑵【添加到取样】按钮：单击该按钮可以将鼠标单击处的颜色添加到取样颜色中。

⑶【从取样中减去】按钮：单击该按钮则可将鼠标单击处的颜色从取样颜色中减去。

在【选区预览】下拉列表中可以选择选区在图像中显示的方式。

【选区预览】下拉列表

各个选项的功能如下。

⑴【无】选项：表示不在图像窗口中显示预览。

⑵【灰度】选项：表示按图像在灰度通道中的外观显示选区。

⑶【黑色杂边】选项：表示按与黑色背景成对比的颜色显示选区。

⑷【白色杂边】选项：表示按与白色背景成对比的颜色显示选区。

⑸【快速蒙版】选项：表示使用当前的快速蒙版设置显示选区。

与以往版本相比，该对话框中新增了【本地化颜色簇】复选框，选中该复选框后，在调节色彩范围时，区域边界处会比较融洽。

2. 实例——更改服饰颜色

下面通过实例介绍【色彩范围】命令的操作方法及特效。

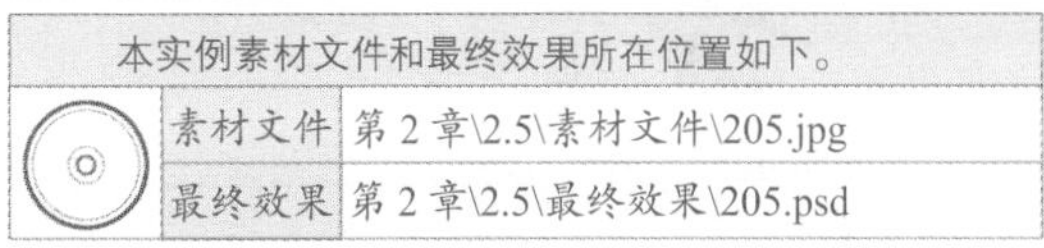

本实例素材文件和最终效果所在位置如下。		
	素材文件	第 2 章\2.5\素材文件\205.jpg
	最终效果	第 2 章\2.5\最终效果\205.psd

1 打开本实例对应的素材文件 205.jpg。

2 选择【选择】➤【色彩范围】菜单项，弹出【色彩范围】对话框，选中【本地化颜色簇】复选框，选择【吸管工具】按钮，在图像中人物的上衣上单击鼠标左键吸取颜色，并设置如图所示的参数。

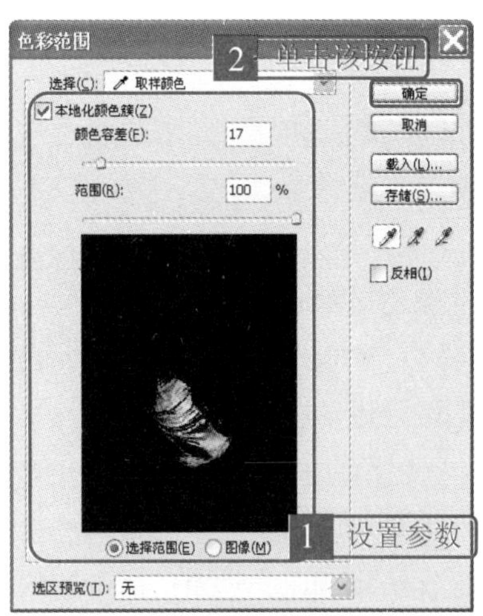

3 选择【添加到取样】按钮，在图像中人物的上衣的其他位置单击鼠标左键吸取颜色。

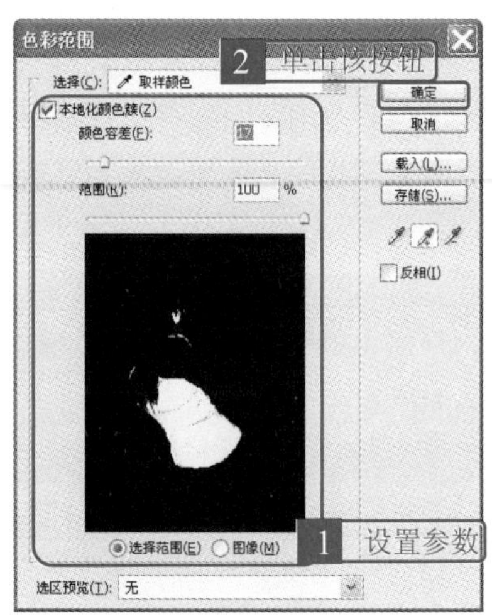

4 设置完成单击 确定 按钮，得到如图所示的效果。

5 单击工具箱中的【设置前景色】颜色框，弹出【拾色器（前景色）】对话框，在该对话框中设置相关参数，然后单击 确定 按钮。

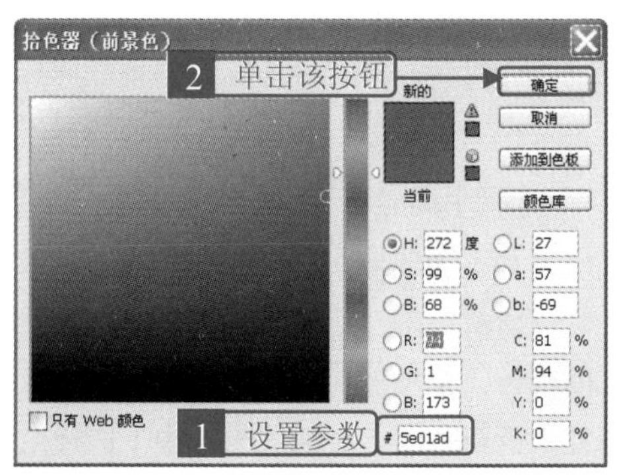

6 单击【图层】面板中的【创建新图层】按

钮，新建图层。

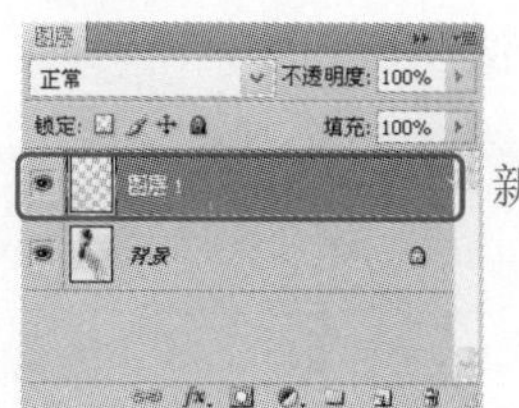
新建图层

7 按下【Ctrl】+【Delete】组合键将选区填充上颜色，按下【Ctrl】+【D】组合键取消选区。

取消选区

8 在【图层】面板中的【设置图层的混合模式】下拉列表中选择【柔光】选项。

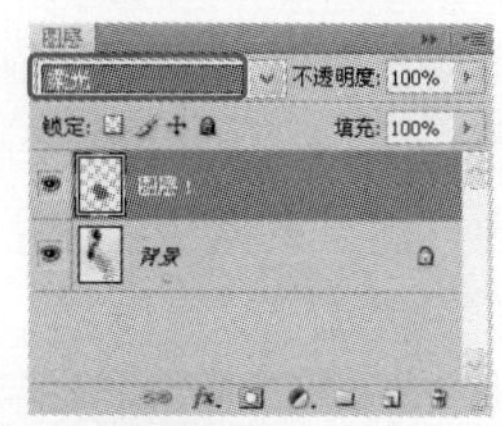
设置柔光

9 最终得到如图所示的效果。

最终效果

2.6 选区的应用

选区的应用主要是对选区中的图像进行移动、复制、变换和清除等操作，制作特殊效果，例如拼贴图效果等。

1. 移动图像

在图像中创建适当的选区，然后可以使用【移动】工具调整选区内图像的位置，制作出漂亮的效果。

使用特定的工具绘制完选区后，可以根据需要调整选区的角度，以便能够更好地编辑图像，达到理想的效果。

绘制选区后，在菜单栏中选择【选择】➢【变换选区】菜单项，调出调整控制框，此时即可对选区进行旋转或者变换。

变换图像制作的效果

2. 复制图像

在处理图像的过程中，可以利用选区复制

图像制作特殊的合成效果。

复制图像时只需选中需要复制的图像部分，按下【Ctrl】+【C】组合键复制选区内的图像，再按下【Ctrl】+【V】组合键粘贴即可得到复制的图像，然后根据需要使用【移动】工具调整图像的位置。

复制效果

3. 变换图像

使用选区变换图像的快捷键是【Ctrl】+【T】组合键。在对选区中的图像进行变换操作的过程中，可以将选区内的图像进行剪切，然后再粘贴，这样可以增加图像的立体感。

变换选区内的图像时，不仅可以对图像进行等比例缩放，还可以对图像进行旋转、扭曲等操作，以便制作所需的特殊效果。

变换图像效果

4. 清除图像

在对选区内的图像进行清除的过程中，可以选中需要清除的图像区域，按下【Delete】键将选区内的图像删除。

清除选区内的图像后会露出背景色或者下一图层的图像。

图像效果

5. 实例——拼图效果的制作

下面通过实例介绍利用选区制作拼贴图的操作方法。

本实例素材文件和最终效果所在位置如下。		
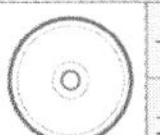	素材文件	第 2 章\2.6\素材文件\206.jpg
	最终效果	第 2 章\2.6\最终效果\206.psd

1 打开本实例对应的素材文件 206.jpg。

素材文件

2 按下【D】键将工具箱中的前景色和背景色设置为默认的黑白颜色。

默认前、背景色

3 在工具箱中选择【矩形】工具组中的【自

定形状】工具。

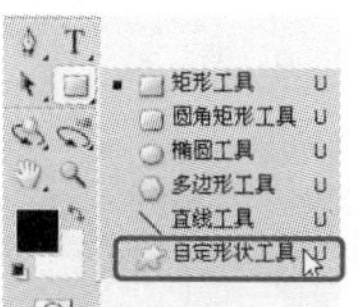

选择该选项

4 按下【Ctrl】+【J】组合键复制背景图层，得到【图层 1】图层。

复制图层

5 在工具选项栏中设置如图所示的选项（关于【自定形状】工具的相关知识在路径章节有详细的介绍）。

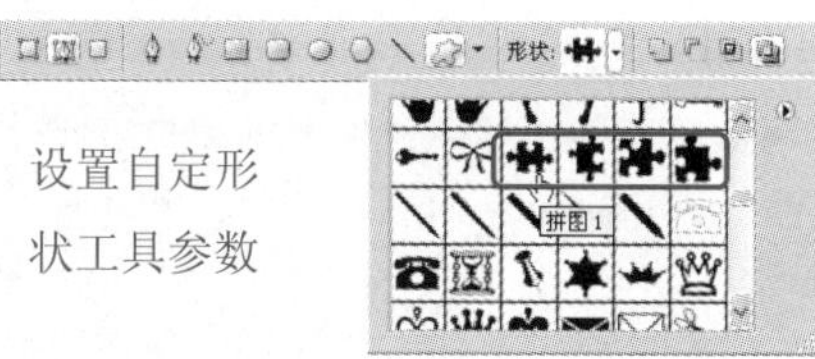

设置自定形状工具参数

6 选择【背景】图层，单击【图层】面板中的【创建新图层】按钮，新建图层，并按下【Ctrl】+【Delete】组合键为该图层填充白色。

创建新图层

7 选择【图层 1】图层，使用【自定形状】工具在图像中绘制如图所示的形状路径。

绘制路径

8 按下【Ctrl】+【Enter】组合键将路径转换为选区，按下【Ctrl】+【X】组合键剪切选区内的图像。

转化并剪切选区

9 按下【Ctrl】+【V】组合键粘贴剪切的图像。

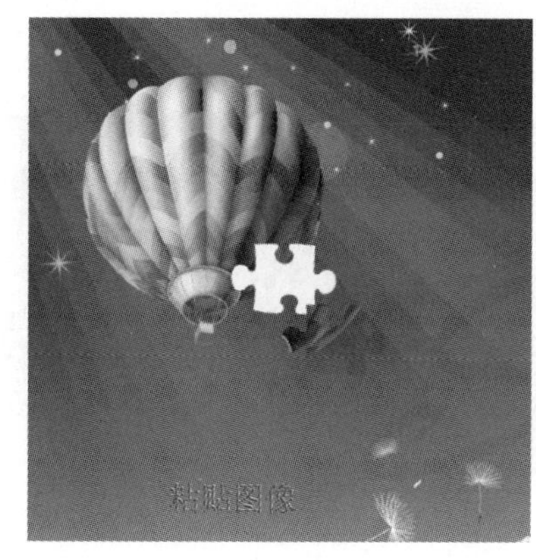
粘贴图像

10 在【图层】面板中单击【添加图层样式】按钮，在弹出的菜单中选择【投影】菜单项。

选择该菜单项

11 弹出【图层样式】对话框，在该对话框中设置如图所示的参数，单击 确定 按钮。

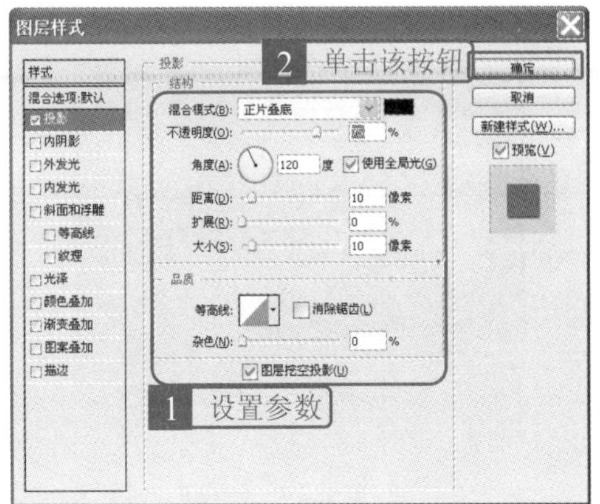

12 选择【移动】工具 移动图像的位置，效果如图所示。

13 在【图层】面板中选择【图层 1】图层，单击【添加图层样式】按钮 fx，在弹出的菜单中选择【投影】菜单项。

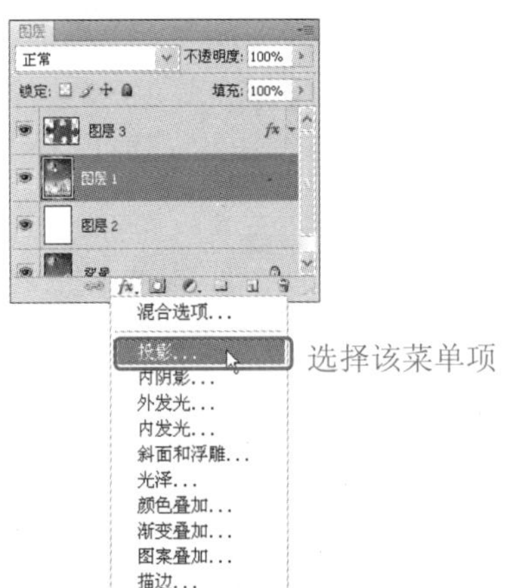

14 弹出【图层样式】对话框，在该对话框中设置如图所示的参数，然后单击 确定 按钮。

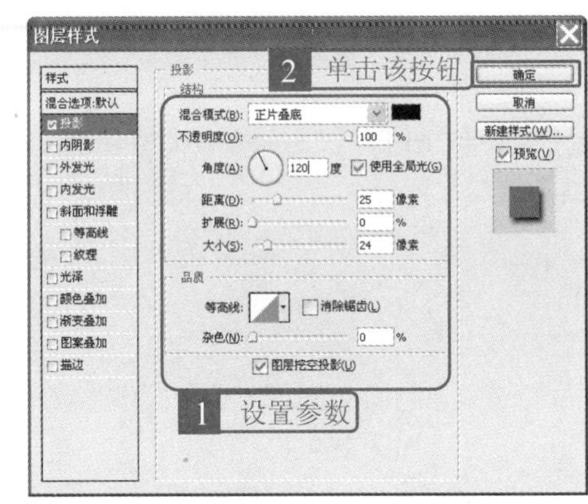

15 得到如图所示的效果。

16 参照上述编辑形状选区的操作过程，再添加其他的选区效果，最终得到如图所示的效果。

新手

第3章 颜色设置工具的应用

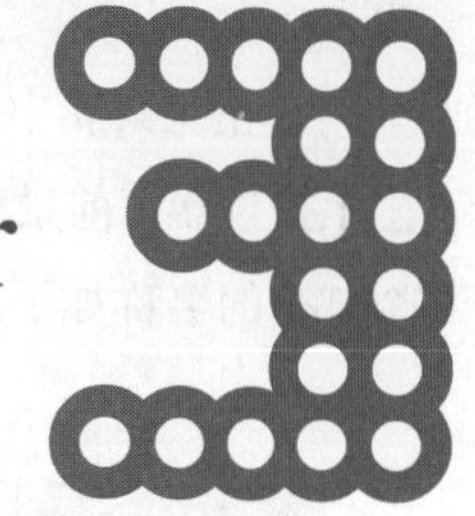

Chapter

小龙：小月，那么认真，在做什么呢？

小月：我想把这张照片的颜色调节一下。

小龙：我看看你的成果。

小月：怎么样？效果还可以吧？

小龙：我觉得有点偏色了！看你这么好学，我来给你讲讲调色的知识吧！

小月：太好了，你快教我吧！

小龙：呵呵，好的。

要点导航

- 设置前景色和背景色
- 填充工具组

3.1 设置前景色和背景色

在使用 Photoshop 软件对图像进行编辑时，设置前景色和背景色是必不可少的。设置前景色和背景色的方法有多种，例如使用【吸管】工具、【颜色取样器】工具、【色板】面板等。

1. 使用【拾色器】对话框

使用【拾色器】对话框设置颜色是比较直接的方法。

单击工具箱中的【设置前景色】颜色框，弹出【拾色器（前景色）】对话框。该对话框中各个部分的名称如下。

颜色预览框

色域

【只有 Web 颜色】复选框

颜色滑块

颜色值设置区

下面介绍该对话框中各部分的作用。

(1) 颜色预览框：上半部分的颜色表示调整后的颜色，下半部分的颜色表示当前颜色。

(2) 色域：其中包括所有的颜色。

(3) 【只有Web颜色】复选框：该复选框的作用是将选取的颜色范围限定在Web颜色范围以内。

(4) 【颜色滑块】：从中可以选择颜色范围。

(5) 颜色值设置区：在该区可以设置颜色的数值。

(6) 【溢色警告】按钮：出现该按钮时，表示当前选择的颜色超出了打印机能够识别的范围。

(7) 【非 Web 安全】警告按钮：出现该按钮时，表示当前选择的颜色超出了 Web 的颜色范围。

(8) 颜色库按钮：单击该按钮，弹出【颜色库】对话框，可以选择系统提供的颜色进行设置。选中【只有 Web 颜色】复选框，设置的颜色将以 Web 颜色显示。

在【颜色库】对话框中的【色库】下拉列表中可以选择渐变颜色条的样式。

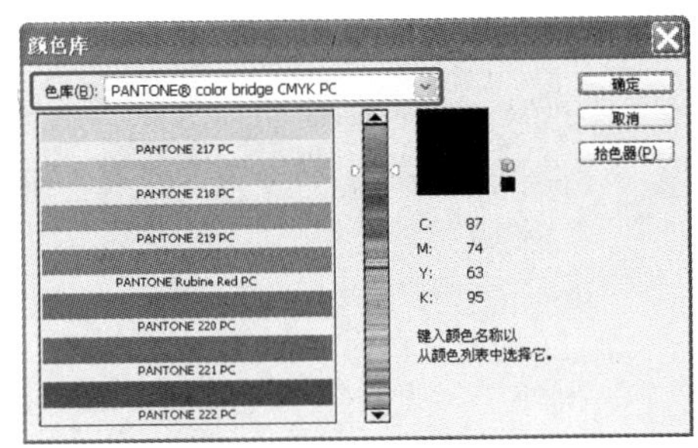

设置颜色的具体步骤如下。

1 拖动颜色滑块，在光谱显示区中选定一种基本颜色。

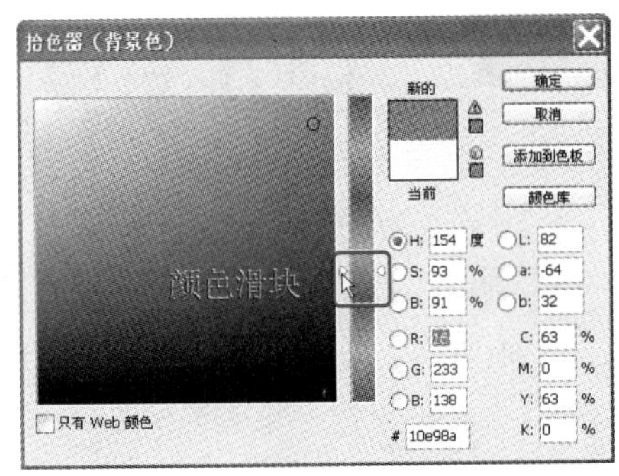

2 在色域窗口中选择合适的颜色，所选颜色将显示在【新的】颜色区域，选择好颜色后单击确定按钮。

单击【切换前景和背景色】按钮或者按下快捷键【X】，就可以将当前的前景色和背景色互换。

【切换前景和背景色】按钮

单击【默认前景和背景色】按钮或者按下快捷键【D】，可以将当前设置的前景色和背景色恢复到默认状态下的黑色和白色。

【默认前景和背景色】按钮

2. 使用【吸管】工具

选择【吸管】工具，然后在工具选项栏中的【取样大小】下拉列表中选择吸管取样的大小。

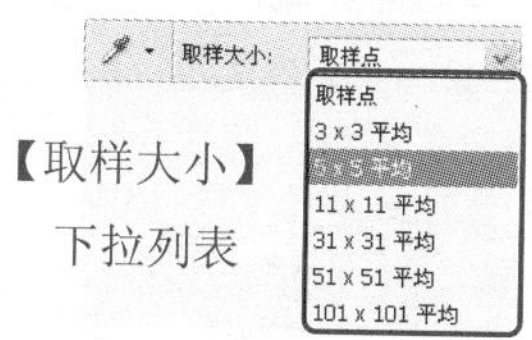

【取样大小】下拉列表

(1)【取样大小】下拉列表中的【取样点】选项为系统的默认设置，表示所选取的像素大小为 1 像素。

(2)【3×3 平均】选项或【101×101 平均】选项表示被选取处的像素大小以 3 像素×3 像素或 101 像素×101 像素颜色的平均值作为取样颜色，依次类推。

设置完成将鼠标指针移至图像中的取样点处，待指针变为形状时单击即可将取样颜色设置为前景色。

设置前景色

3. 使用【颜色取样器】工具

选择【颜色取样器】工具，在【信息】面板中可以查看图像中取样点的颜色，这样可以对颜色值进行精确的设置。

使用【颜色取样器】工具取样的具体步骤如下。

1 选择【颜色取样器】工具，然后选择【窗口】➤【信息】菜单项，打开【信息】面板，或者按下快捷键【F8】打开【信息】面板。

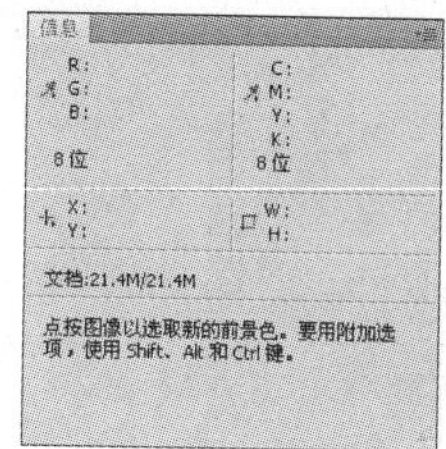

【信息】面板

2 移动鼠标指针在图像中单击某点，该处的颜色信息就会在【信息】面板中显示出来。

4. 使用【色板】面板

【色板】面板主要用于储存颜色，用户可以直接从中选取、存储或删除颜色。

选择【窗口】➤【色板】菜单项，打开【色板】面板。

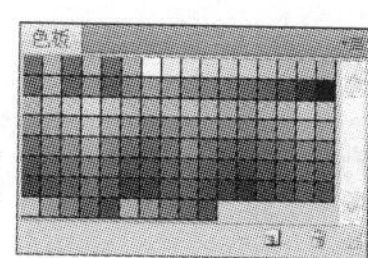

【色板】面板

将鼠标指针停留在颜色方格上即可显示颜色的名称。将鼠标指针移到颜色色块上，待指针变为形状时单击该色块即可选取该颜色。

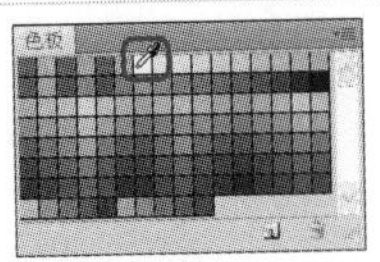

设置前景色颜色

5. 存储颜色

在【色板】面板中可以存储色块，具体的操作步骤如下。

1 单击【设置前景色】颜色框，弹出【拾色器（前景色）】对话框，从中设置前景色颜色参数，然后单击 确定 按钮。

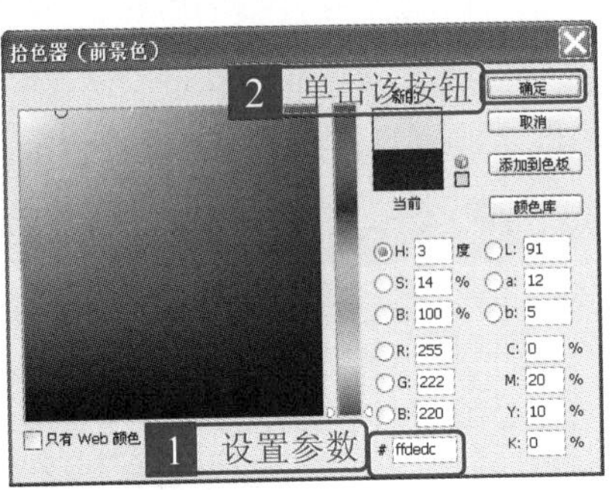

2 在工具箱中选择【吸管】工具，将鼠标指针移至【色板】面板的空白区域，鼠标指针变为形状。

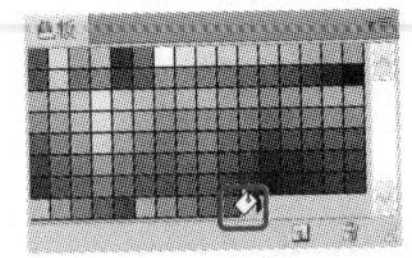

准备填充

3 单击鼠标左键，弹出【色板名称】对话框，在该对话框中设置添加色块的名称，然后单击 确定 按钮。

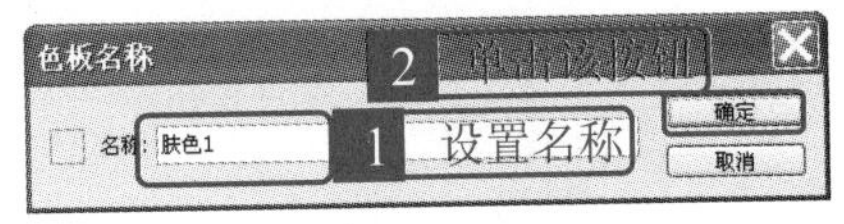

4 色板添加色块后效果如图所示。

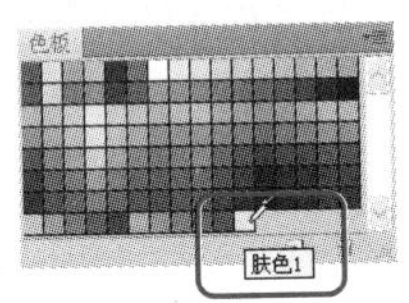

添加颜色后

3.2 填充工具组

使用渐变工具组提供的填充工具，可以根据需要从预设渐变填充中选取或者重新创建渐变效果应用到图像中。

1. 【渐变】工具

使用【渐变】工具可以在选区或者整个图层中填入具有多种颜色过渡的混合色。

选择【渐变】工具，此时工具选项栏中将会显示相关信息。

该工具选项栏中各个选项的作用如下。

- **渐变预览条**

单击预览条右边的按钮可以打开【渐变】拾色器面板。

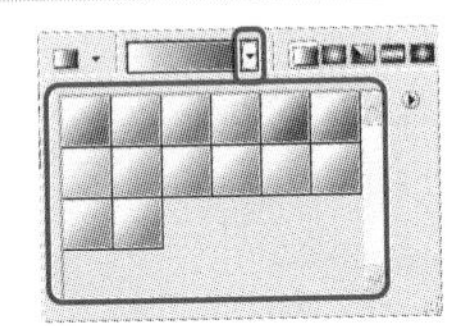

【渐变】拾色器面板

单击预览条，可以弹出【渐变编辑器】对话框。

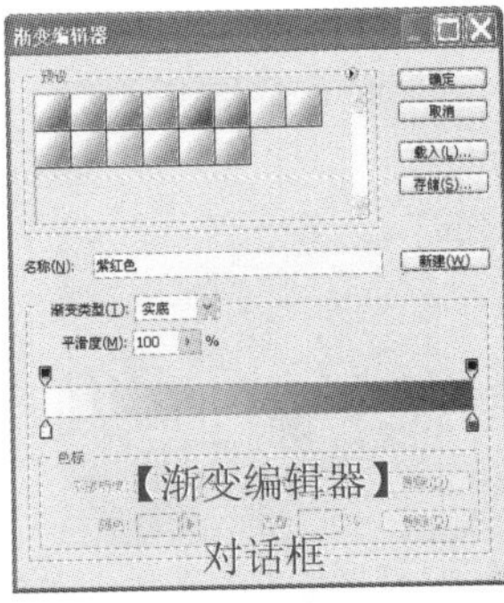

【渐变编辑器】对话框

在该对话框中可以设置渐变颜色以及渐变样式等参数。

单击【预设】组右侧的按钮，弹出面板菜单，其中提供了 8 种渐变预设。

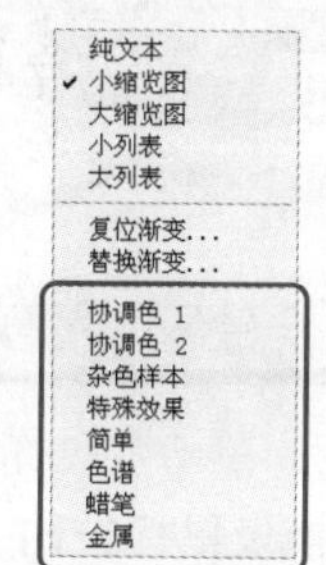

渐变预设选项

在【渐变编辑器】对话框中提供了可以自定渐变样式的渐变条。在渐变条的下方单击【用户颜色】色标，在【色标】选项组中就会出现对应的参数设置。

设置色标

【渐变条】的上方是【不透明度】色标，如果设置透明度的百分比不同，色标中色块的颜色深浅也不同。单击【不透明度】色标，在【色标】选项组中也会出现对应的参数设置。

在设置渐变颜色过程中需要改变颜色值时，可以应用以下方法。

⑴ 单击一个色标，然后将鼠标指针移动到渐变条上的任意位置，指针呈形状时单击鼠标左键在渐变条中吸取颜色，从而将当前色标的内容改为鼠标指针落点的颜色。

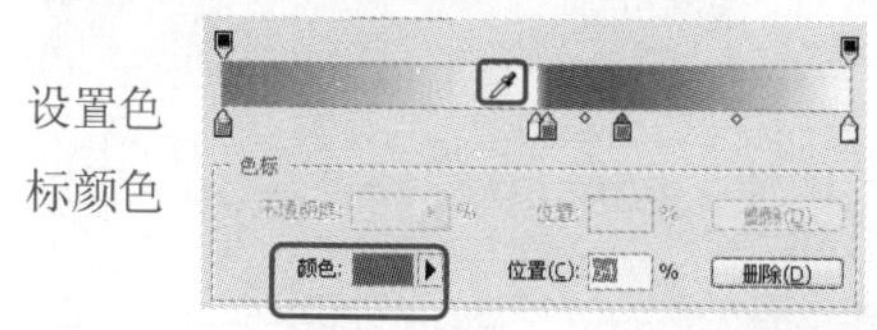

设置色标颜色

⑵ 单击【颜色】颜色框右侧的按钮，在弹出的菜单中可以设置当前色标的颜色。

⑶ 双击【颜色】色标，弹出【拾色器】对话框，从中可以设置【颜色】色标的颜色内容。或者单击【颜色】选项右侧的颜色预览条也可以弹出【拾色器】对话框。

在【渐变编辑器】对话框中的【渐变类型】下拉列表中选择【杂色】选项，此时的对话框如图所示。

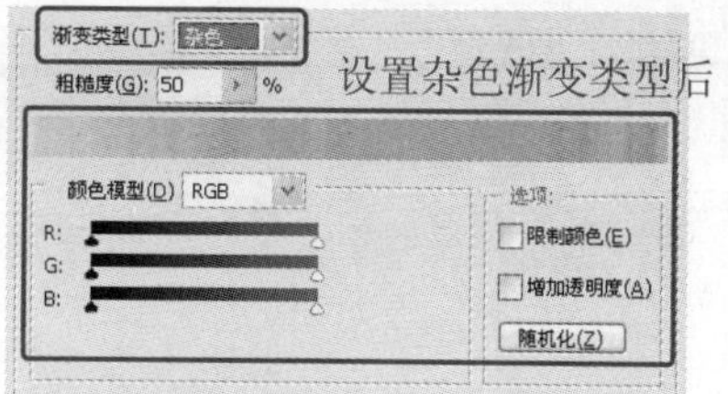

设置杂色渐变类型后

各个选项的作用如下。

⑴【粗糙度】文本框：用于调节混合渐变色的粗糙度，数值越小，颜色之间的过渡越平滑。

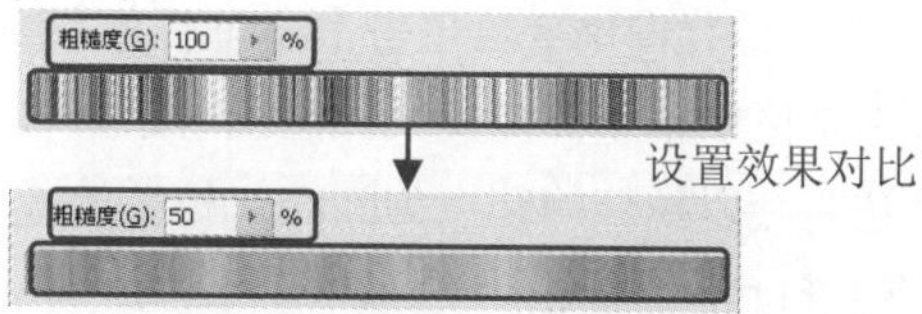

设置效果对比

⑵【颜色模型】选项组：在【颜色模型】下拉列表中选择一种颜色模式，然后拖动各个颜色分量滑块即可改变最后的混合颜色。

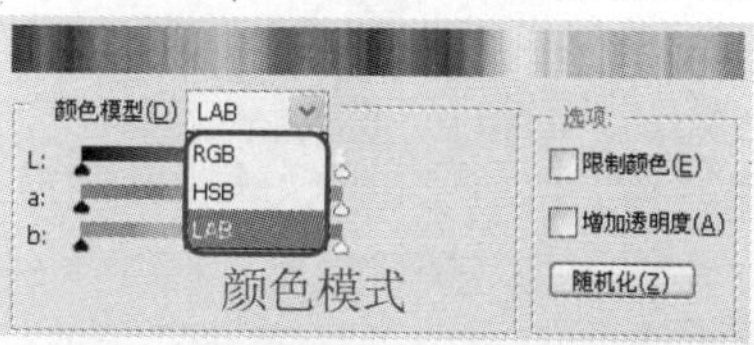

颜色模式

⑶【选项】选项组：选中【限制颜色】复选框可以降低渐变色的饱和度，选中【增加透明度】复选框可以设置渐变色为透明，单击随机化(Z)按钮渐变色将会使用软件提供的随机颜色。

单击【随机化】按钮后

除了可以设置渐变的颜色外，还可以选择渐变的类型。

渐变类型

在工具选项栏中有 5 种渐变类型的按钮。

(1) 线性渐变：单击【线性渐变】按钮，然后在选区中单击并拖曳鼠标拉出一条直线，渐变色将从鼠标指针起点到终点进行填充。

添加线性渐变效果

(2) 径向渐变：单击【径向渐变】按钮，在选区中单击并拖曳鼠标拉出一条直线，渐变色将会以拉线的起点为圆心、拉线的长度为半径进行环形填充，产生圆形的渐变效果。

添加径向渐变效果

(3) 角度渐变：单击【角度渐变】按钮，在选区中单击并拖曳鼠标拉出一条直线，渐变色将会以拉线的起点为顶点、以拉线为轴围绕拉线起点顺时针旋转 360° 进行环形填充，产生锥形的渐变效果。

添加角度渐变效果

(4) 对称渐变：单击【对称渐变】按钮，在选区中单击并拖曳鼠标拉出一条直线，渐变色将会自拉线的起点到终点进行直线填充，并且以拉线方向的垂线为对称轴产生两边对称的渐变效果。

添加对称渐变效果

(5) 菱形渐变：单击【菱形渐变】按钮，在图像中单击并拖曳鼠标，渐变色将以拉线的起点为中心、终点为菱形的一个角，以菱形的效果向外扩散。

添加菱形渐变效果

● 【模式】下拉列表

在【模式】下拉列表中可以选择渐变颜色和下层图像的混合模式。

● 【不透明度】选项

【不透明度】选项用于设置渐变效果的不透明度。

2. 【油漆桶】工具

使用【油漆桶】工具可以在图像中填充颜色或者图案。该工具的填充是按照图像中的像素颜色进行填充的，填充的范围是与鼠标指针落点处所在像素点颜色相同或者相近的像素点。

如果要在【渐变】工具和【油漆桶】工具之间切换，只需按下【Shift】+【G】组合键即可。

选择【油漆桶】工具，该工具选项栏如图所示。

● 【设置填充区域的源】下拉列表

在下拉列表中可以指定填充图像所选的形式。

填充颜色

● 【图案拾色器】选项

在【设置填充区域的源】下拉列表中选择【图案】选项，此时就会激活【图案拾色器】选项。单击选项右侧的按钮，弹出【图案拾色器】面板，在该面板中可以选择合适的图案。

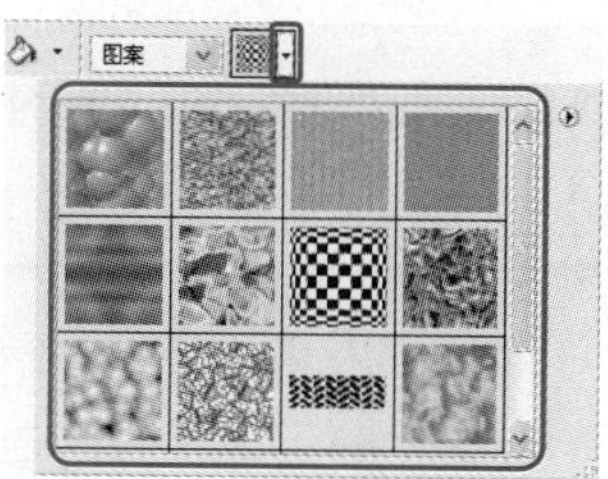

【拾色器】面板

单击【图案拾色器】面板右上角的按钮，弹出菜单选项，在该菜单中列出了 9 种图案选项。

图案 2
图案
填充纹理 2
填充纹理
岩石图案
彩色纸
灰度纸
自然图案
艺术表面

3. 实例——卷边画

本实例素材文件和最终效果所在位置如下。	
素材文件	第 3 章\3.2\素材文件\301.jpg
最终效果	第 3 章\3.2\最终效果\301.psd

1 打开本实例对应的素材文件 301.jpg。

素材文件

2 连续按两次【Ctrl】+【J】组合键复制图层，得到【图层 1】图层和【图层 1 副本】图层。

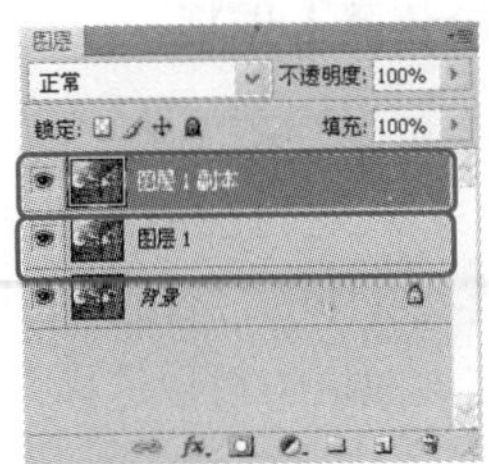
复制图层

3 选择【背景】图层，将前景色设置为白色，按下【Alt】+【Delete】组合键填充图像。

填充背景层

4 选择【图层 1】图层，隐藏【图层 1 副本】图层，选择【图像】➢【调整】➢【去色】菜单项，将图像去色。

图像去色

5 在【图层】面板中的【填充】文本框中输入“40%”。

6 显示并选择【图层 1 副本】图层，然后按下【Ctrl】+【T】组合键旋转图像的角度，并调整图像的位置，调整合适后，按下【Enter】键确认操作，得到的图像效果如图所示。

7 选择【图层】➢【图层样式】➢【投影】菜单项，弹出【图层样式】对话框，从中设置如图所示的参数。

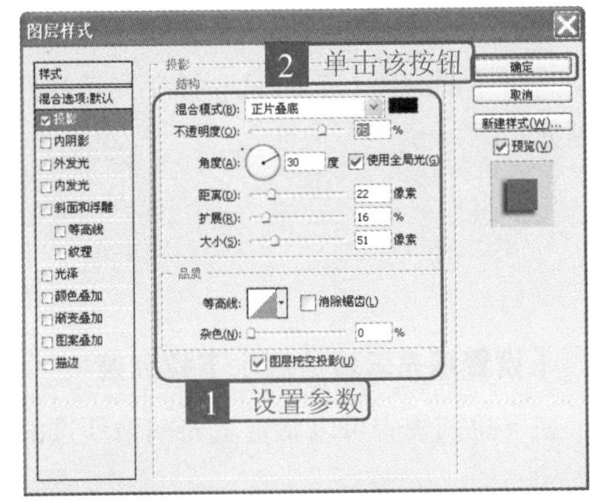

8 选中【描边】复选框，将描边颜色设置为白色，设置如图所示的参数，然后单击 确定 按钮。

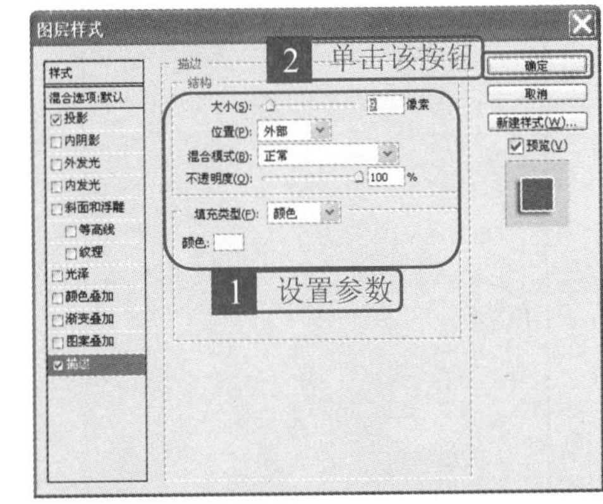

9 选择【钢笔】工具，在图像中绘制如图所示的闭合路径。

10 按下【Ctrl】+【Enter】组合键将闭合路径转换为选区。

11 单击【创建新图层】按钮，新建图层，得到【图层 2】图层。

12 将前景色设置为“575757”号色，背景色设置为白色，选择【渐变】工具，在工具选项栏中设置如图所示的选项。

13 在选区内由内向外拖动鼠标，添加渐变效果，按下【Ctrl】+【D】组合键取消选区。

14 选择【图层 1 副本】图层，单击【添加图层蒙版】按钮，为该图层添加图层蒙版。

15 选择【画笔】工具，在工具选项栏中设置如图所示的参数。

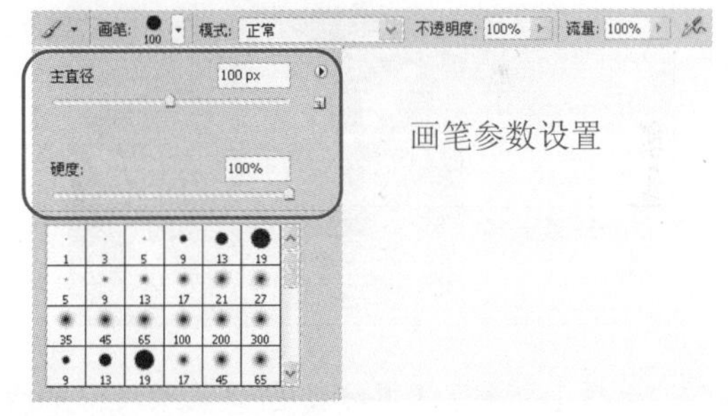

16 在图像中涂抹右下角的图像，隐藏部分图像，得到如图所示的效果。

17 选择【图层 1】图层，单击【创建新图层】按钮，新建【图层 3】图层。

新建图层

18 将前景色设置为黑色，选择【渐变】工具，在工具选项栏中设置如图所示的选项。

渐变参数设置

19 在图像的右下角位置添加如图所示的渐变效果，单击【添加图层蒙版】按钮，为该图层添加图层蒙版。

添加蒙版

20 选择【画笔】工具，将画笔硬度设置为"0%"，在图像右下角的渐变区域涂抹，隐藏部分图像，为卷边添加阴影效果。

21 选择【图层 1 副本】图层，单击【创建新图层】按钮，新建【图层 4】图层。

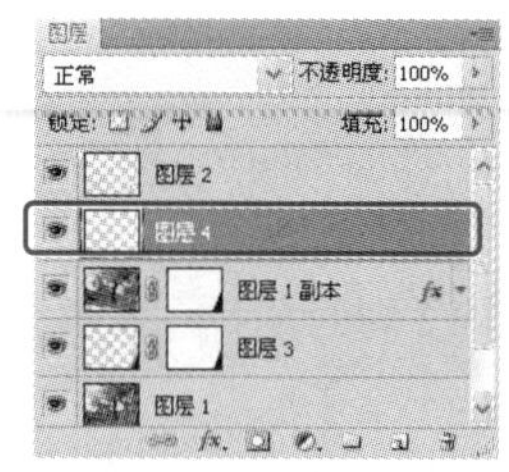
新建图层

22 选择【渐变】工具，在图像的右下角位置添加如图所示的渐变效果，单击【添加图层蒙版】按钮，为该图层添加图层蒙版。

添加蒙版

23 按下【Ctrl】+【Alt】+【G】组合键将渐变图层嵌入下一图层中。

嵌入图层

24 最终得到如图所示的效果。

最终效果

新手

第 4 章
绘画工具的使用

Chapter 4

小龙：小月，在做什么呢？那么认真！

小月：我在画人物呢！

小龙：嗯，画得不错啊！

小月：小龙，我不太会设置画笔工具的样式，你能给我讲讲吗？

小龙：可以啊，设置画笔样式很简单的。

小月：太好了，你快教我吧！

小龙：好的。

要点导航

- 【画笔】工具与【铅笔】工具
- 擦除图像工具

4.1 【画笔】工具与【铅笔】工具

使用画笔工具组中的工具可以在图像上绘制以前景色为颜色的图像效果，还可以创建柔和的颜色描边效果。

1. 【画笔】工具

选择【画笔】工具，在对应的工具选项栏中将会显示相关的参数设置信息。

【画笔】工具选项栏

该工具选项栏中各个选项的作用如下。

(1)【不透明度】选项：该选项可以设置画笔的不透明度。

设置不透明度前后效果对比

(2)【流量】选项：决定画笔在绘画时的压力大小。

(3)【喷枪】按钮：单击该按钮后画笔则会具备喷枪的特性，绘制时的笔触会因为鼠标指针的停留时间而逐渐变粗。

在工具选项栏中，单击【切换画笔调板】按钮会弹出【画笔】面板。

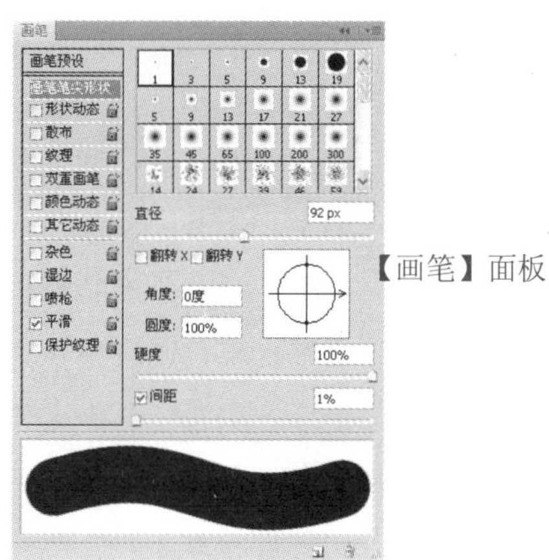

【画笔】面板

在该面板中，单击左侧选项，在右侧会显示相关的选项设置，从中可以设置画笔的绘制效果。

应用画笔绘制的效果

2. 【画笔】面板

【画笔】面板中画笔的直径、硬度和角度等设置既可以控制【画笔】工具，也可以控

制其他的一些绘图工具，还可以根据需要进行自定画笔样式。

【画笔】面板设置

【画笔】面板主要用于设置画笔的笔触样式、笔尖直径及其他效果的设置等。

选择【窗口】➢【画笔】菜单项，弹出【画笔】面板；或者按下【F5】键打开【画笔】面板。

选择面板左侧的【画笔笔尖形状】选项，在右侧会弹出相关的设置选项。

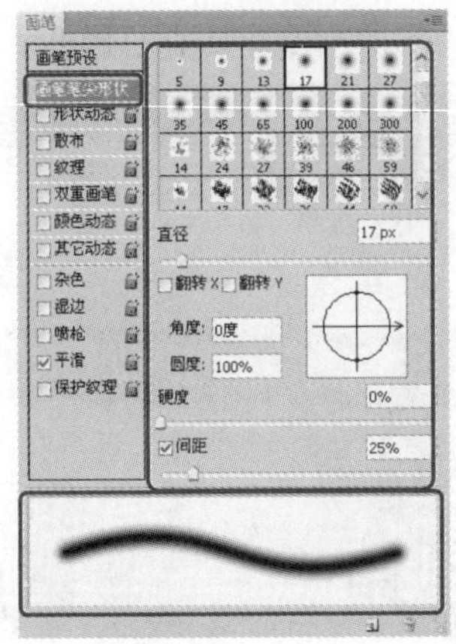

【画笔】面板中各个选项的含义如下。

(1)【直径】选项：该选项用来设置画笔的笔头直径大小。在实际操作的过程中可以根据需要调整滑块或者在文本框中输入具体的数值来改变笔触的大小。

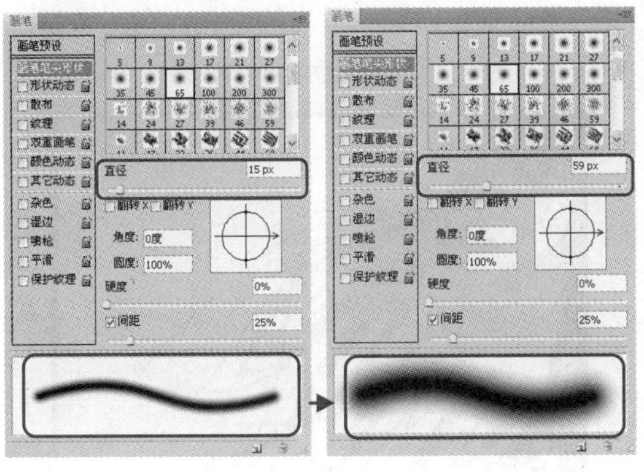

设置直径前后效果对比

(2)【圆度】选项：该选项可以设置当前画笔笔头的长短轴比例（即圆度）。

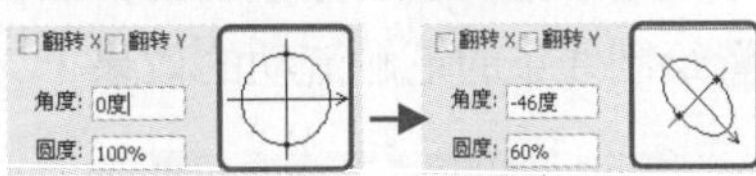

(3)【角度】选项：该选项主要用来设置画笔笔触的旋转角度。

设置角度前后效果对比

(4)【硬度】选项：该选项主要用来设置画笔边缘的虚化程度。

(5)【间距】选项：该选项可以设置每两笔之间跨越的距离。

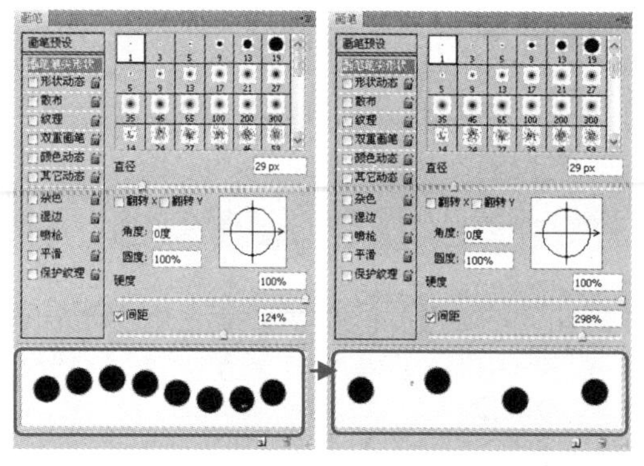

设置效果前后对比

在【画笔】面板中选择【形状动态】选项，可以设置绘制线条的笔触流动的效果。

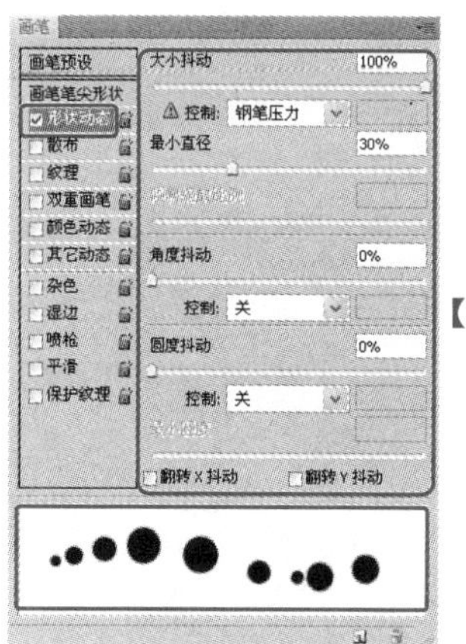

【形状动态】选项组

选择【散布】选项，可以设置线条产生散射的效果，数值越大散射效果越明显。

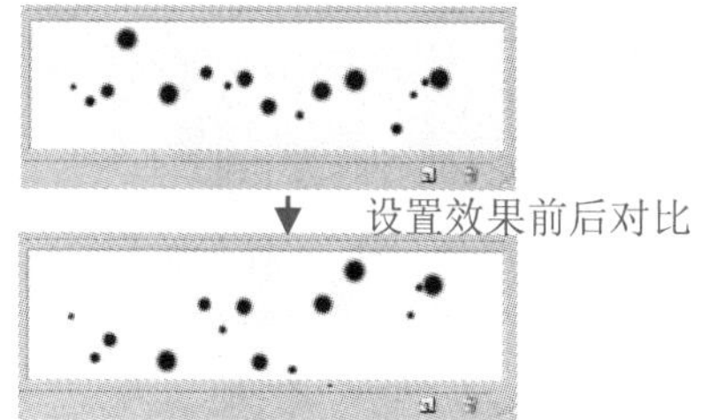

设置效果前后对比

选择【纹理】选项，可以设置线条产生的图案纹理效果。

选择【双重画笔】选项，可以制作出两种不同纹理的笔刷效果。

选择【颜色动态】选项，进行设置后可以将两种颜色和图案进行不同程度的混合，并且可以调整其混合颜色的色调和透明度等。

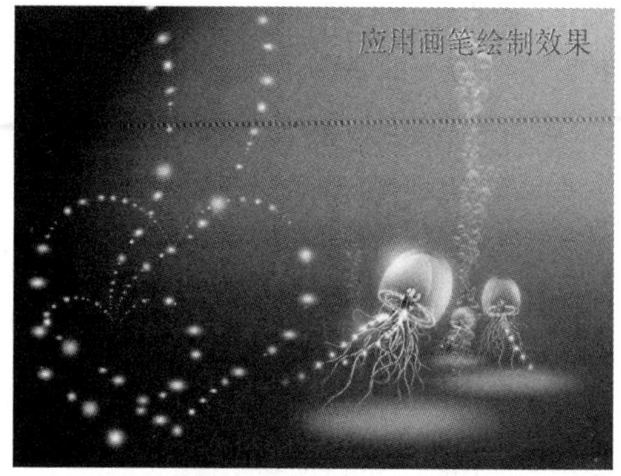

应用画笔绘制效果

选择【其他动态】选项，可以设置画笔绘制出颜色的不透明度及其流动效果。

应用画笔绘制效果

3. 【铅笔】工具

【铅笔】工具主要适用于绘制直线和曲线等效果。【铅笔】工具的使用方法与【画笔】工具的使用方法基本相同，只是使用【铅笔】工具绘制的图形比较生硬。

将前景色设置为适当的颜色，在图像窗口中按住鼠标左键不放拖动即可绘制线条。

应用画笔绘制效果

在【铅笔】工具的工具选项栏中选中【自动抹除】复选框，此时在与前景色颜色相同的图像区域内拖曳鼠标，【铅笔】工具会自动地擦除前景色并且填充背景色。

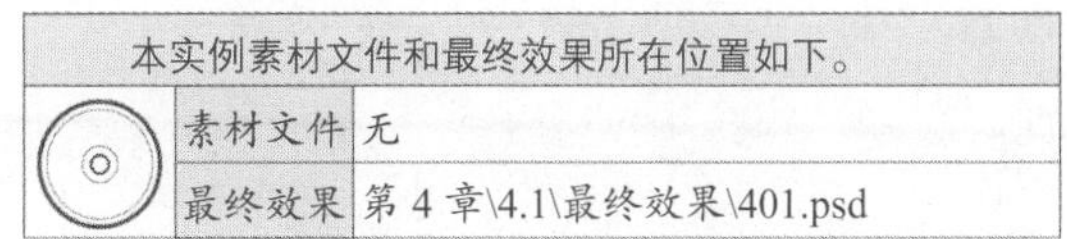

4. 实例——屈原诗赋

本实例素材文件和最终效果所在位置如下。	
素材文件	无
最终效果	第 4 章\4.1\最终效果\401.psd

1 按下【Ctrl】+【N】组合键，弹出【新建】对话框，在该对话框中设置如图所示的参数，设置完成单击 确定 按钮。

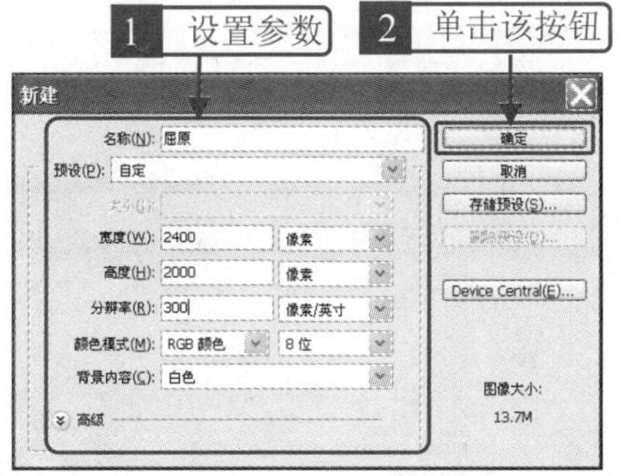

2 按下【Alt】键的同时单击【创建新图层】按钮，在名称文本框中输入“草稿”，新建【草稿】图层。

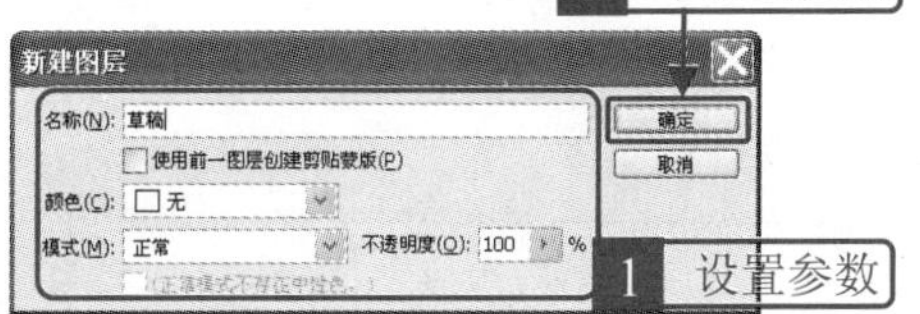

3 选择工具箱中的【画笔】工具，设置如图所示的参数。

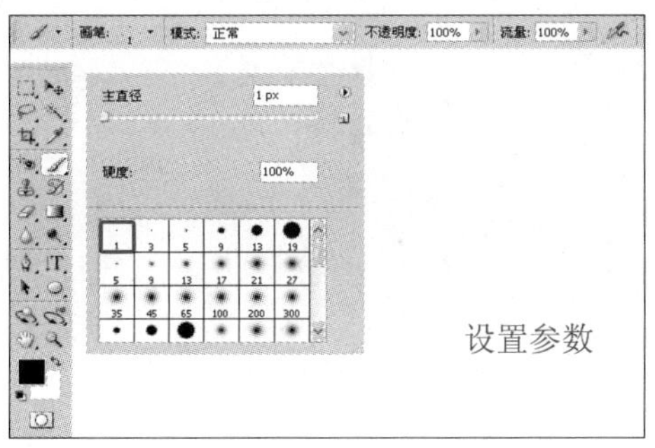

4 按下【D】键将【前景色】设置为黑色，使用【画笔】工具绘制出人物轮廓线，图像效果如图所示。

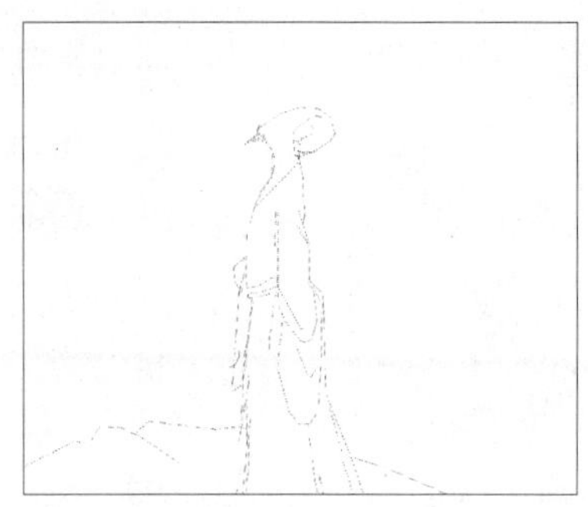

5 按下【Alt】键的同时单击【创建新图层】按钮，新建【轮廓】图层，对人物进行刻画，然后单击【草稿】图层前面的按钮，隐藏【草稿】图层，图像效果如图所示。

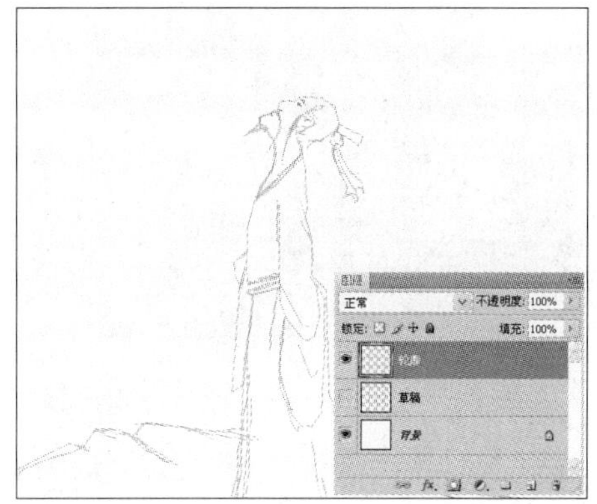

6 选择【画笔】工具，按下【F5】键，弹出【画笔】面板，设置如图所示的参数。

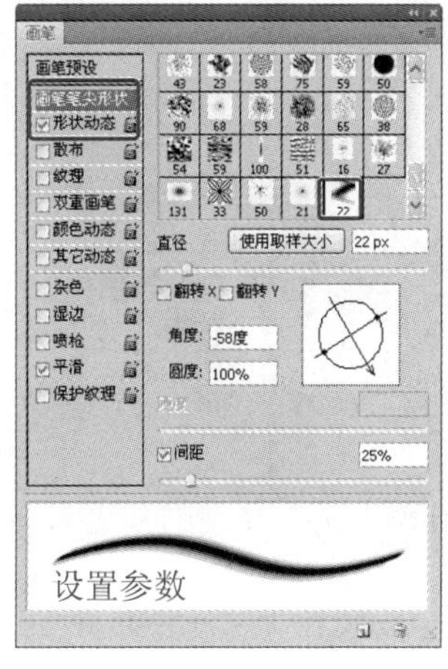

7 选择【画笔】工具，将【不透明度】设置为“50%”，按下【[】或【]】键适当调整画笔大小，涂画人物的头发以及胡子等。

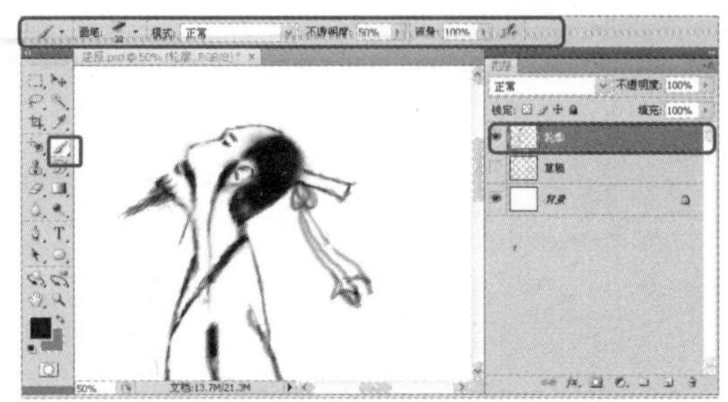

8 单击【设置前景色】按钮，弹出【拾色器（前景色）】对话框，在【#】文本框中输入“7b6655”，然后单击 确定 按钮。

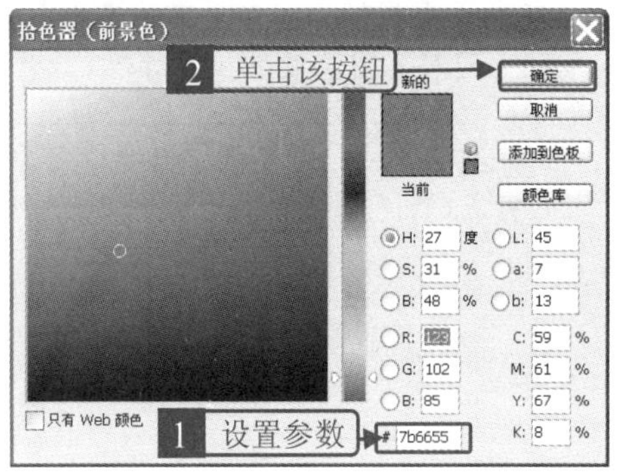

9 选择【画笔】工具，在工具选项栏中设置如图所示的参数。

设置参数

画笔: 35 模式: 正常 不透明度: 9% 流量: 100%

10 使用【画笔】工具涂抹人物脸部，图像效果如图所示。

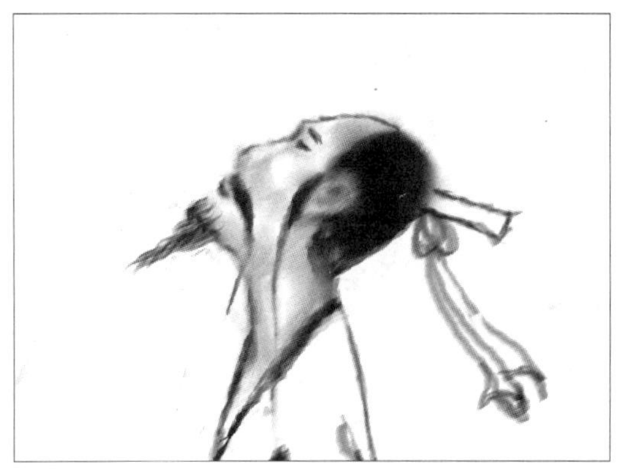

11 将【前景色】设置为黑色，选择【画笔】工具，在工具选项栏中设置画笔的【不透明度】为“7%”，使用【画笔】工具涂抹衣服的暗部，如图所示。

12 设置画笔的【不透明度】为“100%”，选择画笔笔尖样式为“沙丘草”，在岩石上面画出杂草，如图所示。

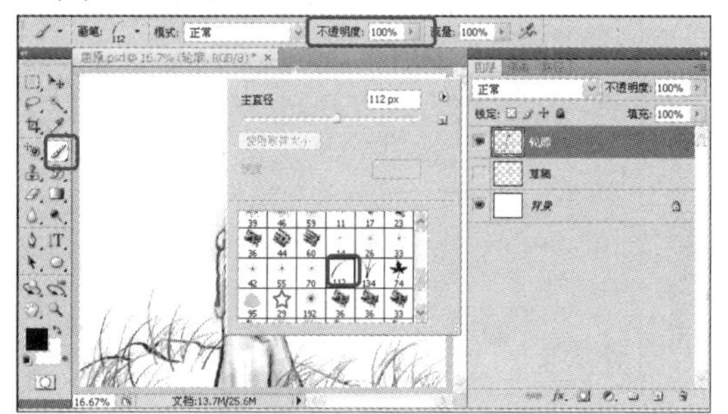

13 选择【画笔】工具，在工具选项栏中设置如图所示的参数。

设置参数

画笔: 27 模式: 正常 不透明度: 100% 流量: 100%

14 按下【[】或【]】键适当调整画笔大小，进一步绘制杂草，图像效果如图所示。

15 将前景色设置为黑色，选择【画笔】工具，适当地调整画笔的不透明度，按下【[】或【]】键适当调整画笔大小，涂画岩石的颜色与其轮廓纹理等。

16 单击【创建新图层】按钮，新建【图层 1】图层，按下【D】键将前景色和背景色还原为默认色，选择【滤镜】➤【渲染】➤【云彩】菜单项，给【图层 1】图层添加云彩效果。

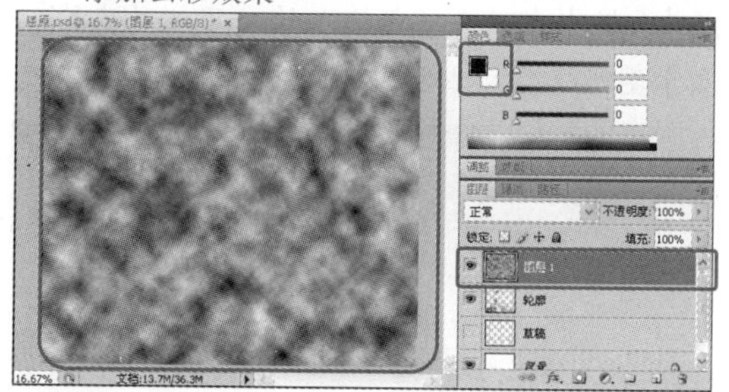

17 选择【橡皮擦】工具，在工具选项栏中设置如图所示的参数。

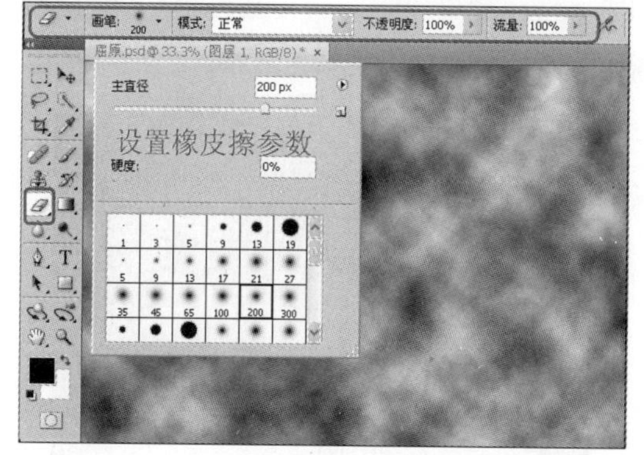

18 按下【[】或【]】键适当调整笔触的大小，在【图层 1】图层上擦除人物和岩石部分。

19 单击【图层】面板下方的【添加图层蒙版】按钮，给【图层 1】图层添加图层蒙版，如图所示。

20 选择工具箱中的【渐变】工具，在工具选项栏上选择渐变为“从前景色到透明”渐变样式，选择渐变类型为【线性渐变】，【不透明度】设置为“100%”，如图所示。

21 按下【D】键将前景色和背景色还原为默认色，在【颜色】面板中调整渐变颜色，在【图层 1】图层的蒙版上拖曳出透明渐变效果，如图所示。

22 单击【创建新图层】按钮，新建【图层2】图层，将【图层2】图层拖到【轮廓】图层的下面。

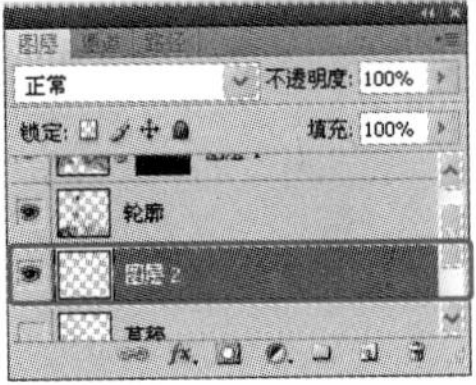
新建图层

23 选择【画笔】工具，将前景色设置为黑色，将画笔笔尖设置为“半湿描油彩笔”，画笔的【不透明度】为25%～85%，在【图层2】图层中绘制树木和大雁，如图所示。

设置参数

24 选择工具箱中的【直排文字】工具，单击工具选项栏中的【显示/隐藏字符和段落调板】按钮，打开【字符】面板，设置如图所示的参数。

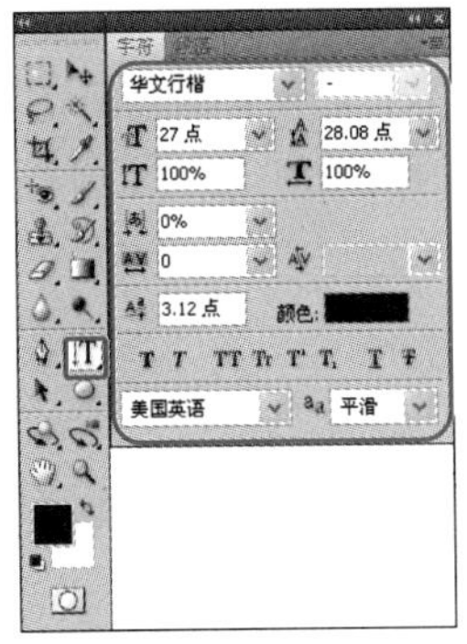

设置参数

25 在绘图区域右侧处单击，在【图层】面板中自动生成与输入的文字相对应的【文本】图层，在文本框中输入题字，如图所示。

26 参照**24**操作步骤中的方法，打开【字符】面板，设置如图所示的参数。

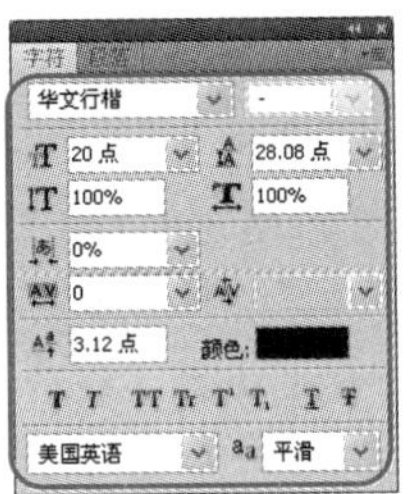

设置参数

27 在绘图区域的题字的右下角处单击，在【图层】面板中自动生成与输入的文字相对应的【文本】图层，在文本框中输入题字，如图所示。

28 图像的最终效果如图所示。

最终效果

4.2 擦除图像工具

在橡皮擦工具组中提供了【橡皮擦】工具、【背景橡皮擦】工具和【魔术橡皮擦】工具 3 种工具。

1. 【橡皮擦】工具

使用【橡皮擦】工具可以擦除图像中需要去除的部分。

选择【橡皮擦】工具，其工具选项栏状态如图所示。

【橡皮擦】工具选项栏

该工具选项栏中各个选项的作用如下。

【画笔】右侧的按钮

单击该按钮可以打开【画笔预设】面板。

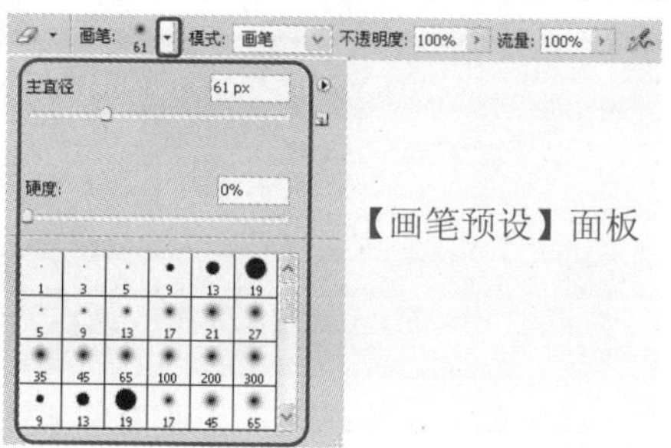

【画笔预设】面板

在该面板中可以设置画笔的直径、硬度和笔触样式等参数。

【模式】下拉列表

在该下拉列表中可以设置【橡皮擦】工具的擦除方式。

【模式】下拉列表

图像效果

图像效果

【不透明度】文本框

【不透明度】选项用于设置擦除笔刷的不透明度。

设置不透明度前后效果对比

● 【流量】文本框

在该文本框中输入数值或者拖动其对应的滑块，改变画笔流量的数值，从而改变擦除图像的力度。

2. 【背景橡皮擦】工具

使用【背景橡皮擦】工具可以擦除图层中的图像并将其擦成透明的，同时在擦除背景的同时会保留对象的边缘。在擦除图像时可以指定不同的取样、容差选项和边界的锐化程度。

使用背景橡皮擦前后效果对比

在【背景橡皮擦】工具对应的工具选项栏中含有取样选项组，各个选项作用如下。

(1) 【连续】按钮：单击该按钮可以随着鼠标的拖移连续地对颜色取样。

(2) 【一次】按钮：单击该按钮只替换包含第 1 次单击颜色区域中的取样颜色。

(3) 【背景色板】按钮：只替换包含当前背景色的区域。

当在工具选项栏中选中【保护前景色】复选框时，在擦除选定区域内的颜色时与前景色匹配的区域将会被保留。

3. 【魔术橡皮擦】工具

使用【魔术橡皮擦】工具可以擦除一定容差内与鼠标落点相邻的颜色，并且作用过的地方变为透明色。

4. 实例——老电影效果

本实例素材文件和最终效果所在位置如下。	
素材文件	第 4 章\4.1\素材效果\402.jpg
最终效果	第 4 章\4.1\最终效果\402.psd

1 打开本实例对应的素材文件 402.jpg。

素材文件

2 将前景色设置为白色，选择【横排文字】工具，然后在工具选项栏中设置适当的字体及字号。

设置字体及字号

3 在图像中输入如图所示的文字。

添加文字

4 选择【横排文字】工具，在工具选项栏中设置适当的字体及字号，在图像中输入其他文字。

添加文字

5 打开【调整】面板，单击【色彩平衡】图标，在【色彩平衡】调板中设置如图所示的参数。

色彩平衡参数设置

6 将前景色设置为黑色，在【图层】面板中单击【创建新的填充或调整图层】按钮，在弹出的菜单中选择【渐变】菜单项。

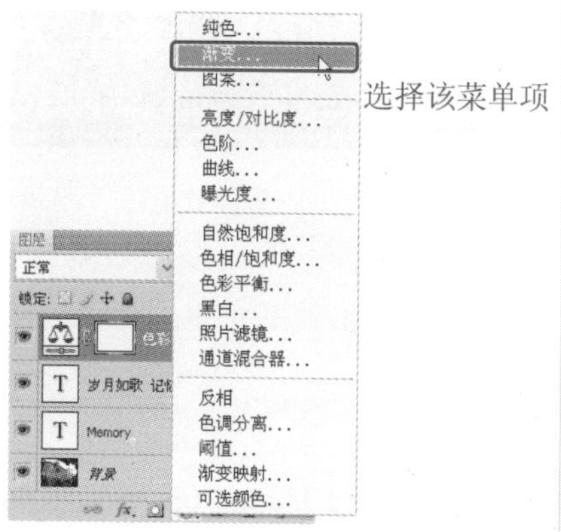

选择该菜单项

7 在弹出的【渐变填充】文本框中将渐变颜色设置为【从前景色到透明】样式，并设置如图所示的参数及选项，单击 确定 按钮。

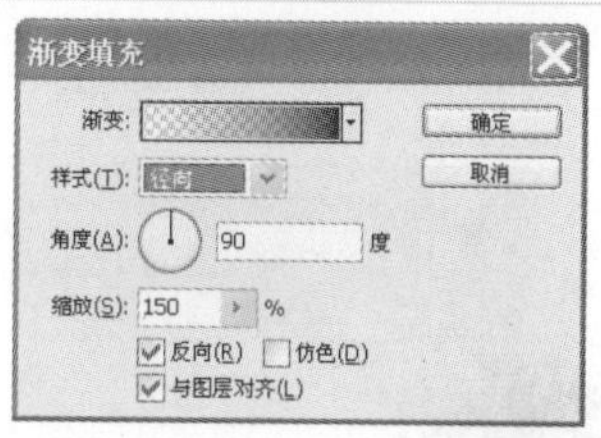

渐变填充参数设置

8 在【图层】面板中的【填充】文本框中输入“60%”。

填充后效果

9 将前景色设置为黑色，选择【画笔】工具，在工具选项栏中设置如图所示的参数。

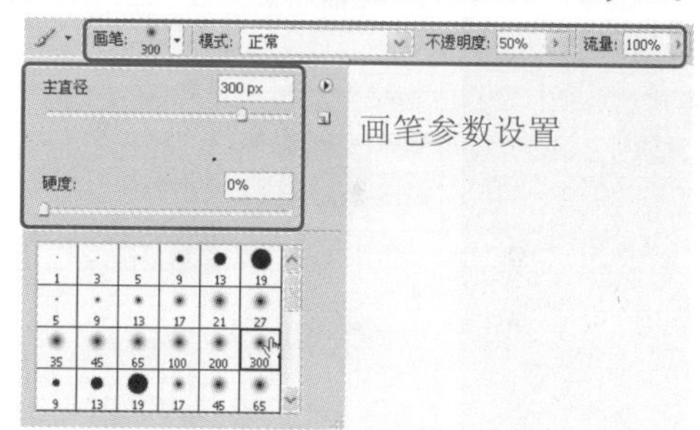

画笔参数设置

10 在图像中涂抹文字区域,将部分图像隐藏。

11 单击【图层】面板中的【创建新图层】按钮，新建图层。

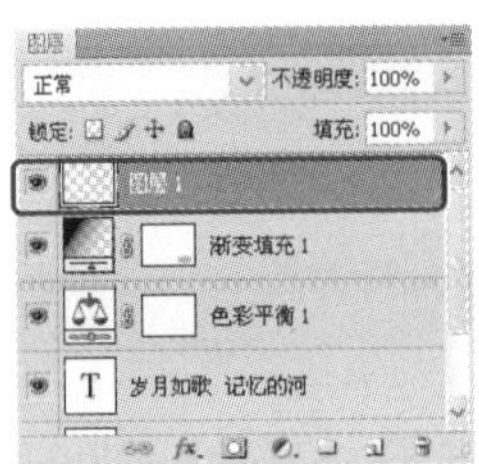

新建图层

12 将前景色设置为白色，按下【Alt】+【Delete】组合键将图像填充为白色。打开【通道】面板，单击【创建新图层】按钮，新建通道。

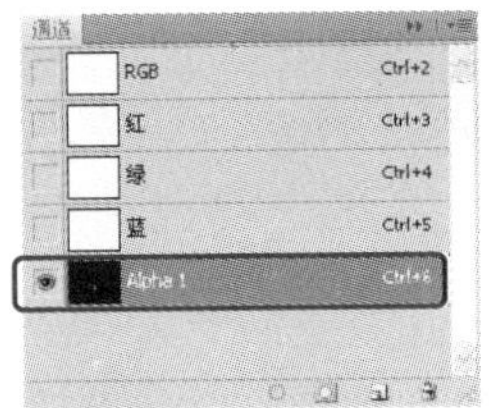

新建通道

13 选择【滤镜】➢【纹理】➢【颗粒】菜单项，在弹出的【颗粒（100%）】对话框中设置如图所示的选项及参数，单击 确定 按钮。

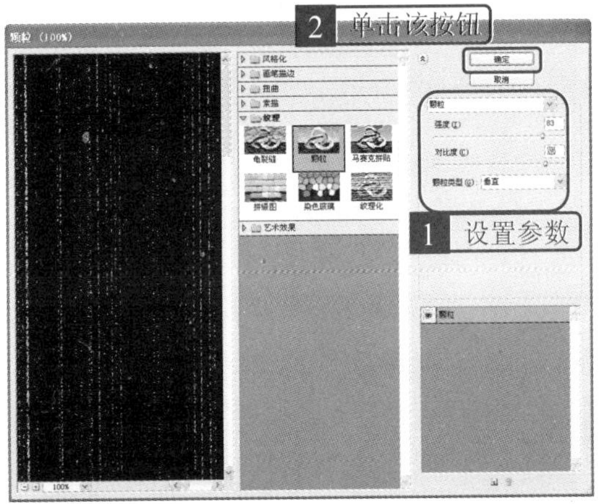

14 按住【Ctrl】键单击【Alpha1】通道的图层缩览图，将部分图像载入选区。

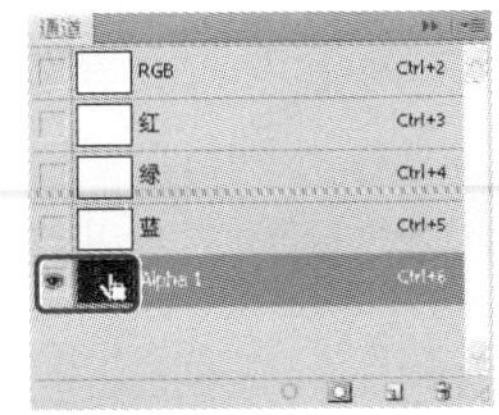

载入选区

15 打开【图层】面板，隐藏【图层 1】图层，选择【渐变填充 1】图层，单击【创建新图层】按钮，新建图层。

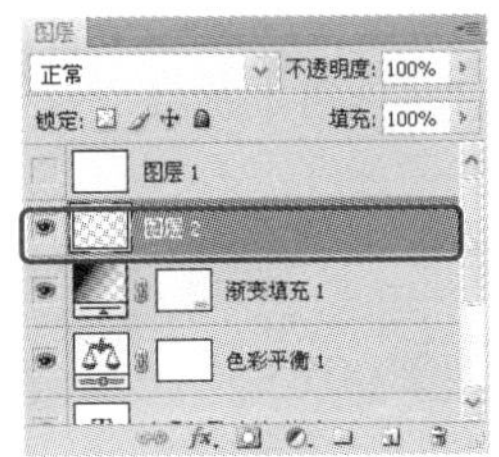

新建图层

16 将前景色设置为黑色，按下【Alt】+【Delete】组合键填充选区，按下【Ctrl】+【D】组合键取消选区，最终得到如图所示的效果。

最终效果

新手

第 5 章 图像的基本修饰

Chapter 5

小龙：小月，画笔工具学得怎么样了？

小月：已经很熟练了，我在练习修饰照片呢！

小龙：嗯，学习的劲头挺足啊！

小月：小龙，你能给我讲讲这个图章工具吗？

小龙：好啊，这个工具在修饰图像的过程中应用的比较广泛！

小月：是吗？你快教我吧！

小龙：好的。

要点导航

- 图章工具组
- 修复工具组
- 修饰工具组

5.1 图章工具组

图章工具组包括【仿制图章】工具和【图案图章】工具，主要用于仿制样本并将其应用到其他的图像或者同一个图像中的其他部分，也可以将一个图层的一部分仿制到另一个图层。

1. 【仿制图章】工具

在使用【仿制图章】工具时，选中工具选项栏中的【对齐】复选框可以进行规则复制，无论是终止该操作还是多次执行，都可以重新使用最新的取样点；当撤选【对齐】复选框时，每一次绘画时将会更新样本。

仿制图像前后效果对比

2. 【图案图章】工具

使用【图案图章】工具可以利用预设图案在图像中绘制。

选择【图案图章】工具，在其对应的工具选项栏中单击【图案】下拉列表框右侧的下箭头按钮，打开【图案】拾色器，从中选择一种图案。

【图案图章】工具面板

对齐

在图像中单击并拖动鼠标即可进行绘制。例如选中工具选项栏中的【印象派效果】复选框，则可将印象派效果应用到图案中。

仿制图像前后效果对比

3. 实例——美化肌肤

下面通过实例介绍使用【仿制图章】工具美化人物肌肤的操作过程。

本实例素材文件和最终效果所在位置如下。	
素材文件	第 5 章\5.1\素材文件\501.jpg
最终效果	第 5 章\5.1\最终效果\501.psd

1 打开本实例对应的素材文件 501.jpg。

素材文件

2 选择【仿制图章】工具，在工具选项栏中设置如图所示的参数及选项。

画笔: 40　模式: 正常　不透明度: 16%　流量: 100%　对齐

仿制图章参数设置

3 按下【[】键和【]】键调整画笔直径的大小，按住【Alt】键，待鼠标指针变为⊕形状时在人物面部较白的皮肤处单击鼠标左键，选取仿制源。

选取仿制源

4 选取仿制源后，释放鼠标左键，在需要修改的肌肤部分单击鼠标左键，系统会将仿制源部分的图像粘贴到当前需要修改的图像部分。

5 选择【选择】➢【色彩范围】菜单项，弹出【色彩范围】对话框。

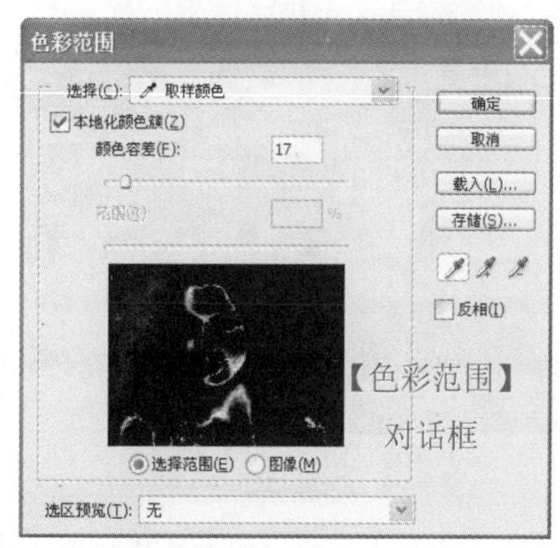

【色彩范围】对话框

6 选择【吸管】按钮，在图像中人物的肌肤部分单击鼠标左键，吸取源色彩。选择【添加到取样】按钮，在皮肤的其他部分单击鼠标左键吸取相似颜色。

色彩范围参数设置

7 在【色彩范围】对话框中设置相关参数及选项，然后单击 确定 按钮。

8 单击【设置前景色】颜色框，弹出【拾色器（前景色）】对话框，在该对话框中设置如图所示的参数，然后单击 确定 按钮。

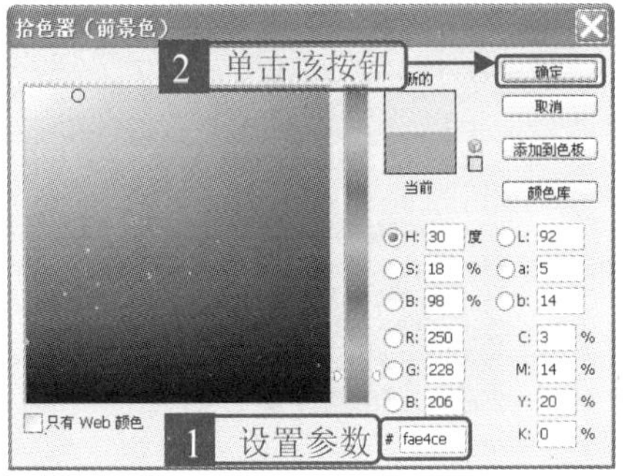

9 单击【图层】面板中的【创建新图层】按钮，新建图层。

新建图层

10 按下【Alt】+【Delete】组合键将选区填充上前景色颜色。

11 按下【Ctrl】+【D】组合键取消选区。选择【滤镜】➢【模糊】➢【高斯模糊】菜单项，弹出【高斯模糊】对话框，在该对话框中设置如图所示的参数，然后单击 确定 按钮。

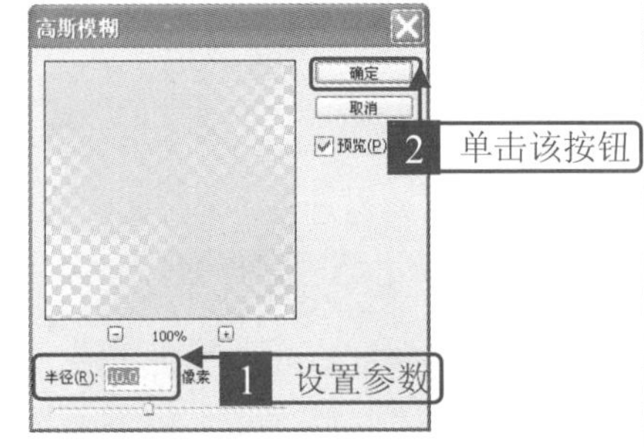

12 设置高斯模糊后得到如图所示的效果。

13 在【图层】面板中的【设置图层的混合模式】下拉列表中选择【柔光】选项。

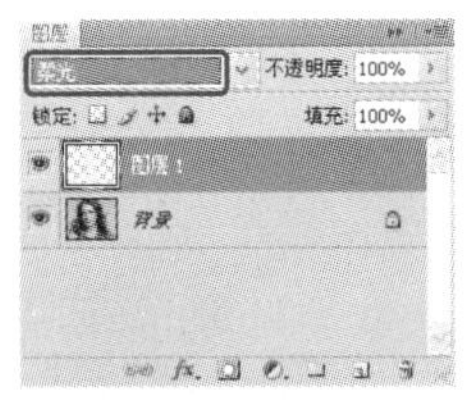

柔光设置

14 最终得到如图所示的效果。

5.2 修复工具组

修复工具组包含【污点修复画笔】工具、【修复画笔】工具、【修补】工具和【红眼】工具，应用这些工具可以将有污损的图像进行修复，使其恢复本来面目。

修复工具组中的工具主要用于快速修复图像中的污点或瑕疵，例如消除人物脸部的斑点、眼睛中的红眼等现象。

1. 【污点修复画笔】工具

使用【污点修复画笔】工具可以快速地移去照片中的污点或者瑕疵，该工具使用图像或者图案中的样本像素进行绘画，并将样本像素的纹理、光照、透明度和阴影等与所修复的像素相匹配。【污点修复画笔】工具可以自动地从所修饰区域的周围取样。

该工具的操作方法比较简单，选择该工具，在工具选项栏中设置合适的画笔直径，然后在图像中有污点的位置单击鼠标左键即可消除污点。

仿制图像前后效果对比

2. 【修复画笔】工具

【修复画笔】工具的使用与【污点修复画笔】工具的使用有所不同。选择【修复画笔】工具，按住【Alt】键单击图像中无污点的部分作为仿制源，然后释放鼠标，设置合适的画笔笔触，在污点处单击即可消除污点。

3. 【修补】工具

【修补】工具和【修复画笔】工具一样，适用于消除瑕疵，使图像的纹理、光照和阴影等与源像素相匹配。但是【修补】工具是通过图像中其他区域或图案中的像素来修复选中区域的像素。

4. 实例——修复破损图像

下面通过实例介绍使用修复工具修复污损照片的操作过程。

本实例素材文件和最终效果所在位置如下。	
素材文件	第 5 章\5.2\素材文件\502.jpg
最终效果	第 5 章\5.2\最终效果\502.jpg

1 打开本实例对应的素材文件 502.jpg。

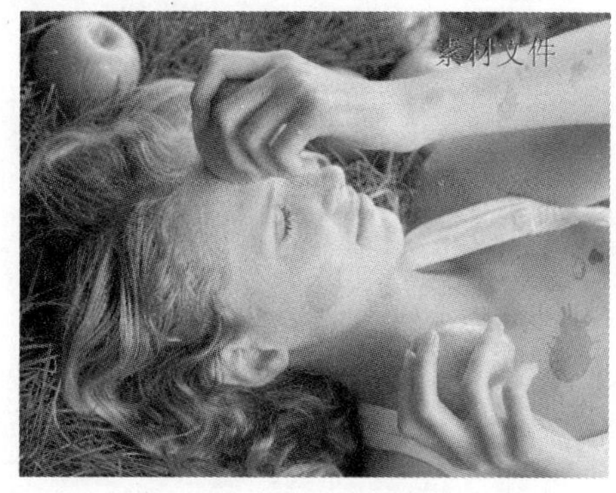

2 选择【修复画笔】工具，按住【Alt】键，待鼠标指针变为⊕形状时，在人物脸部临近污渍

的肌肤位置单击鼠标左键，吸取仿制源。

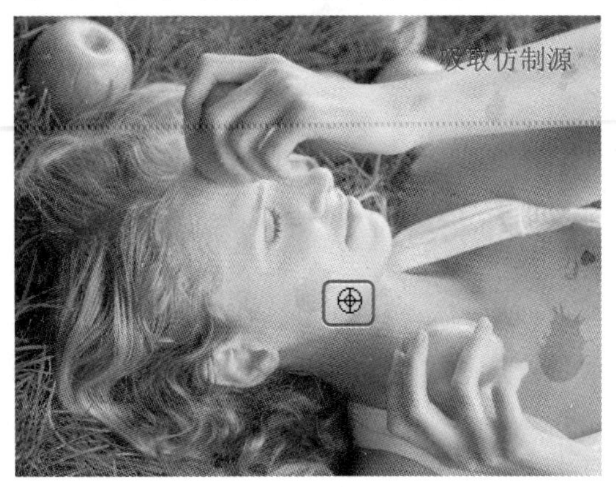

3 释放鼠标后在需要处理的皮肤部分单击鼠标左键进行替换，即可将原来有污渍的部分覆盖掉。

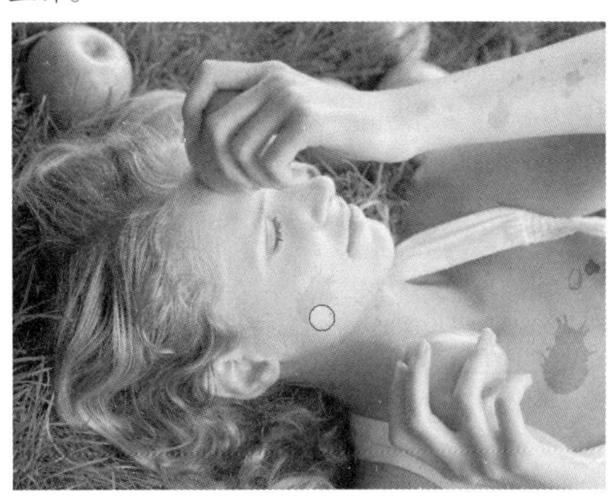

4 参照上述方法将人物脸部和手部上的污渍清除，得到如图所示的效果。

5 选择【修补】工具，将人物颈部下方有污渍的皮肤部分选中载入选区。

6 将鼠标指针移至选区内，待鼠标指针变为形状时，按住鼠标左键不放将选区移至没有污渍的图像处，然后释放鼠标左键。

7 按下【Ctrl】+【D】组合键取消选区。

8 参照上述方法将其他污渍清除，最终得到如图所示的效果。

5. 【红眼】工具

使用【红眼】工具，可以移去在拍摄过程中开设闪光灯在人物照片中产生的红眼现象，也可以移去使用闪光灯拍摄的动物照片中的白色或者绿色反光。

6. 实例——去除红眼

下面通过实例介绍使用【红眼】工具修复红眼照片的操作过程。

本实例素材文件和最终效果所在位置如下。		
	素材文件	第 5 章\5.2\素材文件\503.jpg
	最终效果	第 5 章\5.2\最终效果\503.jpg

1 打开本实例对应的素材文件 503.jpg。

素材文件

2 选择【修补】工具，将人物颈部下方有污渍的皮肤部分选中载入选区。

3 将鼠标指针移至选区内，待鼠标指针变为形状时，按住鼠标左键不放将选区移至没有污渍的图像处，然后释放鼠标左键。

4 按下【Ctrl】+【D】组合键取消选区。

5 选择【污点修复画笔】工具，在工具选

项栏中设置如图所示的参数及选项。

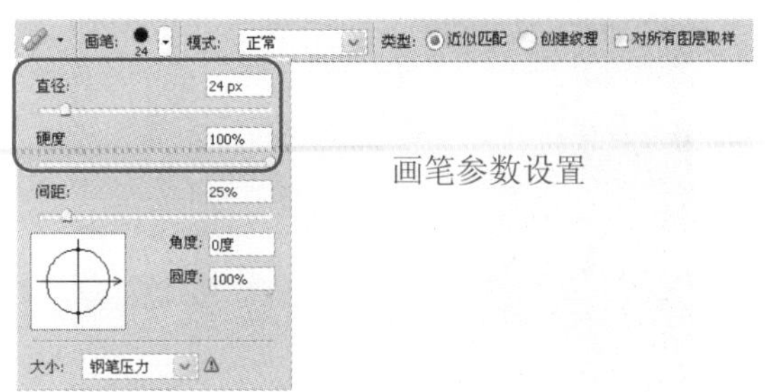

画笔参数设置

6 在人物面部有污点的位置单击鼠标左键，将污点清除。

7 选择【红眼】工具，在人物眼球的红色区域单击鼠标左键，即可将红眼消除。

8 参照上述方法消除另一只眼睛的红眼，最终得到如图所示的效果。

最终效果

5.3 修饰工具组

修饰工具组包含【模糊】工具、【锐化】工具、【涂抹】工具、【减淡】工具、【加深】工具和【海绵】工具。

使用修饰工具组中的工具可以将图像美化，达到所需的效果。

1. 【模糊】工具

使用【模糊】工具可以柔化突出图像的色彩，模糊图像中的僵硬边缘或者区域，从而达到模糊图像的效果。

模糊效果

2. 【锐化】工具

【锐化】工具的作用与【模糊】工具的作用正好相反，该工具通过增大图像相邻像素间的色彩反差来提高图像的清晰度。

锐化效果前后对比

3. 【涂抹】工具

使用【涂抹】工具可以将鼠标指针在图像中落点处的颜色提取出来，并与鼠标拖动处的颜色相混合形成手指涂抹的效果。

4. 实例——流星

下面通过实例介绍使用修饰工具在图像中添加流星的操作过程。

本实例素材文件和最终效果所在位置如下。		
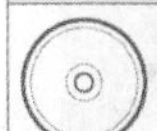	素材文件	第 5 章\5.3\素材文件\504.jpg
	最终效果	第 5 章\5.3\最终效果\504.psd

1 打开本实例对应的素材文件 504.jpg。

2 在【图层】面板中单击【创建新图层】按钮，新建图层。

新建图层

3 单击【设置前景色】颜色框，弹出【拾色器（前景色）】对话框，在该对话框中设置如图所示的参数，然后单击 确定 按钮。

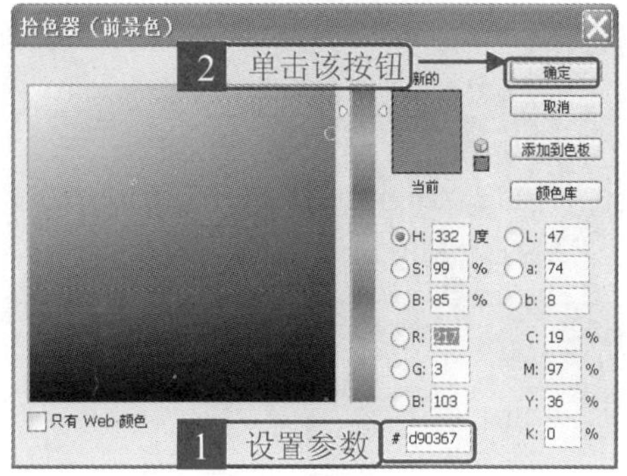

4 选择【椭圆选框】工具，在工具选项栏

中设置如图所示的参数及选项。

设置参数

羽化: 50 px　☑消除锯齿　样式: 正常

5 按住【Shift】键在图像中绘制如图所示的圆形选区。

6 按下【Alt】+【Delete】组合键将选区填充上前景色。

7 选择【选择】➤【变换选区】菜单项，调出调整控制框，按住【Shift】键调整圆形选区的大小，效果如图所示。

8 调整合适后按下【Enter】键确认操作。单击【设置前景色】颜色框，弹出【拾色器（前景色）】对话框，在该对话框中设置如图所示的参数，然后单击 确定 按钮。

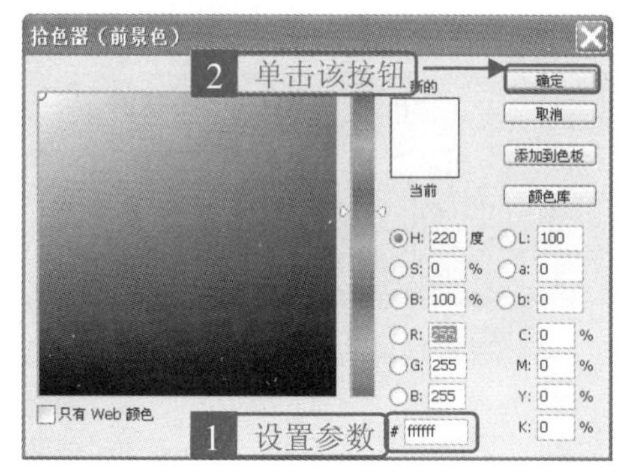

9 按下【Alt】+【Delete】组合键将选区填充上前景色。

10 按下【Ctrl】+【D】组合键取消选区，按下【Ctrl】+【T】组合键调出调整控制框。

11 按住【Shift】键调整圆形的大小，效果如

图所示。

12 调整合适后按下【Enter】键确认操作，选择【涂抹】工具，在工具选项栏中设置如图所示的参数及选项。

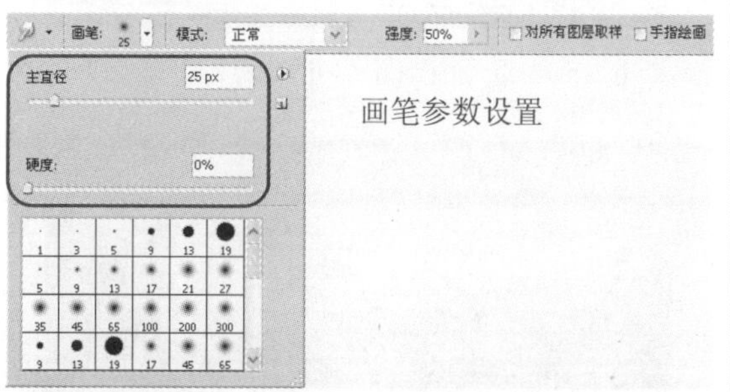

13 在图像中圆形的边缘处按住鼠标左键不放并向右上方拖动，将圆形涂抹出如图所示的长尾。

14 参照上述方法在图像中再绘制其他的流星效果，如图所示。

15 参照 **2** ~ **11** 操作步骤中的方法，在图像中绘制如图所示的圆形组。

16 调整合适后按下【Enter】键确认操作，选择【涂抹】工具，在工具选项栏中设置如图所示的参数及选项。

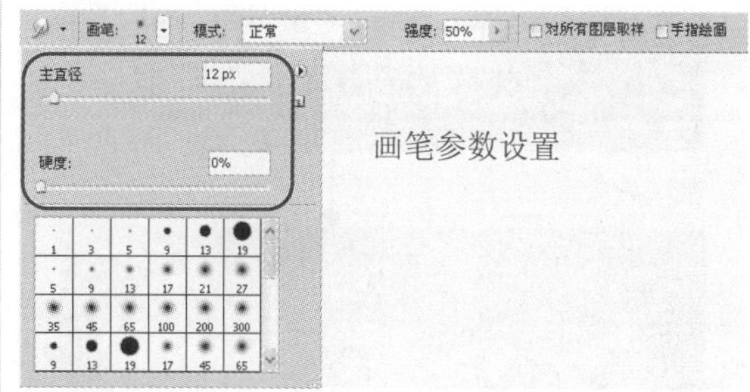

17 在【图层】面板中选择圆形组中的一个圆形图层，在圆形的上、下、左、右方向分别涂抹出长尾，效果如图所示。

5. 【减淡】工具

【减淡】工具通过增加图像的曝光度来降低图像中某个区域（阴影、高光、中间调）的亮度。

该工具的工具选项栏如图所示。

减淡效果前后对比

6. 【加深】工具

【加深】工具通过减弱图像的光线来提高图像中某个区域（阴影、高光、中间调）的亮度。

加深效果前后对比

7. 【海绵】工具

【海绵】工具主要用于加深或者降低图像的色彩饱和度。

8. 实例——天光

下面通过实例介绍使用修饰工具修饰人物眼睛的操作过程。

本实例素材文件和最终效果所在位置如下。		
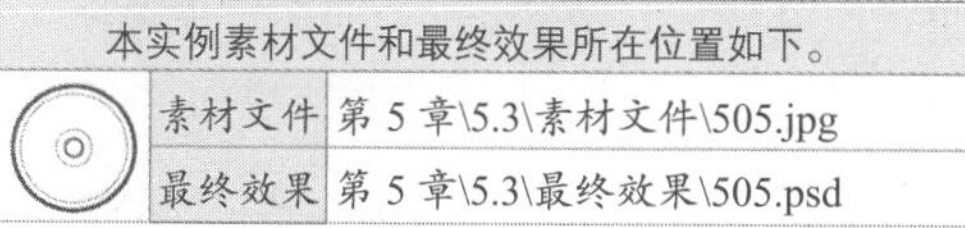	素材文件	第 5 章\5.3\素材文件\505.jpg
	最终效果	第 5 章\5.3\最终效果\505.psd

1 打开本实例对应的素材文件 505.jpg。

2 选择【海绵】工具，在工具选项栏中设置如图所示的选项及参数。

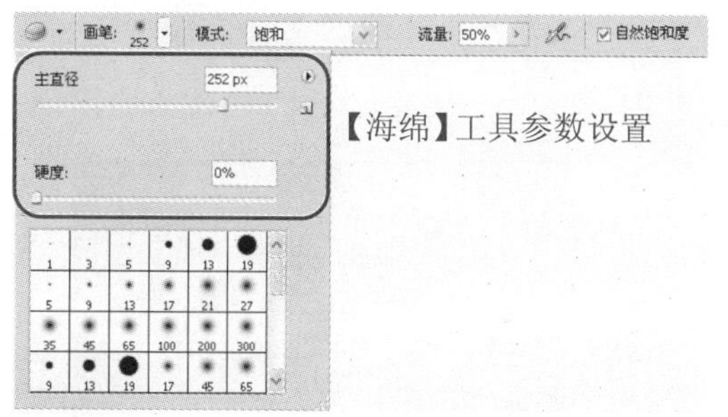

【海绵】工具参数设置

3 在图像中涂抹，增加图像的饱和度，得到如图所示的效果。

4 选择【减淡】工具，在工具选项栏中设置如图所示的选项及参数。

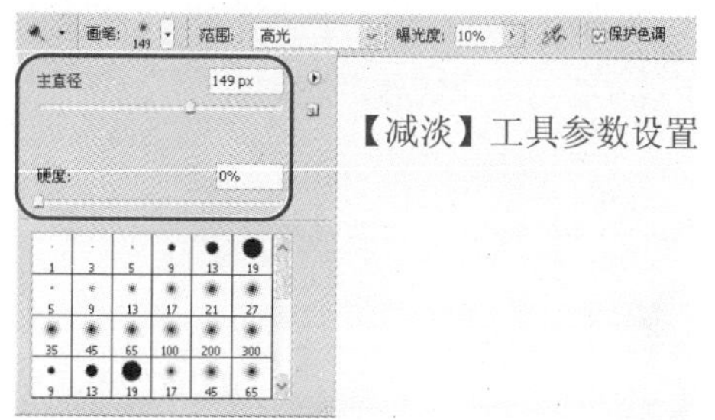

【减淡】工具参数设置

5 在图像中云彩部分涂抹，将该处的图像颜色减淡。

6 按下【Ctrl】+【J】组合键将【背景】图层复制，得到【图层 1】图层。在【图层】面板中的【设置图层的混合模式】下拉列表中选择【柔光】选项，在【不透明度】文本框中输入如图所示的参数。

设置参数

7 设置完成后得到如图所示的参数。

8 选择【多边形套索】工具，在工具选项栏中设置如图所示的参数及选项。

羽化: 0 px ☑消除锯齿

设置工具栏参数及选项

9 在图像中绘制如图所示的选区。

10 在【图层】面板中单击【创建新图层】按钮，新建图层。

新建图层

11 将前景色设置为白色，按下【Alt】+【Delete】组合键将选区填充上白色，按下【Ctrl】+【D】组合键取消选区。

12 在【图层】面板中的【设置图层的混合模式】下拉列表中选择【叠加】选项，得到如图所示的效果。

13 选择【滤镜】➤【模糊】➤【高斯模糊】菜单项，弹出【高斯模糊】对话框，从中设置如图所示的参数，然后单击 确定 按钮。

14 最终得到如图所示的效果。

新手

第 6 章 图像的色调调整

Chapter

小月：小龙，你看我处理的这张图片，色调调整得合适吗？

小龙：有一点偏色了！

小月：色调调整这一部分的知识不是很好掌握啊！

小龙：其实挺容易的，我给你讲讲吧！

小月：太好了，我们开始吧！

小龙：呵呵，好的。

要点导航

- 快速调整
- 匹配、替换与混合颜色
- 特殊调整命令

6.1 快速调整

快速调整主要是对所需图像进行简单调整，使拍摄的效果与所需的效果有差异的图像达到预想的效果。

1. 【自动色调】命令

应用【自动色调】命令，系统会自动检索图像的亮部和暗部，并将黑白两种颜色定义为最暗和最亮的像素，按照比例重新分配中间像素值，即重新分布图像的色阶。该命令运用在灰阶图像中时效果比较明显。

设置自动色调前后效果对比

2. 【自动对比度】命令

应用【自动对比度】命令，系统会对图像的对比度进行分析判断，将白色和黑色映射为图像中最亮的和最暗的像素，进而调节图像的对比度。该命令运用在色彩层次丰富的图像中时效果比较明显。

3. 【自动颜色】命令

应用【自动颜色】命令，系统会分析判断图像的色相，进而对图像的色相进行相应的调整，使色相变得更加均匀。该命令运用在偏色的图像中时效果比较明显。

设置自动颜色前后效果对比

当运用【自动颜色】命令时，若出现作用后图像效果不太明显的情况，此时可以选择【编辑】➢【渐隐自动颜色】菜单项，弹出【渐隐】对话框，在该对话框中对图像进行消褪处理即可。

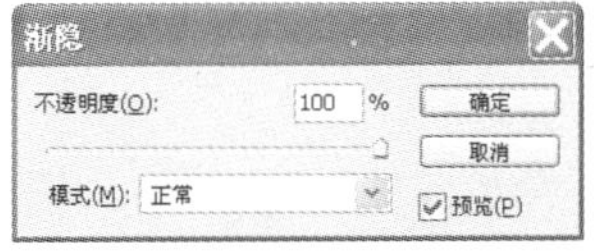

渐隐对话框

4.　【色彩平衡】命令

【色彩平衡】命令主要用于调整图像的整体颜色混合，校正偏色。该命令只有在【通道】面板选择复合通道的情况下才是可用的。

选择【图像】➢【调整】➢【色彩平衡】菜单项，弹出【色彩平衡】对话框。

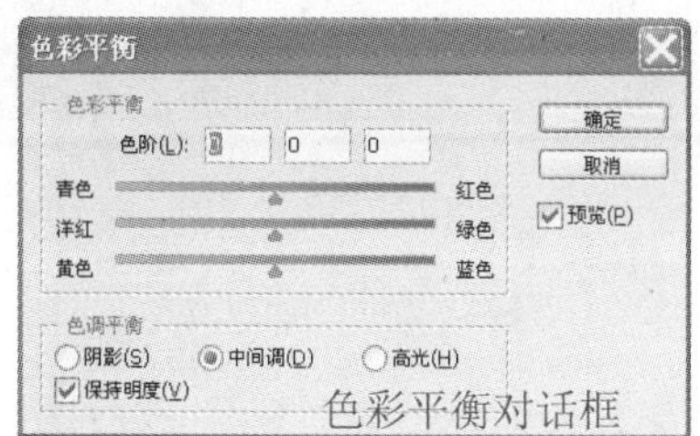

色彩平衡对话框

在该对话框中的【色阶】文本框中可以输入数值来设置颜色，也可以拖动滑块调节颜色。

【阴影】、【中间调】和【高光】单选钮可以选择需要更改颜色的色调范围。选中【保持明度】复选框和【预览】复选框，在调节的过程中可以预览图像的色调变化。

设置色彩平衡前后效果对比

该命令也可以在【调整】面板中执行，通过【色彩平衡】调板对图像进行编辑。

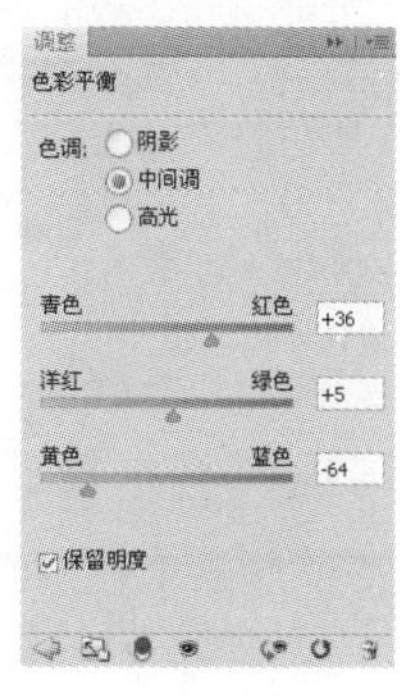

色彩平衡调板

5.　实例——梦醒时分

下面通过实例介绍使用【色彩平衡】命令调整照片色调的操作过程。

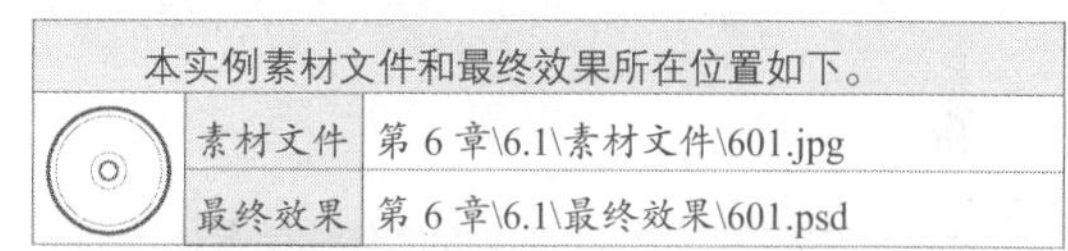

本实例素材文件和最终效果所在位置如下。		
	素材文件	第 6 章\6.1\素材文件\601.jpg
	最终效果	第 6 章\6.1\最终效果\601.psd

1 打开本实例对应的素材文件 601.jpg。

素材文件

2 连续按两次【Ctrl】+【J】组合键，复制【背景】图层，得到【图层 1】图层和【图层 1 副本】图层。

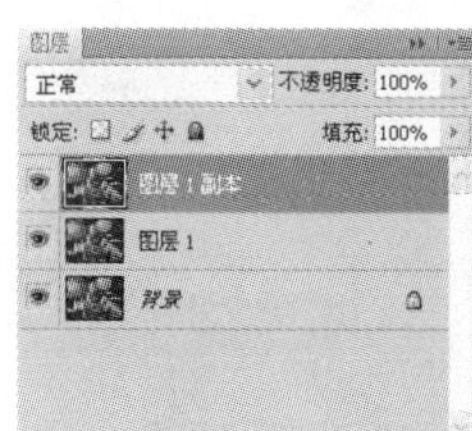

复制图层

3 选择【图层1】图层，打开【调整】面板，单击【黑白】图标，添加【黑白】调整图层。

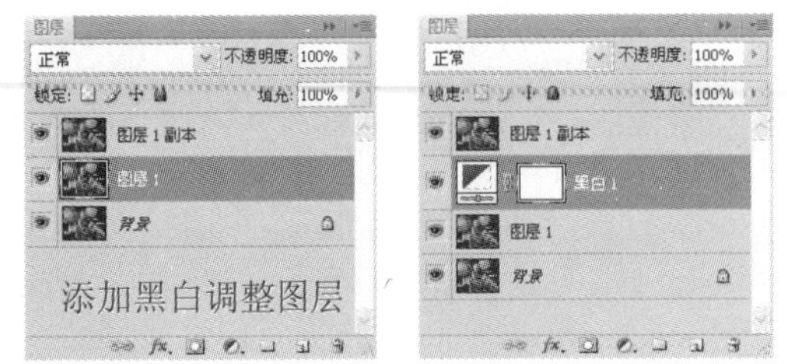

添加黑白调整图层

4 选择【图层1副本】图层，在【设置图层的混合模式】下拉列表中选择【柔光】选项。

设置柔光选项

5 得到的图像效果如图所示。

6 打开【调整】面板，单击【色彩平衡】图标，在【色彩平衡】调板中设置如图所示的参数。

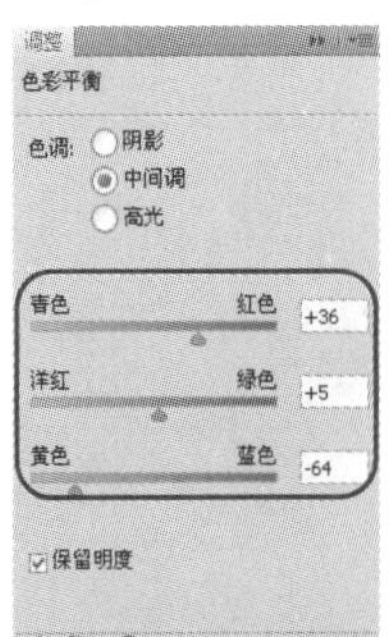

设置色彩平衡参数

最终效果

6. 【亮度/对比度】命令

应用【亮度/对比度】命令可以对图像的色调范围做简单的调整。该命令不适合应用在高端输出的作品中，因为有可能造成图像细节的丢失。

设置亮度/对比度前后效果对比

7. 【去色】命令

应用【去色】命令系统会自动将图像去色，但是不会改变图像的颜色模式。

当选择【图像】➤【模式】➤【灰度】菜单项时，系统会弹出提示信息对话框，图像被转换为灰度模式的同时，图像的颜色模式会发生变化。

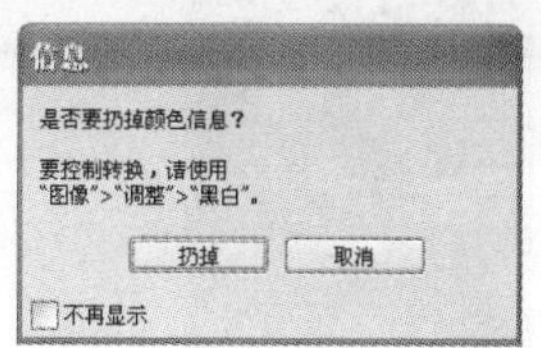

【信息】对话框

8. 【黑白】命令

选择【图像】➤【调整】➤【黑白】菜单项，弹出【黑白】对话框。

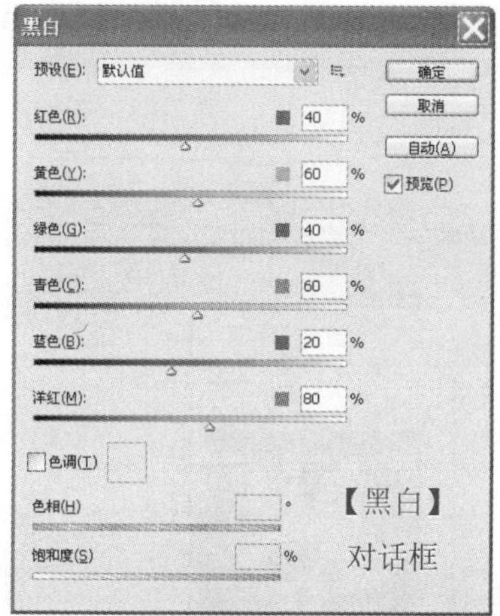

【黑白】对话框

在【黑白】对话框中可以预设调整的颜色变化范围，以及调整图像色调的色相和饱和度。

9. 【照片滤镜】命令

应用【照片滤镜】命令可以将图像调整成冷色调或者暖色调模式，还可以对预设的颜色重新选择。

选择【图像】➤【调整】➤【照片滤镜】菜单项，弹出【照片滤镜】对话框，在该对话框中可以设置【滤镜】样式、颜色以及浓度等。

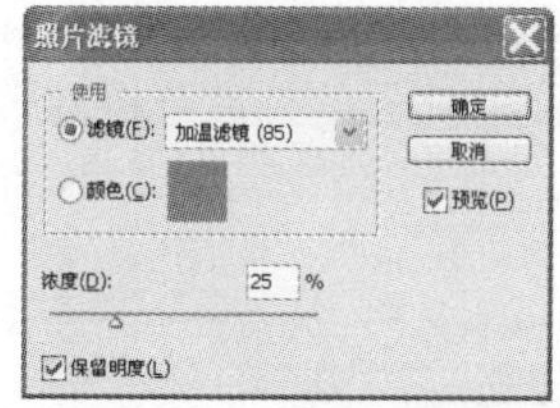

【照片滤镜】对话框

10. 实例——生的气息

下面通过实例介绍使用【调整】命令调整图像的操作方法。

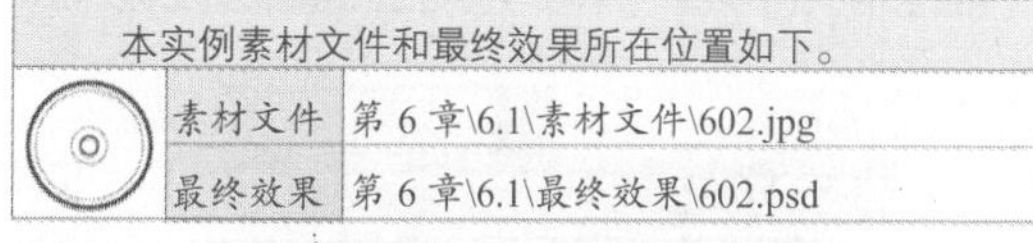

本实例素材文件和最终效果所在位置如下。	
素材文件	第 6 章\6.1\素材文件\602.jpg
最终效果	第 6 章\6.1\最终效果\602.psd

1 打开本实例对应的素材文件 602.jpg。

素材文件

2 按下【Ctrl】+【J】组合键复制【背景】图层，得到【图层 1】图层，隐藏【图层 1】图层，并选择【背景】图层。

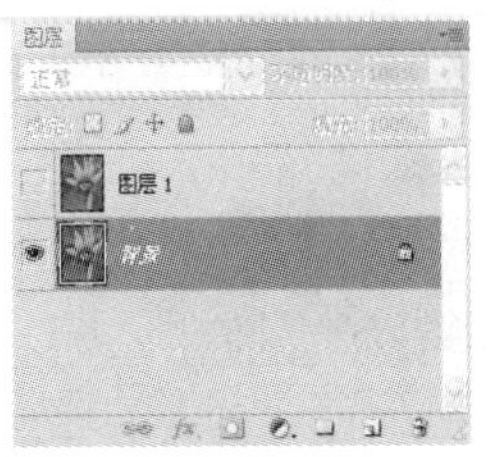

复制图层

3 将前景色设置为黑色，选择【图像】➤【调整】➤【通道混合器】菜单项，弹出【通道混合器】对话框，从中设置如图所示的参数，然后单击 确定 按钮。

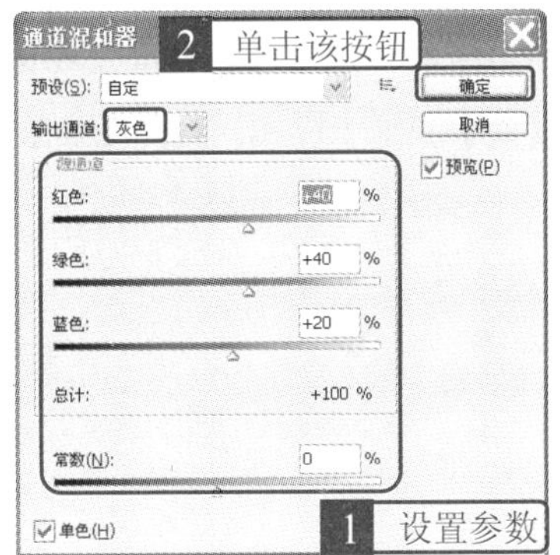

4 选择【图像】➤【调整】➤【色彩平衡】菜单项，弹出【色彩平衡】对话框，从中设置如图所示的参数，然后单击 确定 按钮。

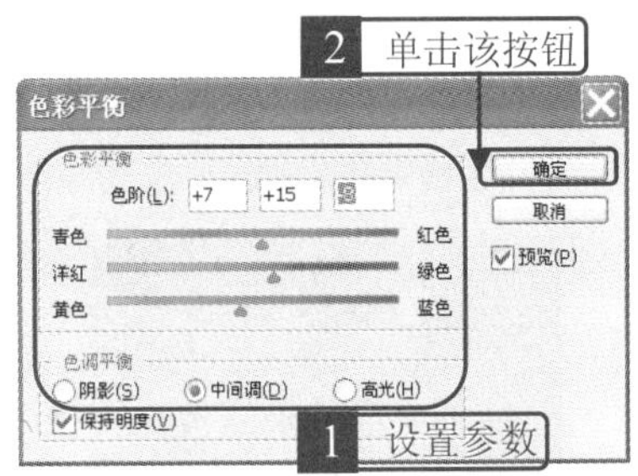

5 显示并选择【图层 1】图层。

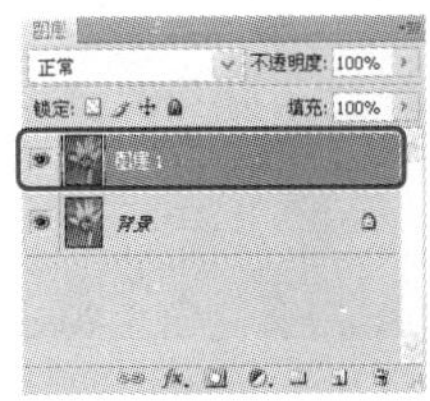

选择图层

6 选择【选择】➤【色彩范围】菜单项，弹出【色彩范围】对话框，选择该对话框中的【吸管】工具，单击花瓣颜色进行取样。

取样颜色

7 选择【添加到取样】工具，将花瓣的全部颜色添加到取样，调整容差滑块如下图所示，然后单击 确定 按钮。

8 单击【图层】面板中的【添加图层蒙版】按钮，为【图层 1】图层添加图层蒙版。

添加图层蒙版

9 将前景色设置为黑色，背景色设置为白色，选择【橡皮擦】工具，在工具选项栏中设置如图所示的参数。

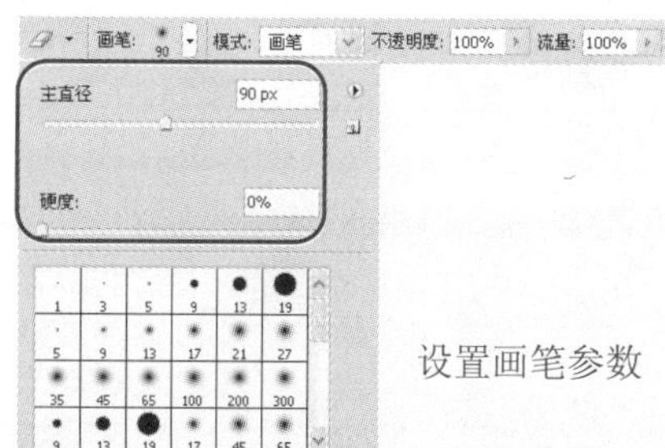
设置画笔参数

10 按下【[】或【]】键分别缩小或放大橡皮擦的直径，然后在花瓣部分涂抹显示缺失图像，如图所示。

11 单击【创建新图层】按钮，新建图层。

新建图层

12 将前景色设置为黑色，选择【渐变】工具，在工具选项栏中设置如图所示的选项。

设置渐变参数及选项

13 在图像中由中心向外拖动鼠标，添加渐变效果。

添加渐变

14 选择【矩形】工具，在工具选项栏中设置如图所示的选项。

设置【矩形】参数

15 在图像中绘制如图所示的黑色边框。

绘制边框

16 按下【Alt】+【Ctrl】+【Shift】+【E】组合键盖印图层，得到【图层 3】图层。

盖印图层

17 选择【图像】➤【调整】➤【亮度/对比度】菜单项，弹出【亮度/对比度】对话框，在该对话框中设置如图所示的参数，然后单击 确定 按钮。

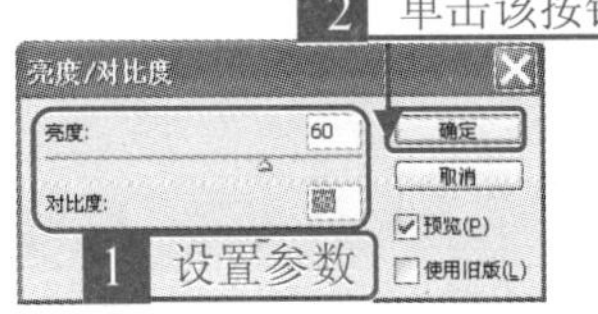

18 选择【图像】➤【调整】➤【照片滤镜】菜单项，弹出【照片滤镜】对话框，在该对话框中设置如图所示的参数，然后单击 确定 按钮。

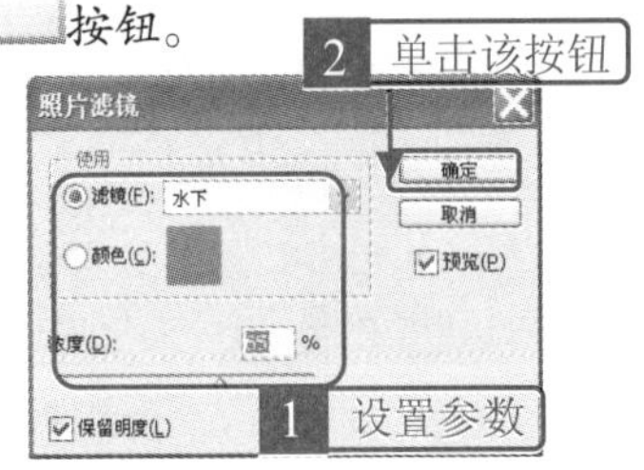

19 将前景色设置为白色，选择【直排文字】工具 T，在工具选项栏中设置适当的字体及字号，在图像中输入文字，最终得到如图所示的效果。

最终效果

11. 【变化】命令

使用【变化】命令可以通过显示的缩览图调整图像的色彩平衡、饱和度以及对比度。其最适合应用于不需要精确调整颜色的平均色调图像，但是不能应用于索引颜色图像或者 16 位/通道图像。

设置变化前后效果对比

12. 【色调均化】命令

【色调均化】命令用于对图像或者选区中的像素重新分配，把图像中最亮的像素值呈现为白色，最暗的呈现为黑色，中间值则均匀地分布在整个灰度中。

6.2 匹配、替换与混合颜色

在处理图像的过程中，可以对当前图像的颜色进行匹配、替换以及混合等操作，使其达到理想的效果。

1.　【匹配颜色】命令

应用【匹配颜色】命令既可以对两张图片的颜色进行匹配，也可以对两个图层的颜色进行匹配，还可以对两个选区的颜色进行匹配，并且能够调整亮度和颜色范围，中和图像中的色痕。不过该命令只适用于 RGB 模式的图像。

2.　实例——黄昏

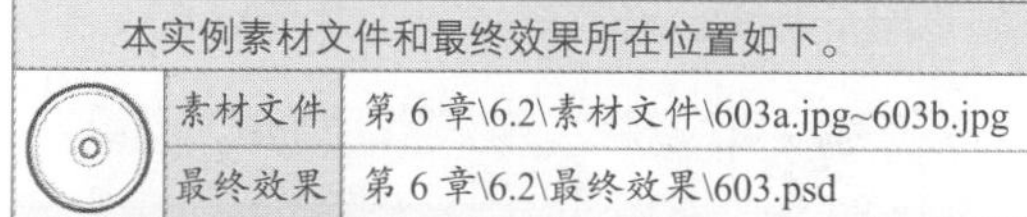

本实例素材文件和最终效果所在位置如下。	
素材文件	第 6 章\6.2\素材文件\603a.jpg~603b.jpg
最终效果	第 6 章\6.2\最终效果\603.psd

1 打开本实例对应的素材文件 603a.jpg 和 603b.jpg。

素材文件

2 选择素材文件 603a.jpg，按下【Ctrl】+【J】组合键复制【背景】图层，得到【图层 1】图层。

复制图层

3 选择【图像】➢【调整】➢【匹配颜色】菜单项，弹出【匹配颜色】对话框，在该对话框中设置如图所示的参数及选项，然后单击 确定 按钮。

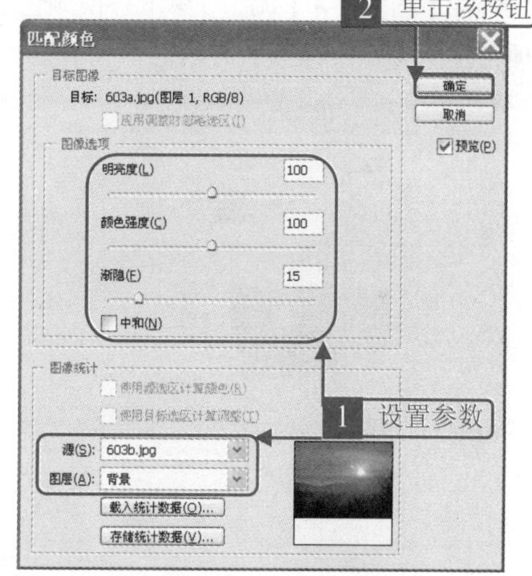

4 在【图层】面板中的【设置图层的混合模式】下拉列表中选择【叠加】选项，在【填充】文本框中输入"85%"。

设置叠加和填充

5 最终得到如图所示的效果。

最终效果

3. 【替换颜色】命令

【替换颜色】命令用于设置选定区域的色相、亮度和饱和度，还可以自定颜色。使用该命令可以创建蒙版替换选区中的特定颜色。

选择【图像】➢【调整】➢【替换颜色】菜单项，弹出【替换颜色】对话框。

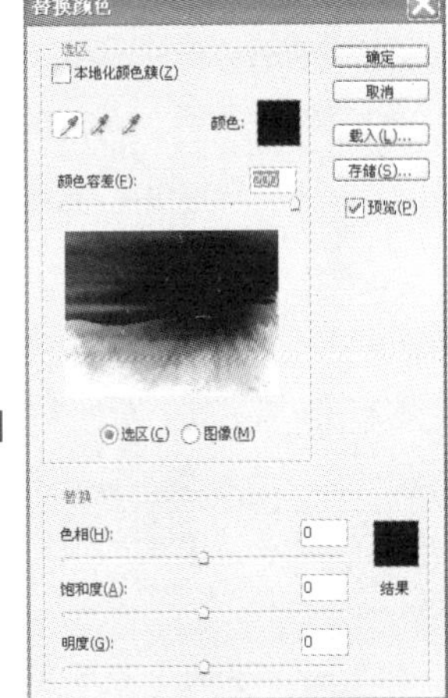

【替换颜色】对话框

在该对话框中的吸管工具组中，选择其中的某一个工具在图像中单击，可以选择由蒙版显示的区域；或者单击两次【选区】状态下的预览框，即可采用【拾色器】设置需要替换的目标颜色。

在【替换】选项组中可以调节图像的【色相】、【饱和度】和【明度】。单击【颜色】选项框，在弹出的【选择目标颜色：】对话框中可以选择合适的目标颜色。

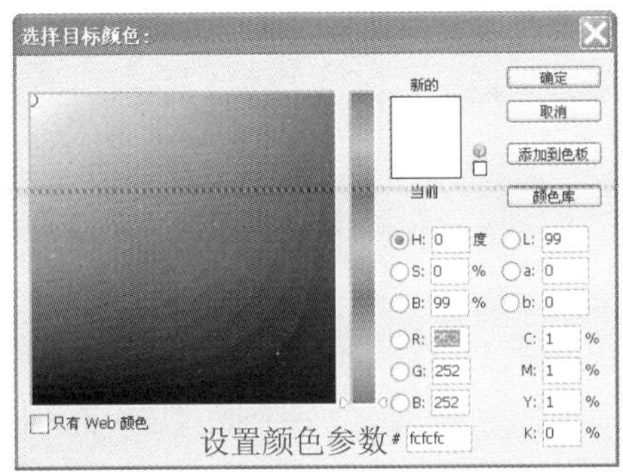

4. 实例——飞一般的感觉

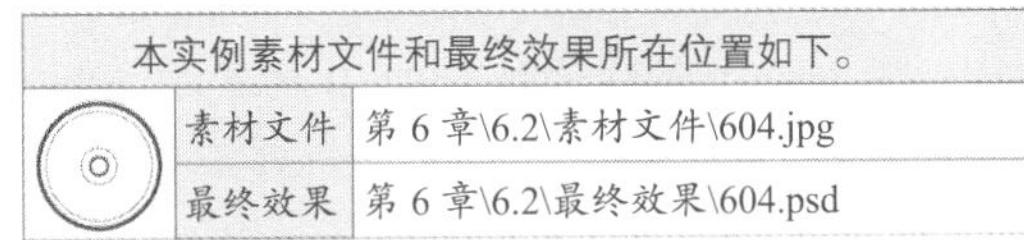

本实例素材文件和最终效果所在位置如下。	
素材文件	第 6 章\6.2\素材文件\604.jpg
最终效果	第 6 章\6.2\最终效果\604.psd

1 打开本实例对应的素材文件 604.jpg。

素材文件

2 选择【图像】➢【调整】➢【替换颜色】菜单项，弹出【替换颜色】对话框，选择【吸管】工具，在图像中人物的鞋子上吸取颜色。

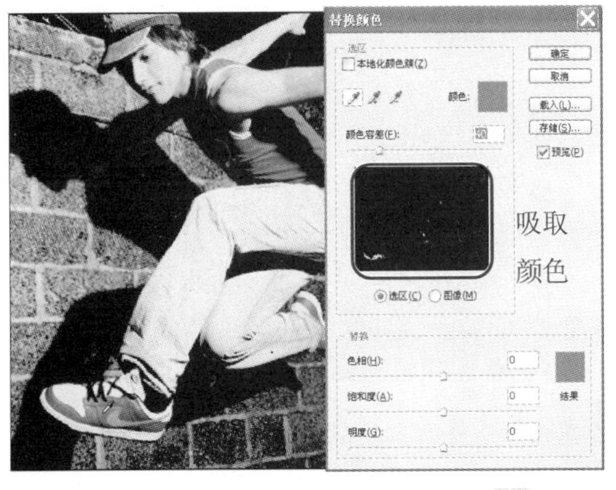

3 选择【添加取样颜色】吸管工具，在图

像中人物鞋子的其他位置吸取颜色，添加取样颜色。

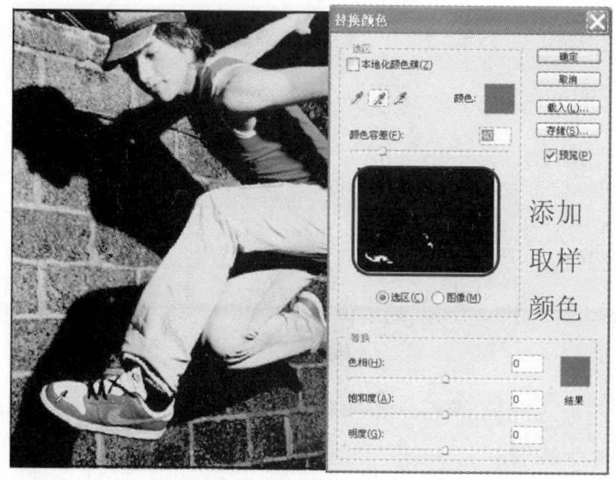

4 在【替换颜色】对话框中设置如图所示的参数，然后单击 确定 按钮。

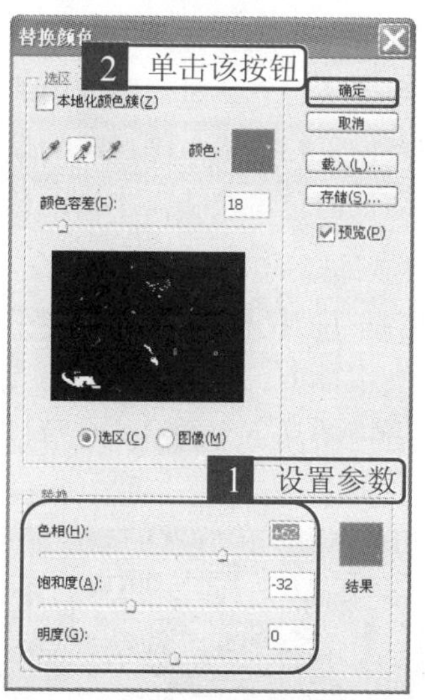

5 最终得到如图所示的效果。

5. 【可选颜色】命令

【可选颜色】命令用于对任何主要颜色中的印刷色数量进行有选择的修改，但是不会影响到其他的主要颜色。可选颜色的调整不能应用到单个通道模式中。

选择【图像】➢【调整】➢【可选颜色】菜单项，弹出【可选颜色】对话框。

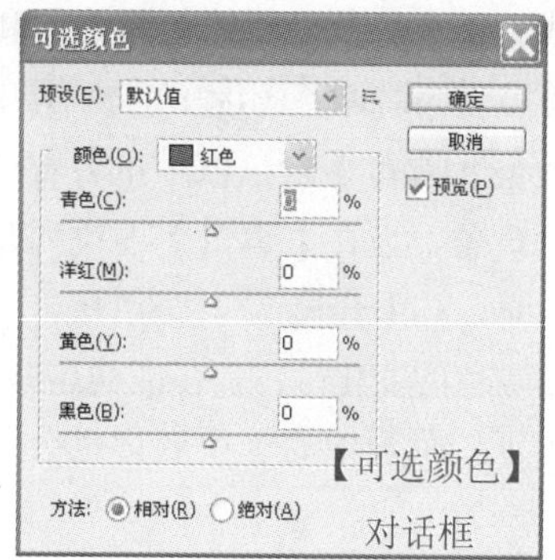

【可选颜色】对话框

在该对话框中的【颜色】下拉列表中可以选择需要调整的颜色。

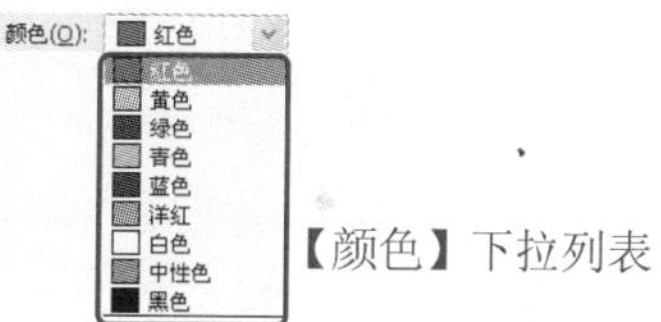

【颜色】下拉列表

6. 【通道混和器】命令

使用该命令可以对各个通道的颜色分别进行调整。

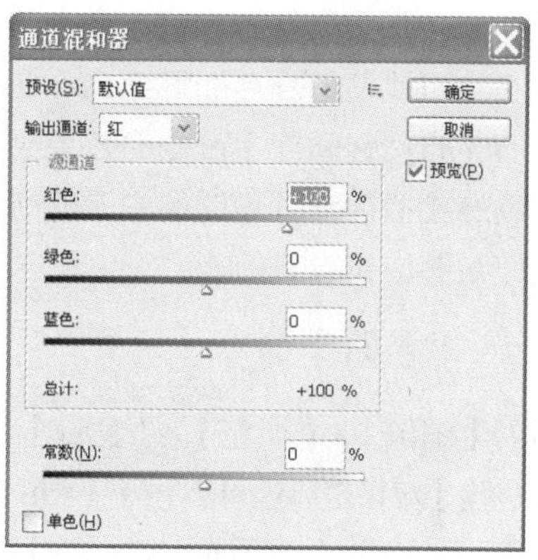

【通道混合器】对话框

6.3 特殊调整命令

图像的色彩和色调的特殊调整主要包括【色相/饱和度】命令、【自然饱和度】命令、【色阶】命令、【曲线】命令、【曝光度】命令和【阴影/高光】命令等。

1. 【色相/饱和度】命令

【色相/饱和度】命令主要用于调整图像整体色相或者单个颜色分量的色相、饱和度和亮度值，还可以同时调整图像中的所有颜色。

【色相/饱和度】对话框中下方有可以设置颜色的颜色条，当在【编辑】下拉列表中选择一种颜色时，其中会显示 4 个滑块，这些滑块可以限制颜色的变化范围。在拖动这些滑块时，【编辑】下拉列表中的选项名称也会随之发生变化。

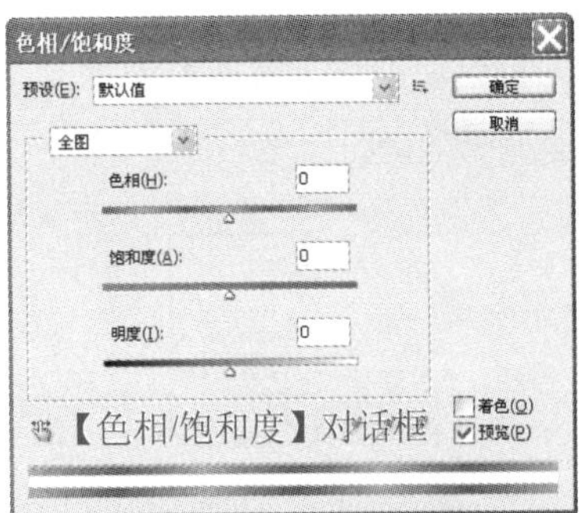

【色相/饱和度】对话框

2. 【自然饱和度】命令

【自然饱和度】命令是 Photoshop CS4 新增的调整命令，与【色相/饱和度】命令的功能类似，该命令可以使图片更加鲜艳或更加暗淡，但是执行【自然饱和度】命令的效果会更加细腻，该命令会智能地处理图像中不够饱和的部分并忽略足够饱和的颜色。

3. 【色阶】命令

选择【图像】➤【调整】➤【色阶】菜单项，弹出【色阶】对话框，还可以按下【Ctrl】+【L】组合键打开【色阶】对话框。在该对话框中以直方图的形式显示色调的分布情况。

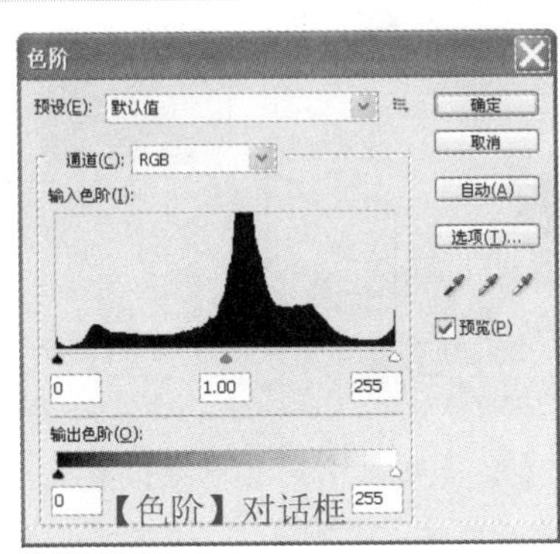

【色阶】对话框

【色阶】命令是直方图用做调整图像基本色调的直观参考，它通过对图像中的高光和阴影的调整来校正扫描输入图像时的偏差，以及重新分布图像的色调来获得丰富的色调效果和图像层次。

在【色阶】对话框中的【输入色阶】和【输出色阶】文本框中，输入数值即可改变图像的效果，或者拖动其下方的滑块也可以达到调节的目的。

调节色阶前后效果对比

【色阶】对话框中各个按钮的作用如下。

(1) 取消 按钮：当按住【Alt】键时，对话框中的 取消 按钮将转换为 复位 按钮。单击 复位 按钮，参数将恢复到系统默认状态值。

(2) 载入(L)... 按钮：单击该按钮弹出【载入】对话框，在该对话框中可以对存储的设置文件进行选择。

(3) 自动(A) 按钮：单击该按钮，系统默认参数将会自动调节图像的对比度及明暗度。

(4) 选项(T)... 按钮：单击该按钮弹出【自动颜色校正选项】对话框，在该对话框中可以对系统默认的参数进行自定义设置。

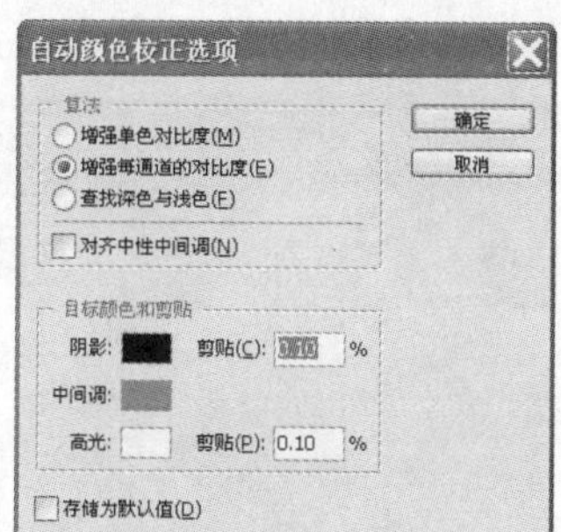

(5) 吸管工具组：选择【在图像中取样以设置黑场】吸管工具，在图像上拖动鼠标寻找一点并单击，此时被单击处的图像会更暗。

单击【在图像中取样以设置灰场】按钮，在图像上移动鼠标寻找一点并单击，此时被单击处的图像会呈现中间色调。

单击【在图像中取样以设置白场】按钮，在图像上移动鼠标寻找一点并单击，此时被单击处的图像会变亮。

4. 实例——发光的枪

本实例素材文件和最终效果所在位置如下。		
	素材文件	第 6 章\6.3\素材文件\605.jpg 和 605.png
	最终效果	第 6 章\6.3\最终效果\605.psd

1 按下【Ctrl】+【N】组合键，弹出【新建】对话框，在该对话框中设置如图所示的参数，然后单击 确定 按钮。

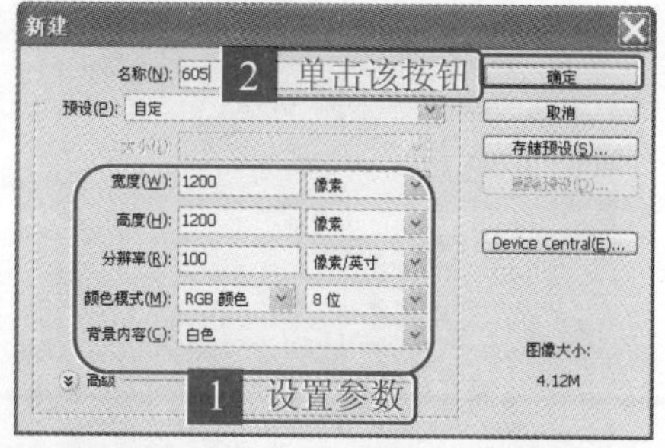

2 将前景色设置为"514327"号色，将背景色设置为"0f0c08"号色，选择【渐变】工具，在工具选项栏中设置如图所示的选项。

3 在图像中由中心向外拖动鼠标，添加渐变效果。

4 打开本实例对应的素材文件 605.jpg。

素材文件

5 选择【移动】工具，将打开的素材文件605.jpg 拖动到添加渐变效果的背景文件中。

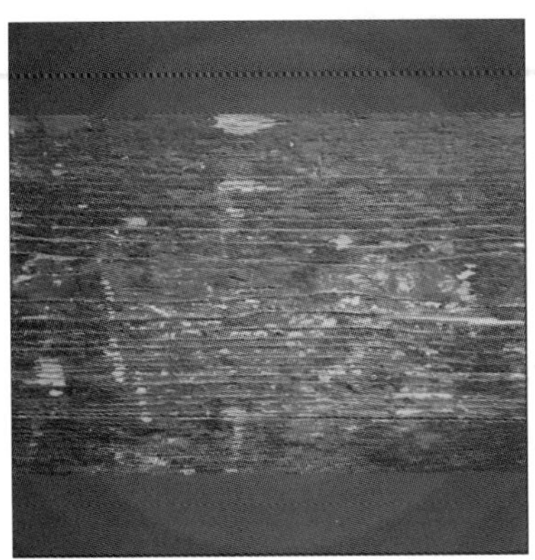

6 按下【Ctrl】+【T】组合键调整图像的大小，调整合适后按下【Enter】键确认操作，在【图层】面板中的【设置图层的混合模式】下拉列表中选择【柔光】选项，在【不透明度】文本框中输入“65%”。

7 打开【调整】面板，单击【色阶】图标，在【色阶】调板中设置如图所示的参数。

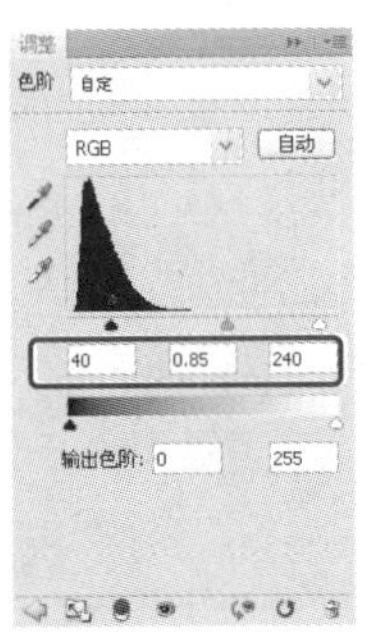

设置色阶参数

8 打开本实例对应的素材文件 605.png。

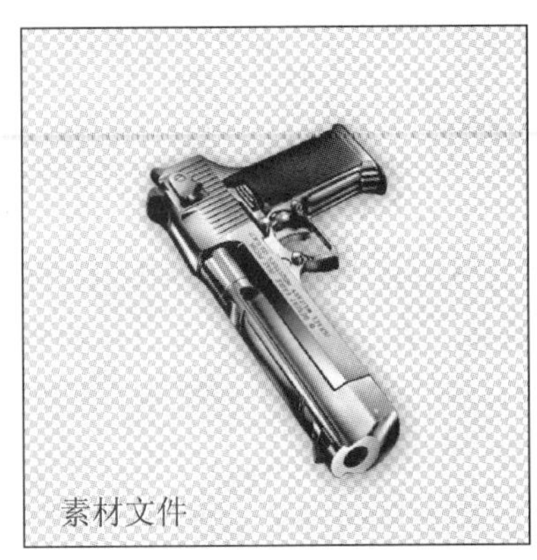

9 选择【移动】工具，将打开的素材文件605.png 拖动到添加渐变效果的背景文件中。

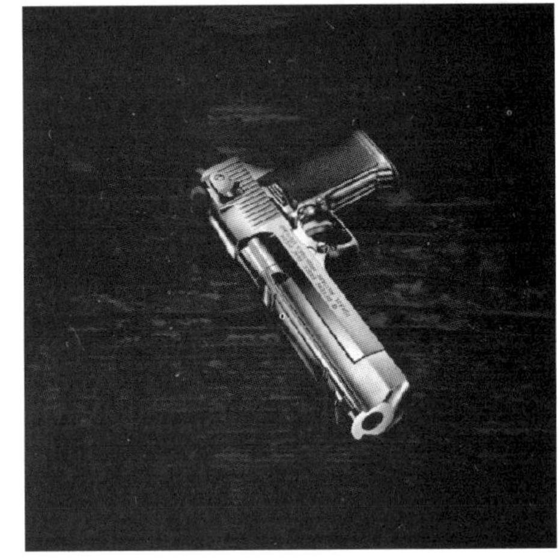

10 选择【图像】➤【调整】➤【色阶】菜单项，弹出【色阶】对话框，在该对话框中设置如图所示的参数，然后单击 确定 按钮。

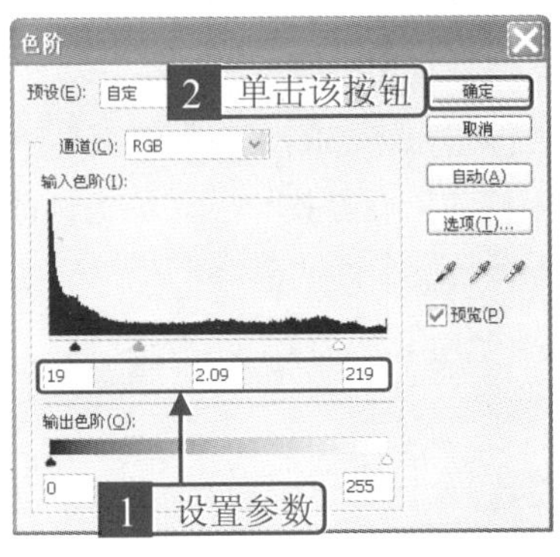

11 选择【图像】➤【调整】➤【色彩平衡】菜单项，弹出【色彩平衡】对话框，在该

对话框中设置如图所示的参数，然后单击 确定 按钮。

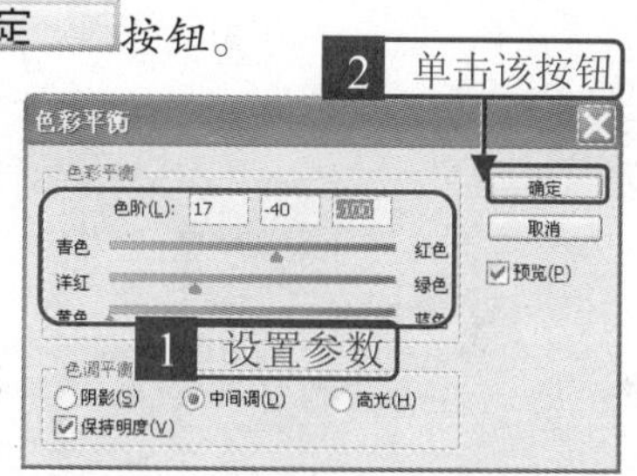

12 按下【Ctrl】+【Alt】+【Shift】+【E】组合键盖印图层，得到【图层 3】图层。

13 选择【滤镜】➤【渲染】➤【镜头光晕】菜单项，弹出【镜头光晕】对话框，在该对话框中设置如图所示的参数，然后单击 确定 按钮。

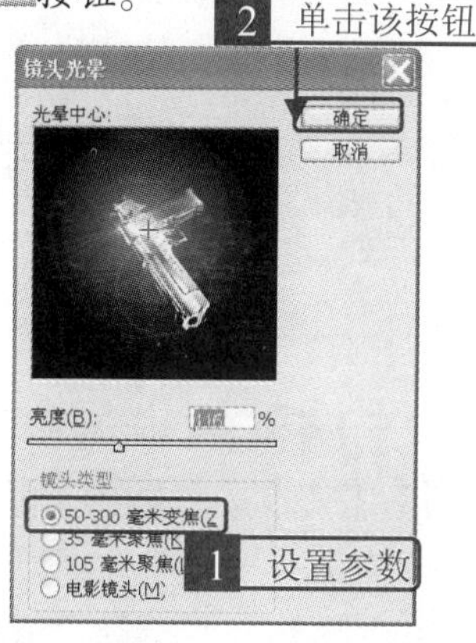

14 在【图层】面板中单击【创建新图层】按钮，新建图层。

15 将前景色设置为“9b734b”号色，选择【画笔】工具，在工具选项栏中设置如图所示的参数。

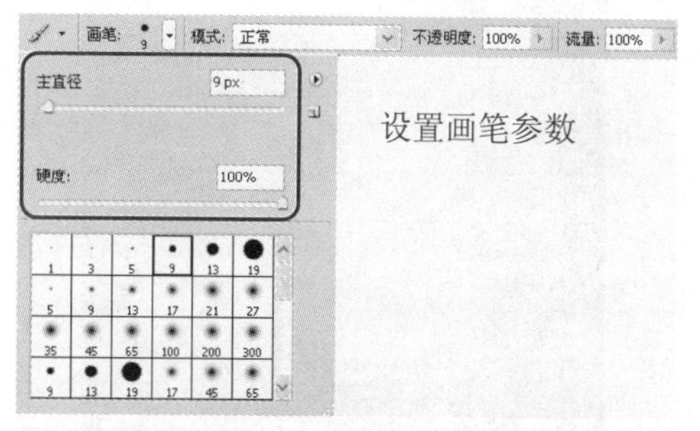

16 交替按下【[】键和【]】键调节画笔直径，在图像中绘制如图所示的点状装饰。

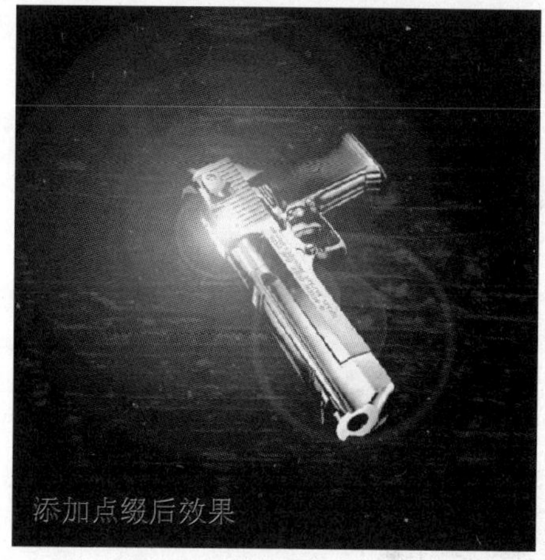

17 选择【图层】➤【图层样式】➤【外发光】菜单项，弹出【图层样式】对话框，从中设置如图所示的参数，单击 确定 按钮。

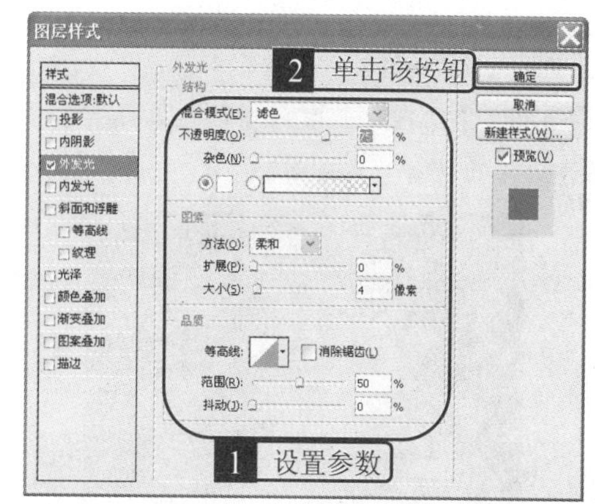

18 选择【钢笔】工具，在图像中绘制如图所示的曲线路径。

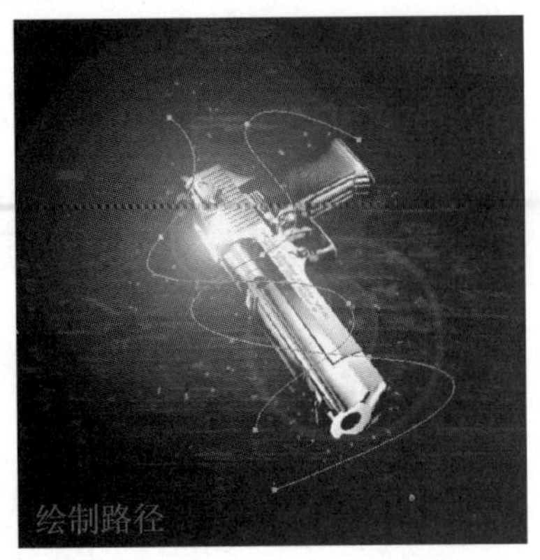
绘制路径

19 将前景色设置为白色，单击【创建新图层】按钮，新建图层，选择【画笔】工具，在工具选项栏中设置如图所示的参数。

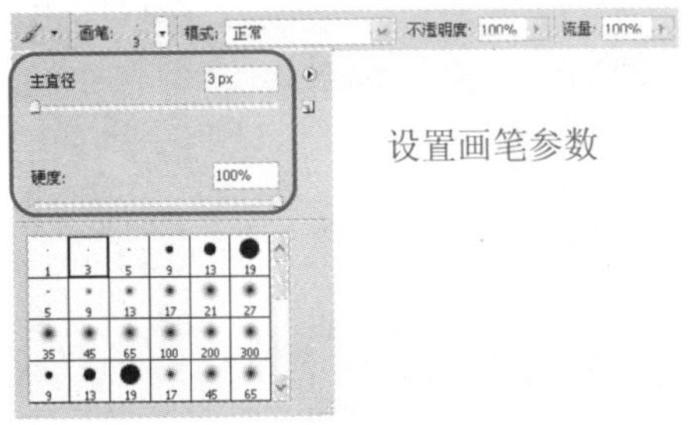

设置画笔参数

20 按住【Alt】键单击【路径】面板中的【用画笔描边路径】按钮，弹出【描边路径】对话框，从中设置如图所示的选项，然后单击 确定 按钮。

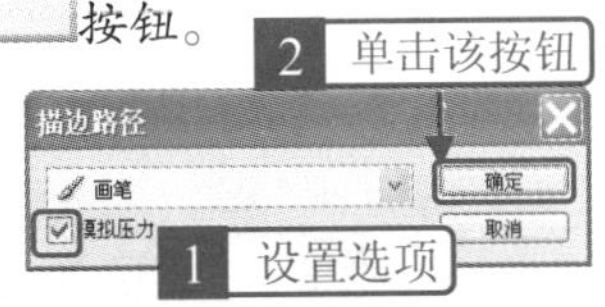

21 单击【路径】面板的空白位置即可查看到描边后的效果。

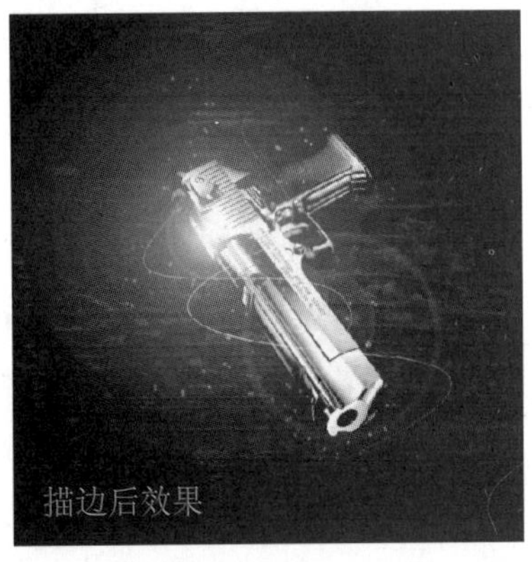
描边后效果

22 单击【图层】面板中的【创建新的填充或调整图层】按钮，在弹出的菜单中选择【渐变】菜单项。

选择【渐变】菜单项

23 在【渐变映射】调板中设置适当的渐变颜色。

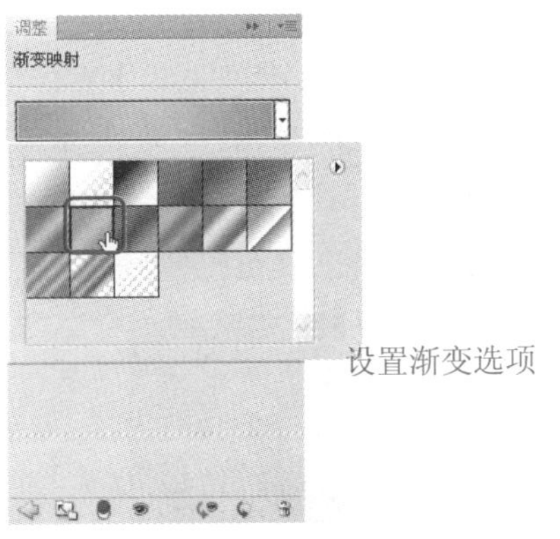

设置渐变选项

24 在【图层】面板中的【设置图层的混合模式】下拉列表中选择【叠加】选项，在【填充】文本框中输入“37%”。

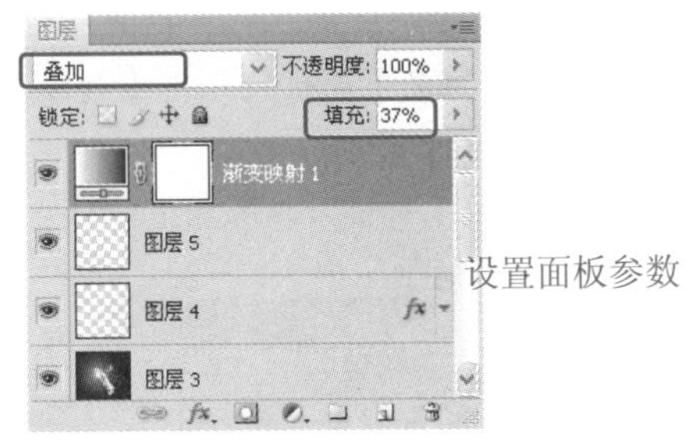

设置面板参数

25 最终得到如图所示的效果。

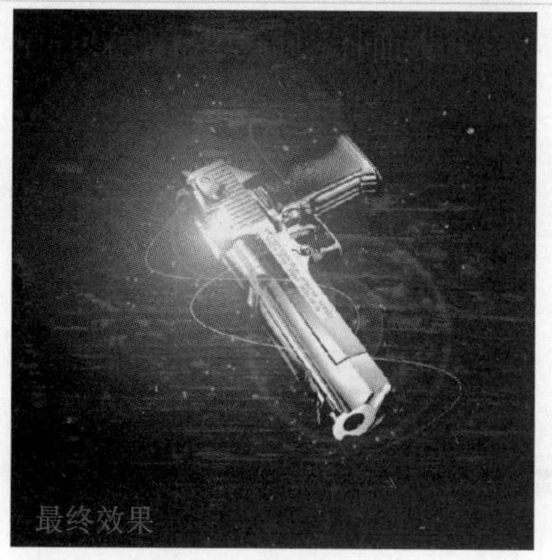

最终效果

5. 【曲线】命令

选择【图像】➢【调整】➢【曲线】菜单项，弹出【曲线】对话框。

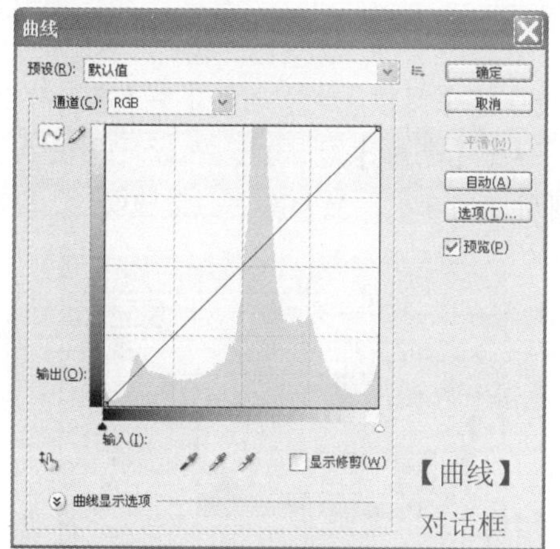

【曲线】对话框

使用【曲线】命令不但可以调整图像的整个色调范围，而且可以在图像的整个色调范围内调整 14 个不同点的色调和明暗，这样就可以对图像中的个别颜色通道进行精确的调整。

在坐标图中的线段上单击鼠标，创建节点，然后拖动节点即可改变图像的效果。

【曲线】对话框中各个选项的功能如下。

(1)【编辑点以修改曲线】按钮：该按钮在默认的状态下是处于选中状态的，用户可以直接在曲线上添加、移动或者删除控制点来调节图像的明暗。

(2)【通过绘制来修改曲线】按钮：单击该按钮可以在表格中绘制各种曲线。

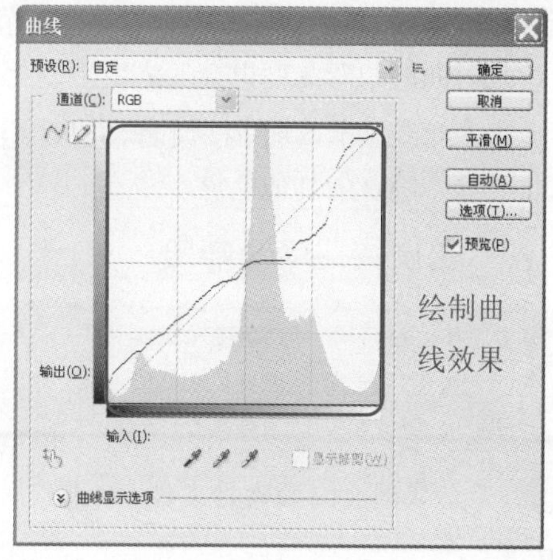

绘制曲线效果

使用【通过绘制来修改曲线】按钮绘制完曲线后，单击【编辑点以修改曲线】按钮，此时绘制的曲线上会出现很多控制点，调节这些控制点可以对曲线重新设置。

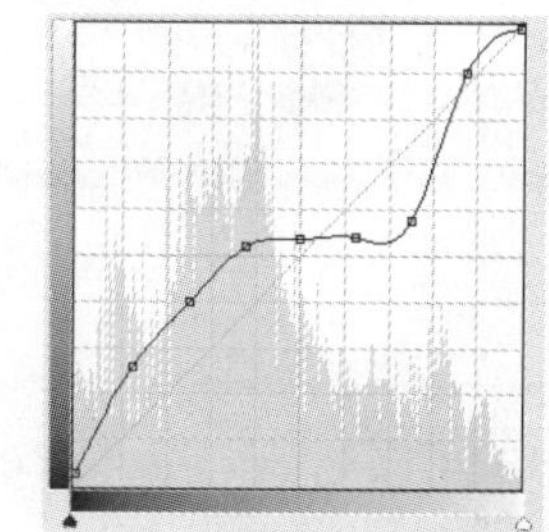

调节控制点

(3) 平滑(M) 按钮：该按钮在选中按钮绘制完曲线后才会显示出来。单击 平滑(M) 按钮曲线会变得平滑，多次执行后曲线会变成直线。

(4) 自动(A) 按钮：单击该按钮，系统会对图像应用【自动颜色校正选项】命令。

在【曲线】对话框中可以添加、删除和移动节点。

(1) 添加节点：在曲线上单击即可添加节点，在曲线上最多可以添加 16 个节点。

(2) 删除节点：选中要删除的节点（除了端点以外），按住鼠标左键拖动至表格外即可；或者选中节点，然后按下【Delete】键也可以删除节点。

(3) 移动节点：选中需要移动的节点，待鼠标指针变成✥形状时，按住鼠标左键移动节点即可，此时曲线的弯曲度也会随之发生变化。

单击【曲线显示选项】按钮，【曲线】对话框将会显示隐藏的其他信息。

6. 实例——学会呼吸

本实例素材文件和最终效果所在位置如下。		
	素材文件	第 6 章\6.3\素材文件\606.jpg
	最终效果	第 6 章\6.3\最终效果\606.psd

1 打开本实例对应的素材文件 606.jpg。

素材文件

2 按下【Ctrl】+【J】组合键复制【背景】图层，得到【图层 1】图层。

复制图层

3 选择【滤镜】➢【模糊】➢【高斯模糊】菜单项，弹出【高斯模糊】对话框，从中设置如图所示的参数，然后单击 确定 按钮。

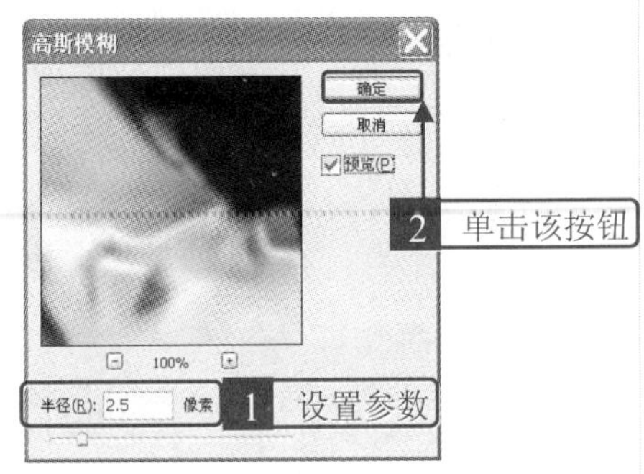

4 在【图层】面板中的【设置图层的混合模式】下拉列表中选择【滤色】选项。

设置混合模式

5 选择【图像】➢【调整】➢【色阶】菜单项，弹出【色阶】对话框，在该对话框中设置如图所示的参数，然后单击 确定 按钮。

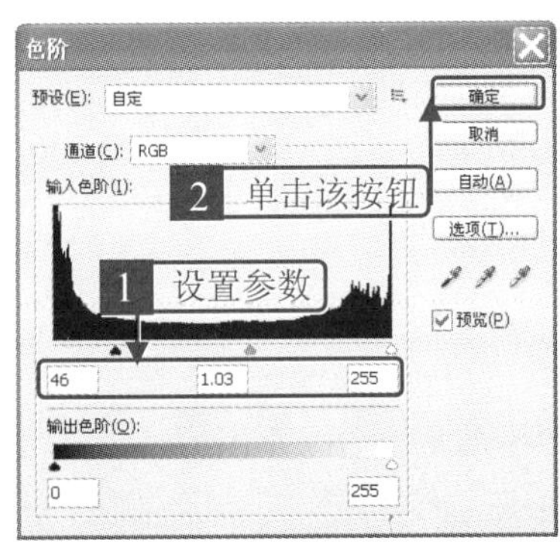

6 在【图层】面板中单击【创建新图层】按钮，新建图层。

新建图层

7 将前景色设置为“d4bff5”号色，按下【Alt】+【Delete】组合键填充新建图层，在【设置图层的混合模式】下拉列表中选择【颜色】选项，在【不透明度】文本框中输入“40%”。

设置面板参数

8 按下【Ctrl】+【J】组合键复制【图层 2】图层，得到【图层 2 副本】图层。在【设置图层的混合模式】下拉列表中选择【颜色加深】选项。

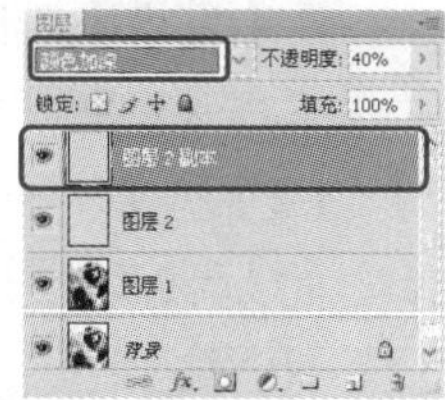

设置混合模式

9 将前景色设置为"f5e1b8"号色，在【图层】面板中单击【创建新图层】按钮，新建图层。按下【Alt】+【Delete】组合键填充新建图层，在【设置图层的混合模式】下拉列表中选择【正片叠底】选项。

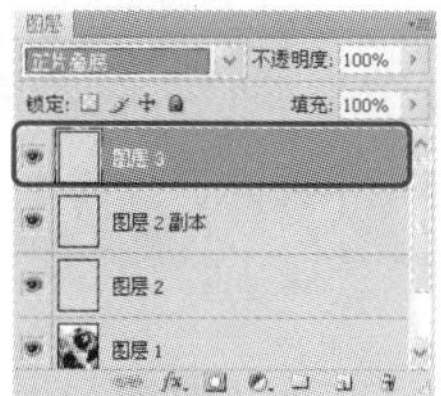

设置混合模式

10 最终得到如图所示的效果。

最终效果

7. 【曝光度】命令

【曝光度】命令主要用于在线性颜色空间进行计算，从而调节图像的色调。

8. 【阴影/高光】命令

【阴影/高光】命令是基于阴影或者高光周围的像素增亮或者变暗图像，并不是单纯地使图像整体变亮或者变暗。

9. 【反相】命令

【反相】命令的主要作用是将图像中的颜色反转。选择【图像】➢【调整】➢【反相】菜单项，即可将图像颜色进行反相。

10. 实例——燃烧的马

本实例素材文件和最终效果所在位置如下。	
素材文件	第 6 章\6.3\素材文件\607a.jpg~607b.jpg
最终效果	第 6 章\6.3\最终效果\607.psd

1 打开本实例对应的素材文件 607a.jpg。

素材文件

2 按下【Ctrl】+【J】组合键复制【背景】图层，得到【图层 1】图层，按下【Ctrl】+【I】组合键反相图像。

反相效果

3 打开【调整】面板，单击【色彩平衡】图标，在【色彩平衡】调板中分别选中【中间调】单选钮和【阴影】单选钮，设置如图所示的参数。

设置色彩平衡参数

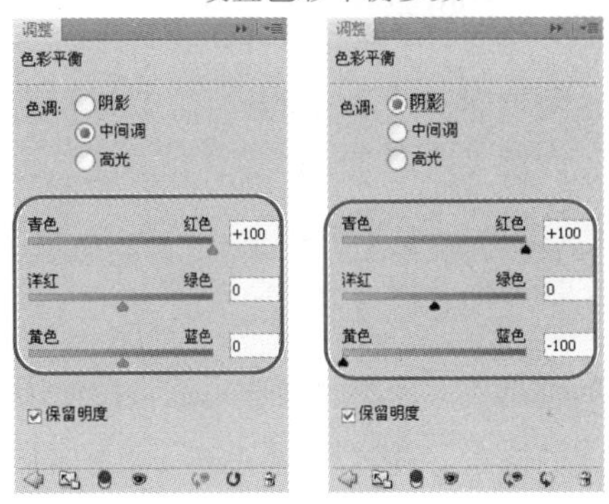

4 在【色彩平衡】调板中选中【高光】单选钮，设置如图所示的参数。

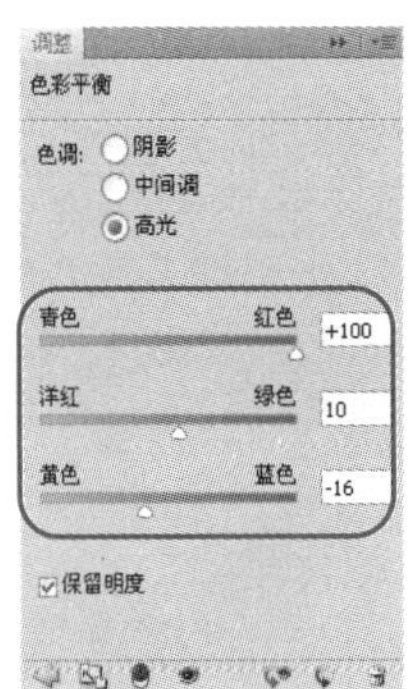

设置色彩平衡参数

5 单击【返回】按钮，单击【曲线】图标，在【曲线】调板中设置如图所示的参数。

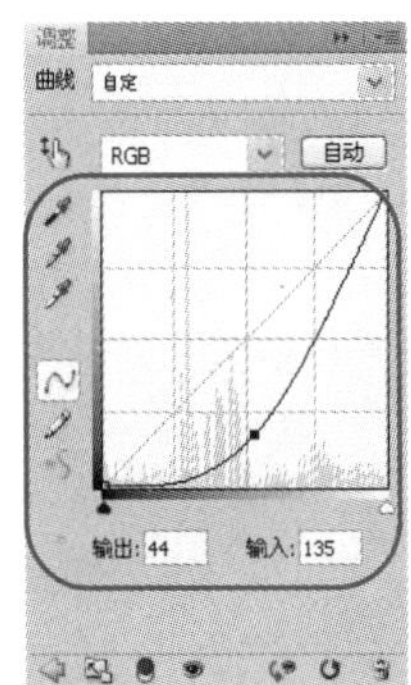

设置曲线参数

6 打开本实例对应的素材文件 607b.jpg。

素材文件

7 选择【移动】工具，将火焰图像拖动到马的图像文件中，在【图层】面板中的【设置图层的混合模式】下拉列表中选择【滤色】选项，按下【Ctrl】+【T】组合键调整图像的大小及位置，调整合适后按下【Enter】键确认操作。

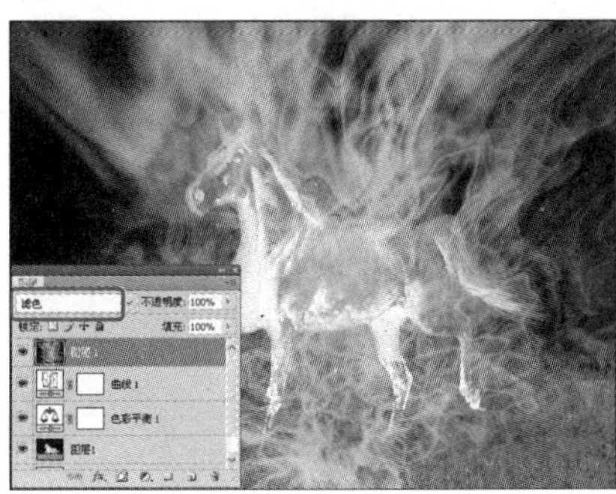

8 隐藏【背景】图层，选择【图层 1】图层，单击【添加图层蒙版】按钮，为该图层添加图层蒙版。

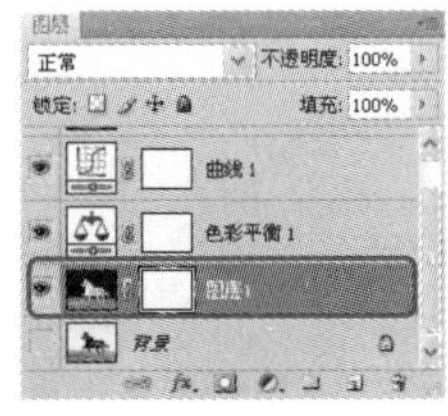

添加图层蒙版

9 将前景色设置为黑色，选择【画笔】工具，在工具选项栏中设置如图所示的参数。

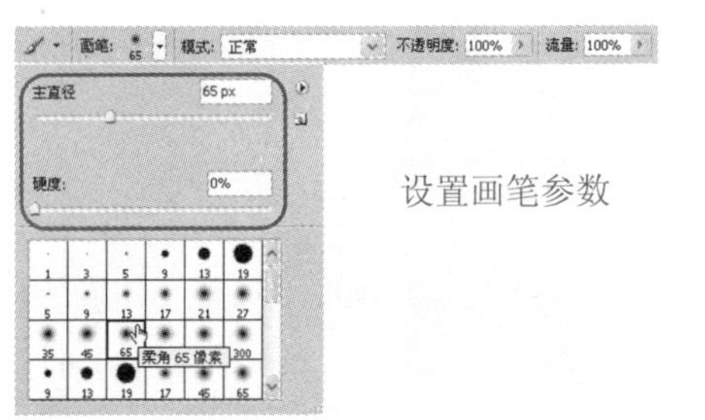

设置画笔参数

10 在图像中草地的部分涂抹，将其隐藏，最终得到如图所示的效果。

最终效果

11.　【阈值】命令

通过【阈值】命令可以在转换颜色的过程中，将比参考值大的像素转换成白色，比参考值小的像素转换成黑色。

12.　【色调分离】命令

使用【色调分离】命令可以指定通道的亮度值的数目，将像素映射为最接近的匹配级别。选择【图像】➤【调整】➤【色调分离】菜单项，弹出【色调分离】对话框。

【色调分离】命令通常用于处理照片。如果想在图像中使用特定数量的颜色，则可将图像转换成灰度模式，然后指定【色阶】数量，再将图像转换成原模式并用所需的颜色替换其中的灰色。

如果在 RGB 图像中选取色调级，在【色阶】文本框中输入数值“3”，此时图像中会出现相应的颜色组。

选择 CMYK 图像模式中的色调级，在【色阶】文本框中输入数值“4”，此时图像中会出现相应的颜色组。

13.　【渐变映射】命令

【渐变映射】命令用于使相等的图像灰度范围映射到指定的渐变填充色。如果是指定的双色渐变填充，图像中的阴影和高光则分别映射到填充渐变的两个端点，中间色调则映射到两个端点之间的渐变。

14.　实例——蜡纸画

本实例素材文件和最终效果所在位置如下。	
素材文件	第 6 章\6.3\素材文件\608a.jpg ~ 608b.jpg
最终效果	第 6 章\6.3\最终效果\608.psd

1 按下【Ctrl】+【N】组合键，弹出【新建】对话框，在该对话框中设置如图所示的参数，然后单击 确定 按钮。

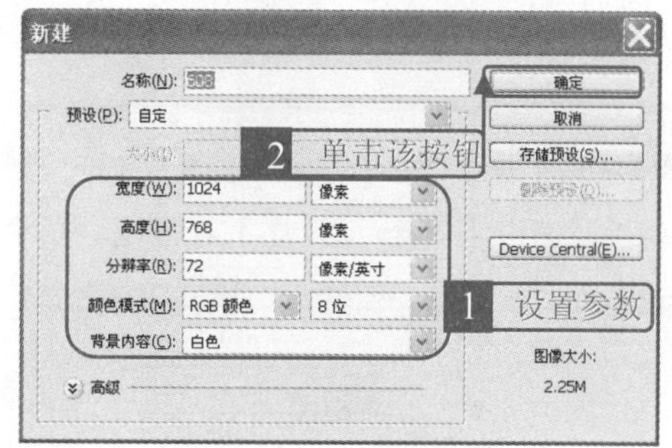

2 将前景色设置为“a3000a”号色，背景色设置为“5b040a”号色，按下【Alt】+【Delete】组合键填充图像，选择【滤镜】➤【渲染】➤【纤维】菜单项，在弹出的【纤维】对话框中设置如图所示的参数，然后单击 确定 按钮。

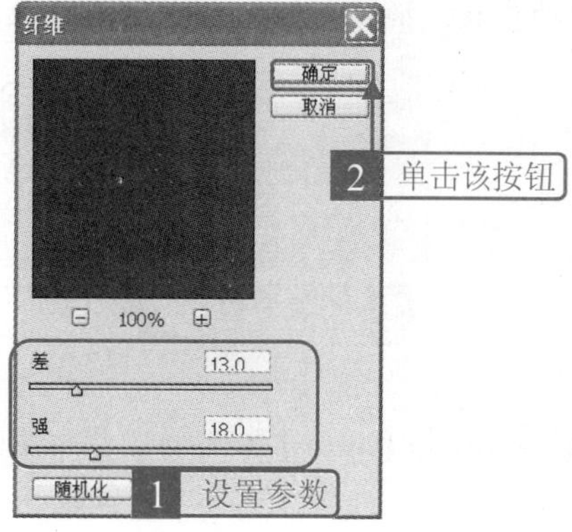

3 打开本实例对应的素材文件 608a.jpg。

4 按下【Ctrl】+【I】组合键将图像反相。

5 选择【图像】➢【调整】➢【亮度/对比度】菜单项，弹出【亮度/对比度】对话框，从中设置如图所示的参数，单击 确定 按钮。

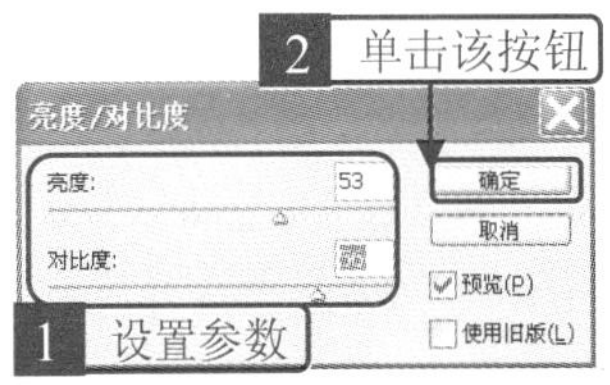

6 选择【图像】➢【调整】➢【阈值】菜单项，弹出【阈值】对话框，从中设置如图所示的参数，然后单击 确定 按钮。

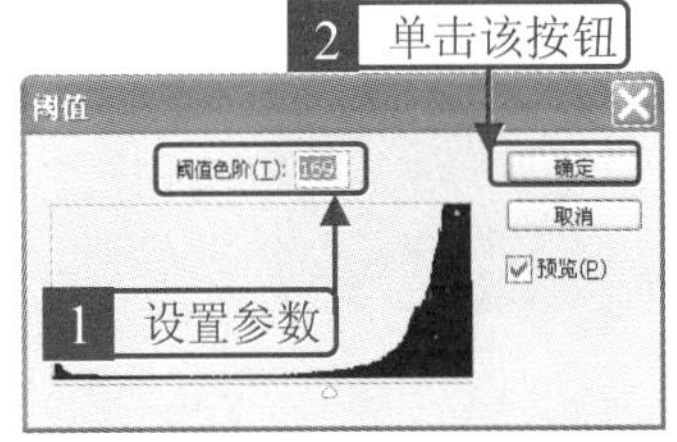

7 选择【移动】工具，将该图像拖动到添加纹理效果的图像文件中，并移动其位置，如图所示。

8 在【图层】面板中的【设置图层的混合模式】下拉列表中选择【变暗】选项。

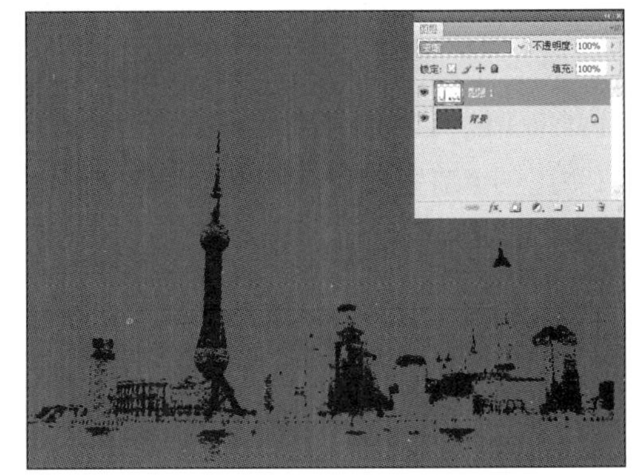

9 打开本实例对应的素材文件 608b.jpg。

素材文件

10 选择【移动】工具，将该图像拖动到添加纹理效果的图像文件中，并移动其位置，在【图层】面板中的【设置图层的混合模式】下拉列表中选择【变暗】选项。

11 单击【添加图层蒙版】按钮，为该图层添加图层蒙版。

添加图层蒙版

12 将前景色设置为黑色，选择【画笔】工具，在工具选项栏中设置如图所示的参数。

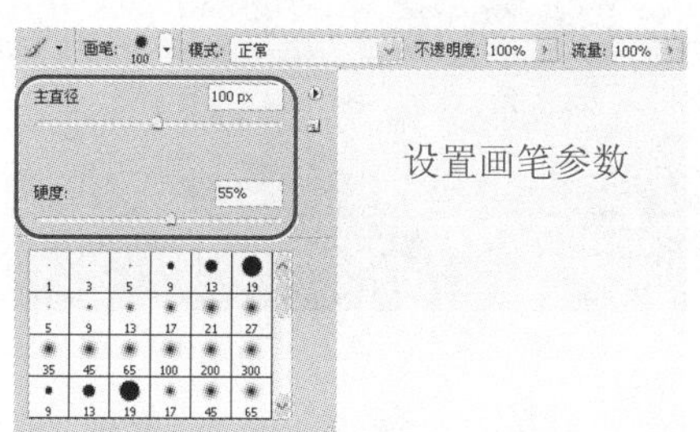
设置画笔参数

13 在图像中涂抹部分多余的图像，将其隐藏，得到如图所示的效果。

14 选择【图层】图层，单击【添加图层蒙版】按钮，为该图层添加图层蒙版。选择【画笔】工具，在图像中涂抹部分多余的图像，将其隐藏，得到如图所示的效果。

15 单击【创建新图层】按钮，新建图层。选择【椭圆选框】工具，在工具选项栏中设置如图所示的参数。

设置参数

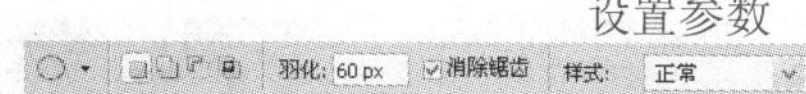

16 在图像中绘制如图所示的选区。

17 将前景色设置为“fecba6”号色，按下【Alt】+【Delete】组合键填充选区。按下【Ctrl】+【D】组合键取消选区，在【填充】文本框中输入“50%”。

18 选择【钢笔】工具，在图像中绘制如图

所示的路径。

19 将前景色设置为黑色，按下【Ctrl】+【Enter】组合键将路径转换为选区，单击【创建新图层】按钮，新建图层。

转换选区

20 按下【Alt】+【Delete】组合键填充选区，按下【Ctrl】+【D】组合键取消选区，单击【添加图层样式】按钮，在弹出的菜单中选择【投影】菜单项。

21 在弹出的【图层样式】对话框中设置如图所示的参数，然后单击 确定 按钮。

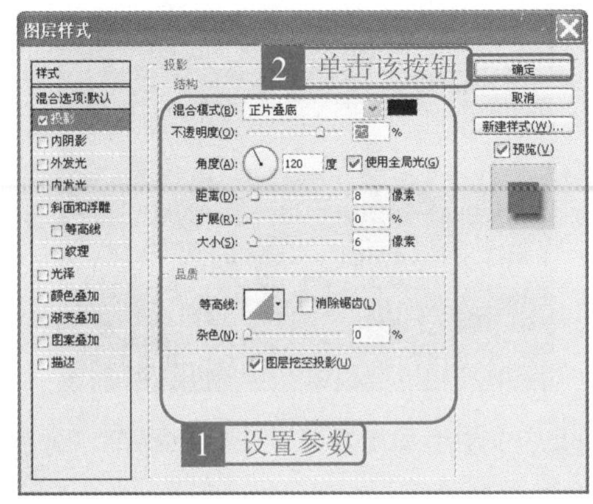

22 将前景色设置为“ce5b5b”号色，在工具选项栏中设置适当的字体及字号，在图像中输入如图所示的文字。

添加文字

23 最后为文字添加上适当的投影效果，最终得到如图所示的效果。

最终效果

第2篇

提高篇

图层功能可以对图像中的各个部分进行单独处理，而不会影响到图像中的其他部分；使用路径功能可以绘制不同的手绘效果，而且 Photoshop 软件中的自动化命令大大提高了工作效率。本篇主要介绍图层、通道、蒙版、路径和文字工具以及滤镜功能的应用等内容。

第 7 章 路径与矢量图形的绘制

第 8 章 图层的灵活应用

第 9 章 通道与蒙版的应用

第 10 章 文字的创建与编辑

第 11 章 神奇的滤镜

第 12 章 动画、自动化与 3D 技术

新手

第7章 路径与矢量图形的绘制

小月：小龙，钢笔工具是不是很难操作啊？

小龙：不是的，只要掌握使用方法，其实是很容易的。

小月：真的，那你教教我吧？

小龙：好啊，只要你肯努力，很快就可以熟练操作的。

小月：太好了，我们开始吧！

要点导航

- 认识路径
- 路径工具的使用
- 编辑路径
- 应用路径
- 矢量图形工具的使用
- 手绘精粹

7.1 认识路径

路径是用户使用路径工具绘制出来的线条或者形状，本节主要介绍路径的概述和【路径】面板的功能。

1. 路径概述

路径是由一个或者多个路径组件构成，锚点用来标记路径段的端点。

在曲线段上，每个选中的锚点显示一条或者两条方向线，方向线以方向点结束。方向线和方向点的位置决定了曲线段的大小和形状。移动这些元素将会改变路径中曲线的形状。

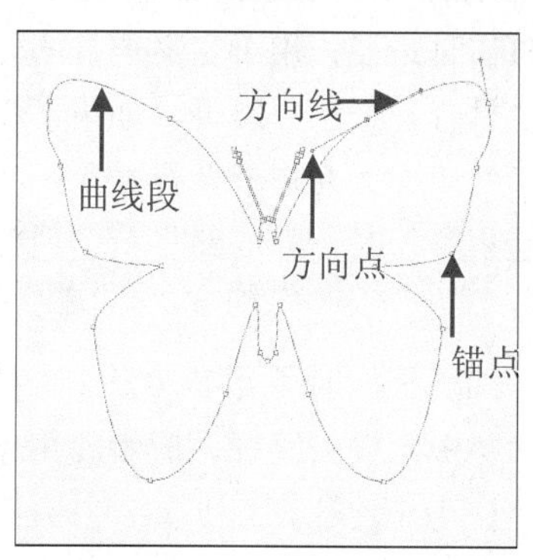

⑴ 曲线段：由一个或者两个锚点确定的一段路径曲线。

⑵ 方向点：移动方向点可以改变曲线段的角度和形状。

⑶ 锚点：路径上的控制点。每个锚点都有一个或者两个方向线，方向线的末端是方向点。移动锚点的位置可以改变曲线的大小和形状。

⑷ 方向线：延长或者缩短方向线可以改变曲线段的曲度。路径可以是开放的，有明显的终点，例如一条波浪线。

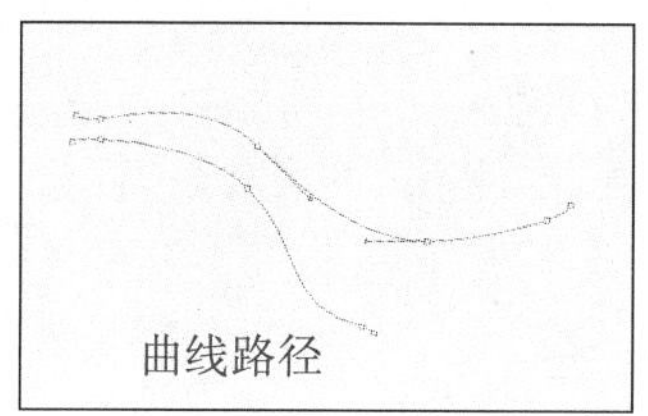

路径也可以是闭合的，没有起点或者终点，例如一个圆。

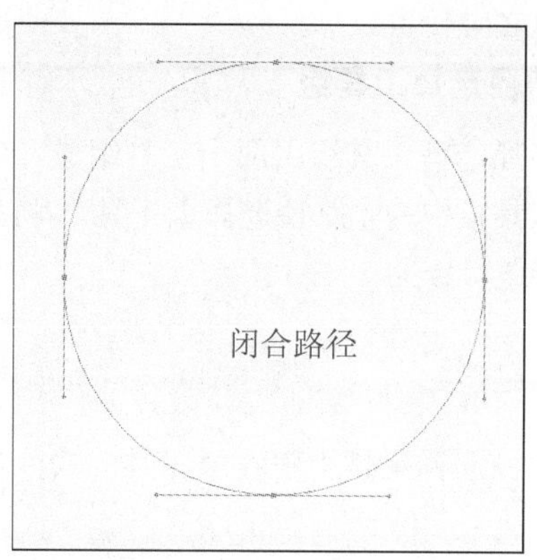

路径工具组

路径工具组包括路径绘制工具组和路径选择工具组两种。

路径绘制工具组包含 5 个工具。单击并按住工具箱中的【钢笔】工具 将打开路径绘制工具组。

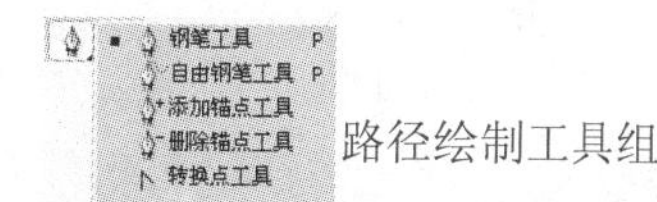

路径绘制工具组

路径绘制工具组中各个工具的功能如下所述。

⑴【钢笔】工具 ：使用该工具可以创建直线和平滑流畅的曲线，可以精确地绘制复杂的图形。

⑵【自由钢笔】工具 ：该工具用于随意绘图，就像用铅笔在纸上绘图一样。在绘图时将自动添加锚点，完成路径后可进一步对其进行调整。

⑶【添加锚点】工具 ：选择该工具后将鼠标指针放在要添加锚点的路径上，鼠标指针

的旁边会出现加号，然后单击该加号即可在现有的路径上添加锚点。

(4)【删除锚点】工具：选择该工具后将鼠标指针放在要删除的锚点上，鼠标指针的旁边会出现减号，然后单击鼠标即可在现有的路径上删除锚点。

(5)【转换点】工具：可使锚点在平滑点和角点之间转换。

路径选择工具组

路径选择工具组由两个工具组成。单击并按住工具箱中的【路径选择】工具将打开路径选择工具组。

路径选择工具组

路径选择工具组中各个工具的功能如下所述。

(1)【路径选择】工具：用于选择或者移动整个路径。

(2)【直接选择】工具：用于选择曲线段中的锚点，通过控制锚点、方向线和方向点来改变曲线段的形状。

2. 【路径】面板

【路径】面板是用来显示和管理绘制的每条路径、当前工作路径和当前矢量蒙版的名称和缩览图像。

选择【窗口】➤【路径】菜单项，打开【路径】面板。

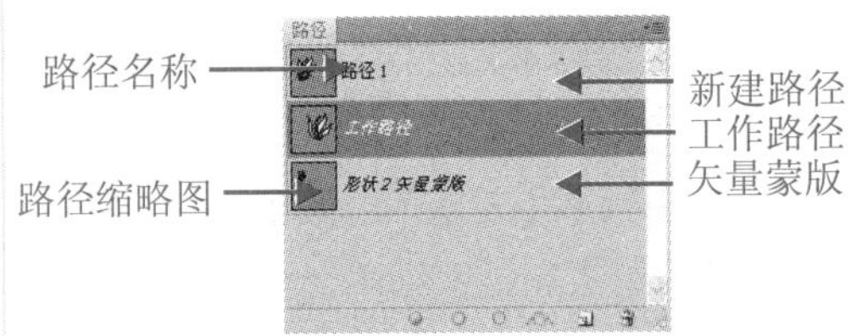

路径的类型

在【路径】面板中可以存放3种类型的路径，分别是新建路径、工作路径和矢量蒙版。

(1) 新建路径：直接单击【路径】面板下方的【创建新路径】按钮可以创建新的路径。也可以单击【路径】面板右上角的菜单按钮，在弹出的菜单中选择【新建路径】菜单项，或者在单击【创建新路径】按钮的同时按下【Alt】键，都可以弹出【新建路径】对话框。

在【新建路径】对话框中的【名称】文本框中输入新建路径的名称，单击 确定 按钮即可。

(2) 工作路径：工作路径是出现在【路径】面板中的临时路径，用于定义形状的轮廓。一个图像中只有一个工作路径，如果不将工作路径存储起来，那么在取消选择并再一次使用路径工具绘制路径时，新的路径就会取代原有的路径。

(3) 矢量蒙版：使用形状工具组中的工具建立的形状层中链接的路径，或者使用【钢笔】工具、【自由钢笔】工具，并且在工具选项栏中单击【形状图层】按钮而创建的路径。只有当前图层为形状图层时才会在【路径】面板中显示该形状图层的矢量蒙版。

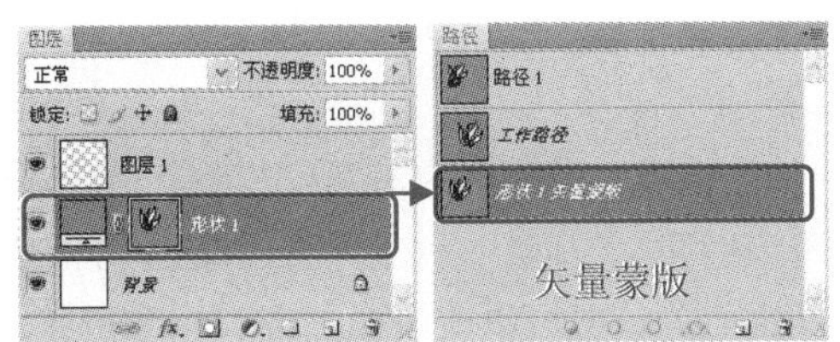

在面板下方的空白处单击鼠标右键，在弹出的快捷菜单中可以选择一种路径缩览图的显示方式。

缩览图显示方法

面板中的按钮组

【路径】面板中各个按钮的作用如下。

(1)【用前景色填充路径】按钮：单击该按钮，系统将使用前景色填充闭合路径包围的区域。对于开放路径，系统将会使用最短的直线将路径闭合，然后在闭合区域内进行填充。

(2)【用画笔描边路径】按钮：单击该按钮，系统按设定的绘图工具和前景色沿着路径进行描边。

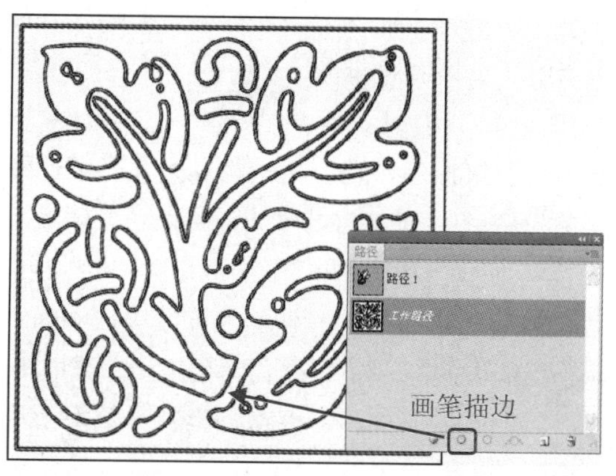

(3)【将路径作为选区载入】按钮：单击该按钮，系统将路径转换为选区。

(4)【从选区生成工作路径】按钮：单击该按钮，系统将当前选区边界转换为工作路径。

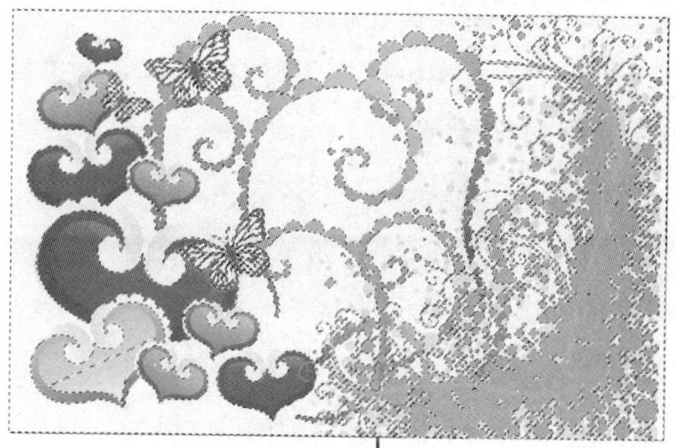

选区转换为路径前后对比

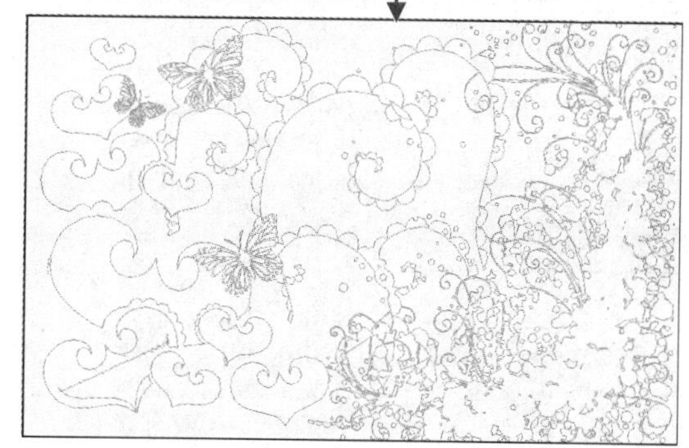

(5)【创建新路径】按钮：单击此按钮可以创建一个新路径。如果在【路径】面板中拖动某一个新建路径到按钮上将会复制该路径；拖动工作路径到按钮上，就会将该路径转换为新建路径；拖动矢量蒙版到按钮上，系统会将该蒙版的副本以新建路径的形式放在【路径】面板中，原矢量蒙版不变。

(6)【删除当前路径】按钮：将路径拖动到此按钮上即可将该路径删除。

7.2 路径工具的使用

使用路径工具组中的工具可以创建特殊的图形或者任意形状的路径，下面介绍如何使用这些工具创建路径图形。

1. 【钢笔】工具

【钢笔】工具是绘制路径的基本工具，使用该工具可以创建直线或平滑流畅的曲线。

工具选项栏

选择工具箱中的【钢笔】工具，该工具的选项栏如图所示。

工具选项栏

(1)【形状图层】按钮：单击该按钮，此时的工具选项栏如图所示。

在图像窗口中创建路径时会同时建立一个形状层，并在闭合的路径区域内填入前景色或者设定的样式。

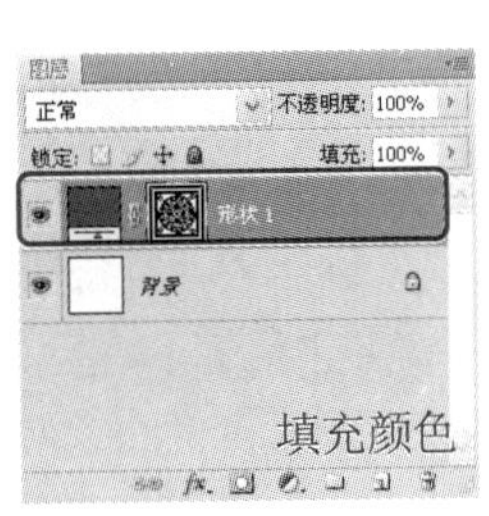

填充颜色

(2)【路径】按钮：单击该按钮，然后在图像窗口中创建路径，此时只能绘制出路径。

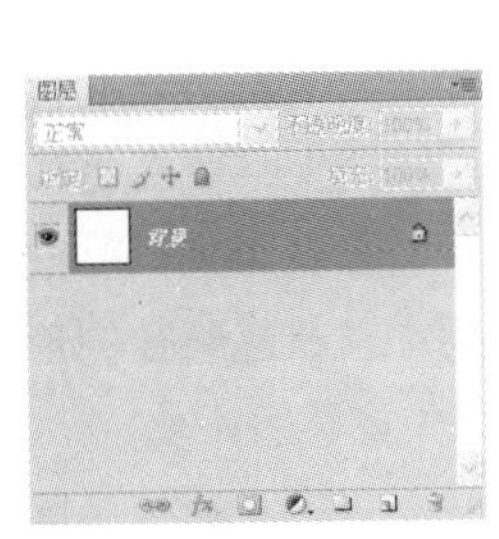

路径形状

(3)【填充像素】按钮：只有在单击【矩形】工具、【圆角矩形】工具、【椭圆】工具、【多边形】工具、【直线】工具和【自定形状】工具之一时，【填充像素】按钮才可用。单击该按钮时可直接在图像中绘制，它与绘画工具的功能类似。

(4) 工具按钮组：在选项栏中可以选择【钢笔】工具、【自由钢笔】工具、【矩形】工具、【圆角矩形】工具、【椭圆】工具、【多边形】工具、【直线】工具或者【自定形状】工具。

(5)【几何选项】按钮：单击该按钮可以打开【钢笔选项】面板。

钢笔选项面板

如果选中【橡皮带】复选框，并且已经在图形中确立了一个锚点，【钢笔】工具后面就会尾随一条路径线段，像拉橡皮带一样。

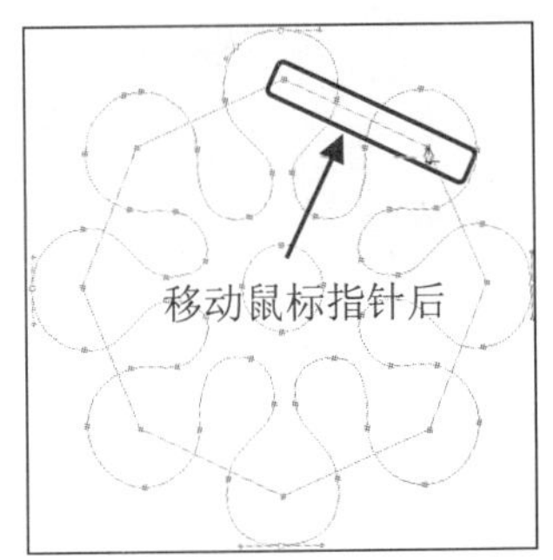

如果撤选【橡皮带】复选框，那么只有在单击时才会出现新路径段。

(6)【自动添加/删除】复选框：选中此复选框，移动鼠标指针到绘制的路径上，当鼠标指针变为形状时单击可添加锚点；当鼠标指针变为形状时单击可以删除锚点。

(7)【路径交叠】按钮组：可以选择一种建立路径的方式。单击【添加到路径区域】按钮，可以将新区域添加到重叠路径区域；单击【从路径区域中减去】按钮，可以将新区域从重叠路径区域移去；单击【交叉路径区域】按钮，可以将路径限制为新区域和现有区域的交叉区域；单击【重叠路径区域除外】按钮，可以从合并路径中排除重叠区域。

绘制直线路径

选择工具箱中的【钢笔】工具，然后在图像窗口中将鼠标指针定位在直线段的起点位置，当鼠标指针变成形状时单击确定第一个

锚点，然后在直线第一段的终点再次单击，或按住【Shift】键单击（可沿 45° 增量方向绘制直线），即可绘制直线段路径。

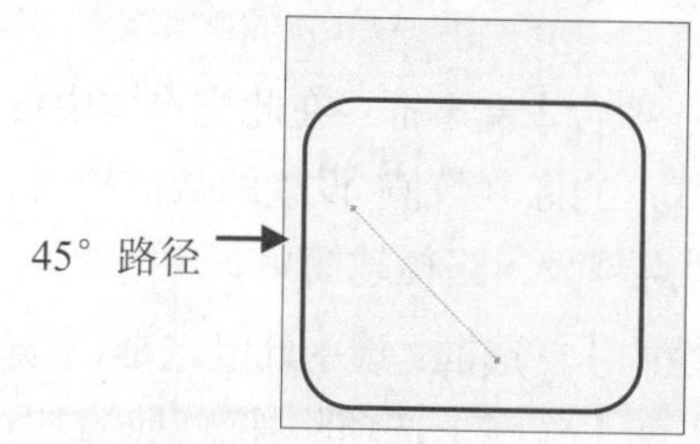

接着继续单击，绘制其他的线段的锚点（最后一个锚点总是处于选中状态）。

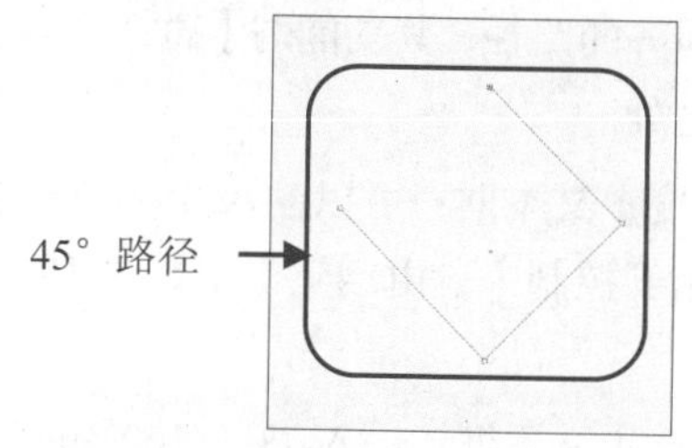

若想要绘制闭合路径，则可在第一个锚点处单击，此时鼠标指针变成形状；

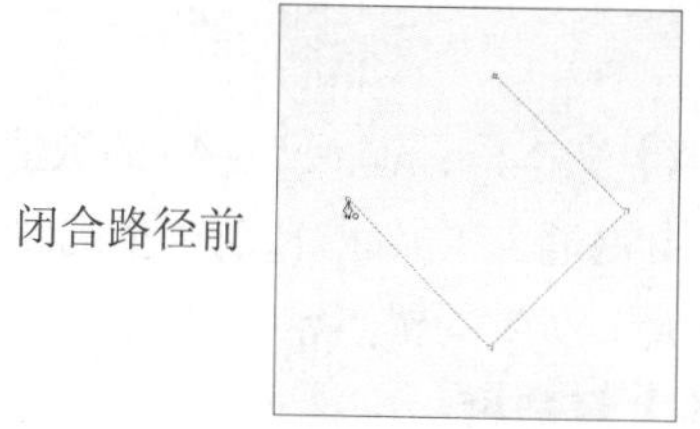

单击鼠标左键即可完成闭合路径的绘制。

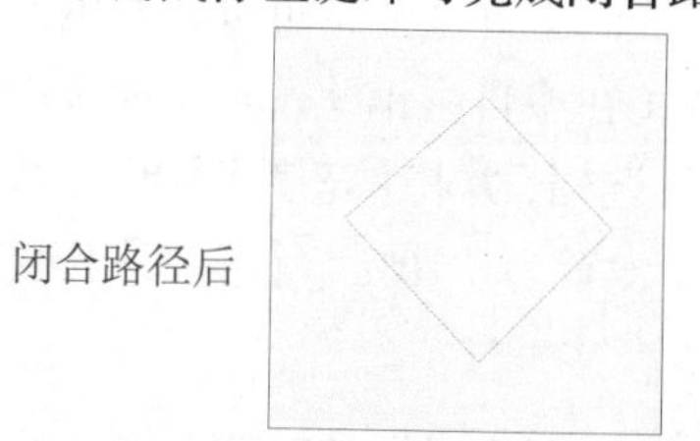

若想要绘制开放路径，则可以直接按下【Esc】键，或者在按下【Ctrl】键的同时在路径外单击。

直线路径中的锚点没有方向点和方向线。若想改变直线路径的形状和长度，只需要移动锚点的位置就可以了。

绘制曲线路径

沿着曲线伸展的方向拖动【钢笔】工具即可创建曲线。曲线路径中的锚点有方向点和方向线。

在图像窗口中按住鼠标左键并拖动确定第一个锚点的位置，然后在另一处按住鼠标左键并拖动，此时就会产生一条曲线。

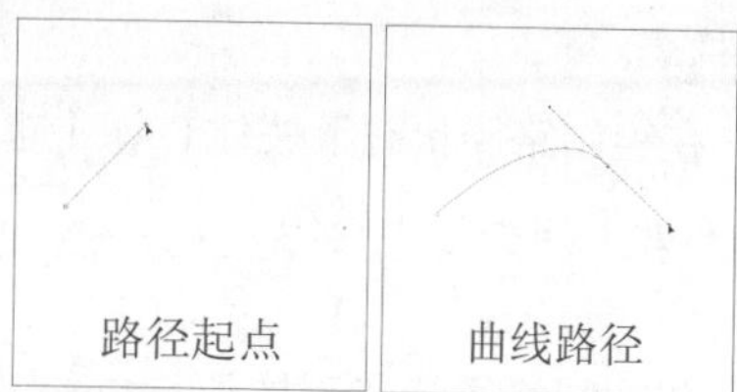

方向线的长度和斜率决定了曲线段的形状。可以调整方向线的一端或两端改变曲线的形状。按住【Ctrl】键向相反的方向拖动可以创建平滑曲线，向同一个方向拖动可以创建“S”形曲线。

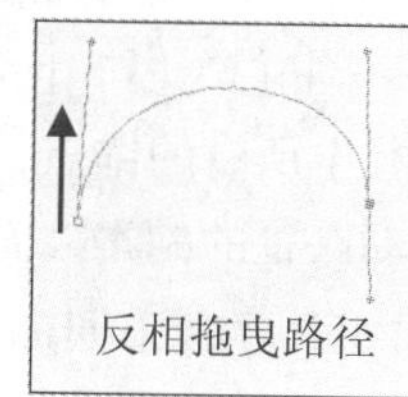

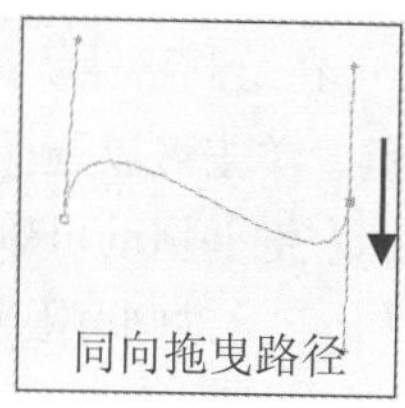

锚点的类型

在绘制的路径中存在 3 种类型的锚点，即直角点、平滑点和拐角点。

(1) 直角点：在一个锚点的两侧为直线路径线段时，此锚点则为直角点。移动此锚点，其两侧的路径线段将同时发生移动。

(2) 平滑点：连接平滑的曲线路径的锚点称为平滑点。在平滑点上移动方向线时，将同时调整平滑点两侧的曲线段。

(3) 拐角点：连接锐化的曲线路径的锚点称为拐角点。此类锚点的两侧也有两条方向线，但两条方向线不在一条直线上。拖动其中的一条方向线时，另一条方向线不会跟着一起移动。

下面介绍一下在绘制路径的过程中一些快捷键的作用。

(1) 在绘制路径状态下，按一次【Delete】键可以删除一个锚点，按两次【Delete】键可以将当前工作路径删除或者将当前新建路径中绘制的路径删除，按 3 次【Delete】键可以将新建路径删除。

(2) 按一下【Enter】键或者按两下【Esc】键可以完成当前路径的绘制，并取消当前路径的选中状态。

(3) 在绘制路径状态下按住【Alt】键，此时的【钢笔】工具和【转换点】工具的功能相同。

(4) 在绘制路径状态下按住【Ctrl】键（鼠标指针将变成形状），此时【钢笔】工具和【直接选择】工具的功能相同。

(5) 在绘制路径状态下按住【Shift】+【Alt】组合键，可以限制下一个锚点沿 45° 增量（从上一个锚点开始）方向拖动。

(6) 在绘制路径状态下按住【Ctrl】+【Alt】组合键，单击可以选择路径上所有的锚点，按住鼠标左键并拖动可以拖动路径的副本，同时按下【Shift】键则可限制沿 45° 增量方向拖动。

2. 【自由钢笔】工具

【自由钢笔】工具用于随意绘图，就像用铅笔在纸上绘图一样。在绘图时，系统会自动在曲线上添加锚点。

选择工具箱中的【自由钢笔】工具，该工具的选项栏如图所示。

该工具选项栏中的选项的功能和【钢笔】工具选项栏中的选项的功能一样，在此不再赘述。下面介绍一下其他选项的功能。

【自由钢笔选项】面板

单击选项栏中的【几何选项】按钮，打开【自由钢笔选项】面板。

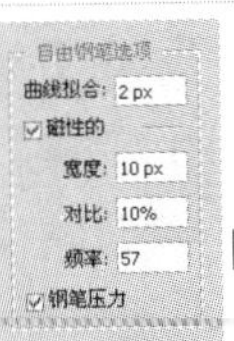

【自由钢笔选项】面板

(1) 【曲线拟合】文本框：在此文本框中可以输入 0.5 ~ 10.0 的像素数值，设置的数值越大，创建的路径锚点越少，路径越简单。

(2) 【磁性的】复选框：选中此复选框，【宽度】、【对比】和【频率】选项将被激活。这时的【自由钢笔】工具就有了磁性，鼠标指针会变为形状。这样就可以绘制与图像中定义区域的边缘对齐的路径，其功能与【磁性套索】工具有相似之处。

(3) 【宽度】文本框：可以输入 1 ~ 256 的像素数值，用于控制【自由钢笔】工具捕捉像素的范围。

(4) 【对比】文本框：输入 1% ~ 100%的百分比值，用于控制【自由钢笔】工具捕捉像素的对比度范围，输入的数值越高，图像的对比度越低。

(5) 【频率】文本框：输入 5 ~ 40 的数值，用于控制【自由钢笔】工具自动产生的锚点的密度，值越大，产生的锚点密度越大。

【磁性的】复选框

选中【磁性的】复选框，可以打开磁性钢笔的默认设置（在【自由钢笔选项】面板中选中【磁性的】复选框，并将【宽度】设置为“10”像素，【对比】设置为“10%”，【频率】设置为“57”）。

3. 添加和删除锚点工具

选择工具箱中的【添加锚点】工具，可以在现有的路径上单击添加锚点；选择工具箱中的【删除锚点】工具，可以在现有的锚点上单击删除锚点。按住【Alt】键，则可在工具和工具之间切换。如果在【钢笔】工具的选项栏中选中【自动添加/删除】复选框，则可直接在路径上添加和删除锚点。

4. 【转换点】工具

【转换点】工具主要用于调整绘制好的路径。将鼠标指针放在要更改的锚点上单击可以转换锚点的类型，共分为以下两种情况。

在曲线锚点和直线锚点之间进行转化

路径分为曲线路径和直线路径两种，曲线路径和直线路径又分别由曲线锚点和直线锚点连接而成。

如果想要将曲线锚点转换为直线锚点，则可选择【转换点】工具，然后在需要转换的锚点上单击即可。

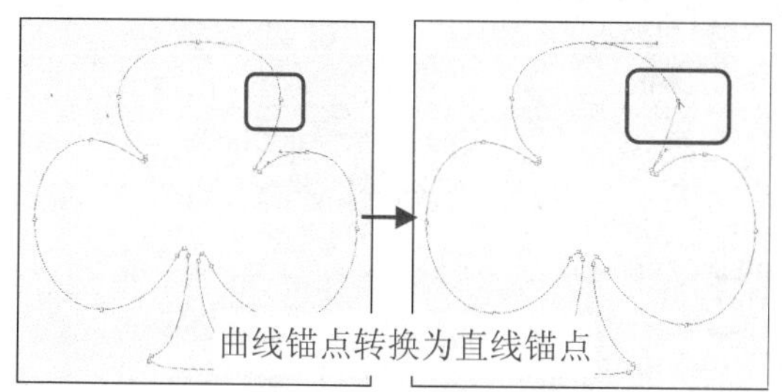
曲线锚点转换为直线锚点

如果想要将直线锚点转换为曲线锚点，则可在需要转换的锚点上单击并拖动鼠标拉出该锚点的方向线，然后调整曲线为合适形状后释放鼠标左键即可。

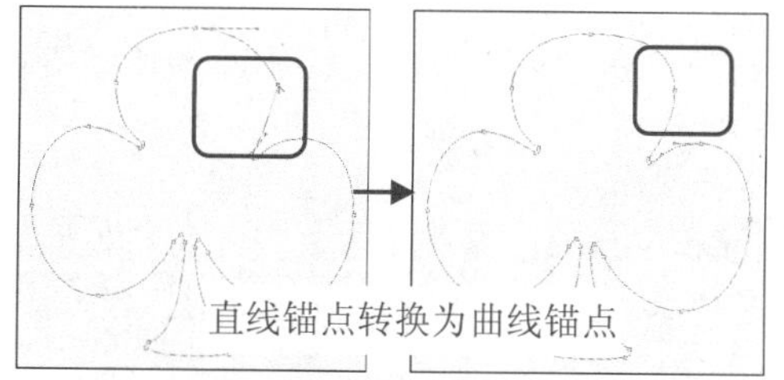
直线锚点转换为曲线锚点

将平滑点转换为角点

在需要转换锚点的方向点上单击并拖动鼠标即可将平滑点转换为角点。

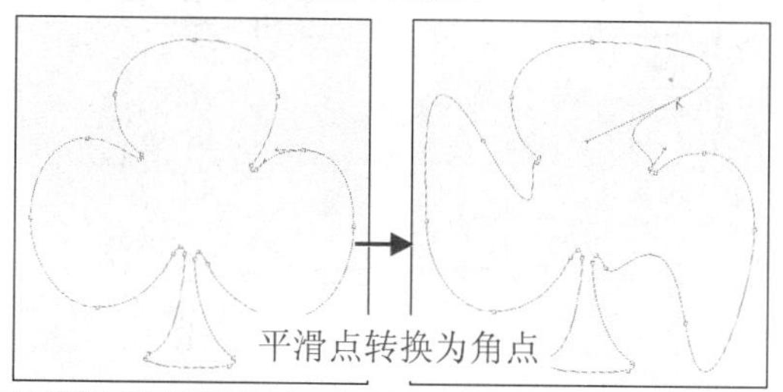
平滑点转换为角点

5. 实例——旋律

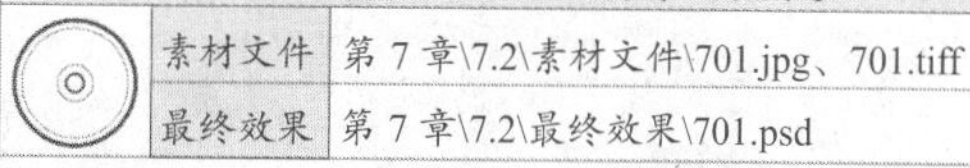

本实例素材文件和最终效果所在位置如下。		
	素材文件	第 7 章\7.2\素材文件\701.jpg、701.tiff
	最终效果	第 7 章\7.2\最终效果\701.psd

1 打开本实例对应的素材文件 701.jpg。

素材文件

2 打开本实例对应的素材文件 701.tiff。

素材文件

3 选择【移动】工具，将素材文件 701.tiff 中的人物图层拖动到素材文件 701.jpg 中。

4 将人物移至合适位置后，按下【Ctrl】+【J】

组合键复制图层，得到【图层 1 副本】图层。

5 隐藏【图层 1 副本】图层，选择【图层 1】图层，按住【Ctrl】键单击【图层 1】图层的图层缩览图，将人物载入选区。

6 将前景色设置为黑色，按下【Alt】+【Delete】组合键填充选区，图像效果如图所示。

7 按下【Ctrl】+【D】组合键取消选区，显示【图层 1 副本】图层。

8 按下【Ctrl】+【T】组合键调整人物影子的大小及位置，调整合适后按下【Enter】键确认操作，图像效果如图所示。

9 在【图层】面板中的【填充】文本框中输入“11%”。

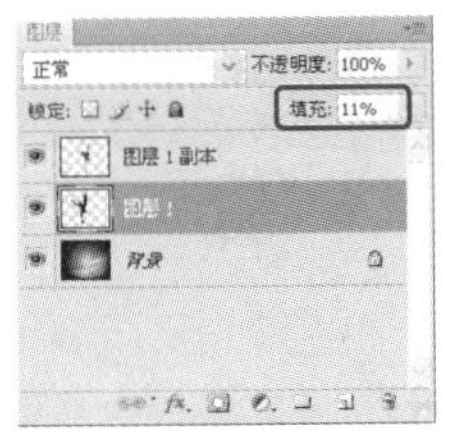

10 选择【图层 1 副本】图层，单击【添加图层样式】按钮 fx，在弹出的菜单中选择【外发光】菜单项。

11 在弹出的【图层样式】对话框中设置如图所示的参数，然后单击 确定 按钮。

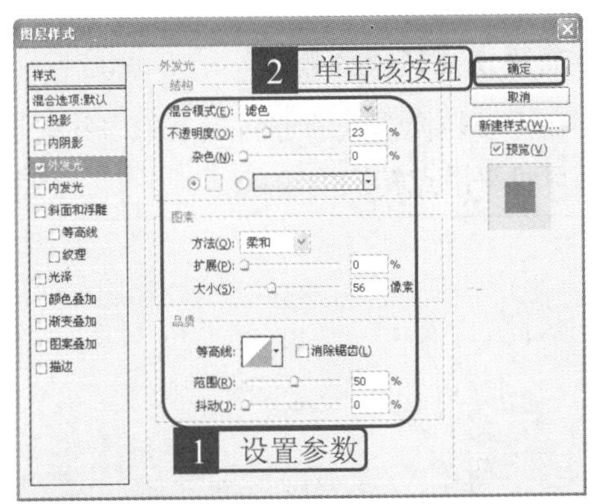

12 选择【图像】➢【调整】➢【色相/饱和度】菜单项，在弹出的【色相/饱和度】对话框中设置如图所示的参数，然后单击 确定 按钮。

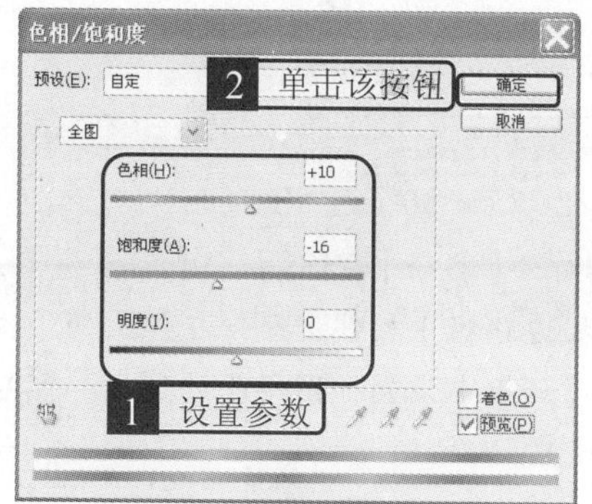

13 按下【Ctrl】+【J】组合键复制【图层 1 副本】图层，得到【图层 1 副本 2】图层。

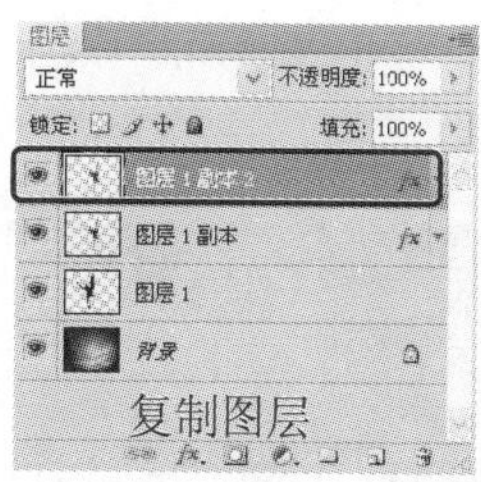

14 按下【Ctrl】+【T】组合键调出调整控制框，在控制框内单击鼠标右键，在弹出的快捷菜单中选择【垂直翻转】菜单项。

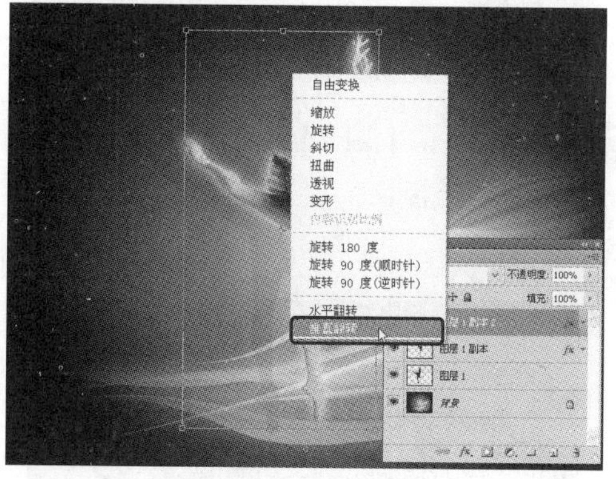

选择【垂直翻转】菜单项

15 翻转图像后，按下【Enter】键确认操作，选择【移动】工具，将反转的人像向下移动，得到如图所示的效果。

16 单击【图层】面板中的【添加图层蒙版】按钮，为图层添加图层蒙版。

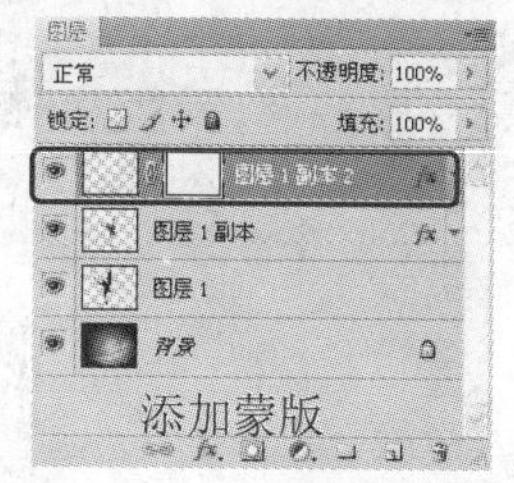

17 选择【渐变】工具，将前景色设置为黑色，在工具选项栏中设置如图所示的选项。

18 在图像中由底部向上拖动鼠标，添加渐变效果，制作人物的倒影。

添加渐变效果

19 打开本实例对应的素材文件 701.tiff。

20 选择【移动】工具，将素材文件 701.tiff 中的点缀图案拖动到素材文件 701.jpg 中。

21 选择【钢笔】工具，在图像中绘制如图所示的曲线路径。

22 单击【创建新图层】按钮，新建图层。

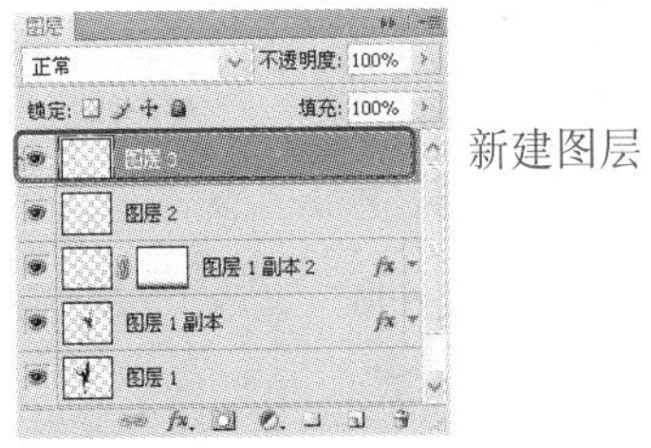

23 选择【画笔】工具，在工具选项栏中设置如图所示的参数。

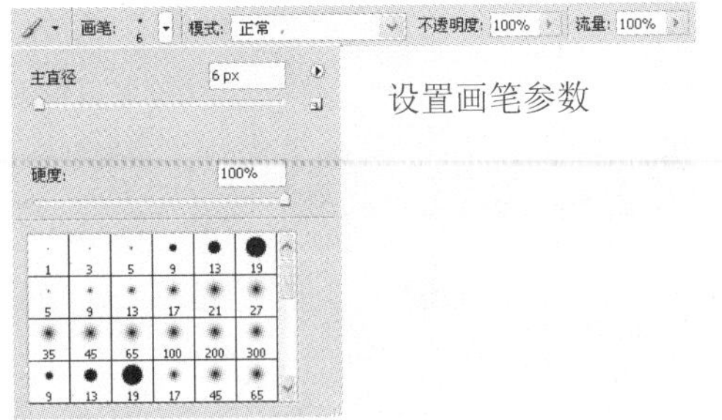

24 打开【路径】面板，按住【Alt】键单击【用画笔描边路径】按钮，在弹出的【描边路径】对话框中设置如图所示的选项，然后单击 确定 按钮。

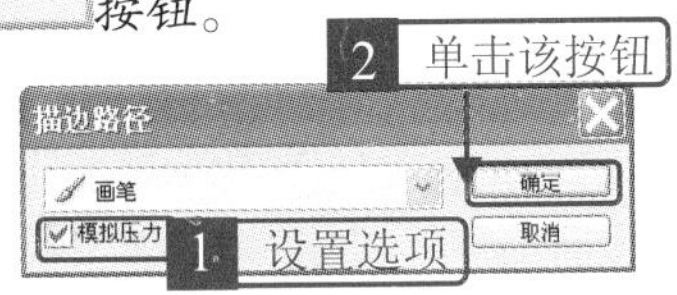

25 单击【路径】面板中的空白位置，观察描边效果。

26 按下【Ctrl】+【J】组合键复制图层，并移动复制图层的图像位置，最终得到如图所示的效果。

7.3 编辑路径

编辑路径主要包括选择路径、调整路径线段、移动和复制路径、连接与断开路径、显示和隐藏路径等操作。只要掌握了这些编辑路径的基本操作，就能精确地调整路径的形状，从而创建出完美的形状图形。

1. 选择路径

选择路径的方法如下。

⑴ 使用【路径选择】工具直接单击绘制好的路径，即可选中整条路径或者子路径。在按住【Shift】键的同时单击鼠标左键，可以选中第二条子路径。

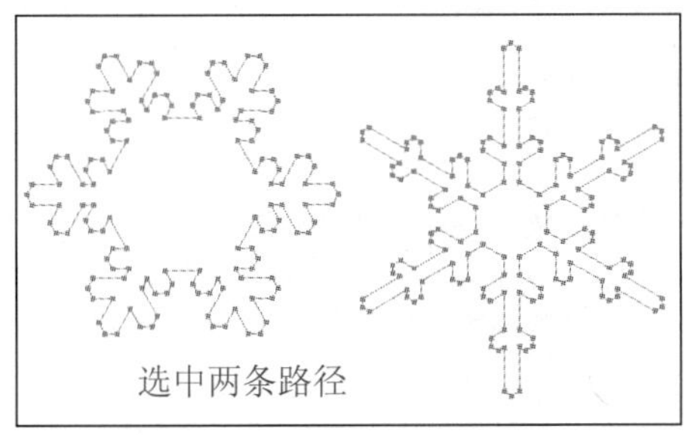

⑵ 如果当前工具为路径绘制工具组或者路径选择工具组中的一种，那么按住【Alt】键的同时单击【路径】面板中的一个路径，可以选中该路径并显示出路径中的所有锚点。

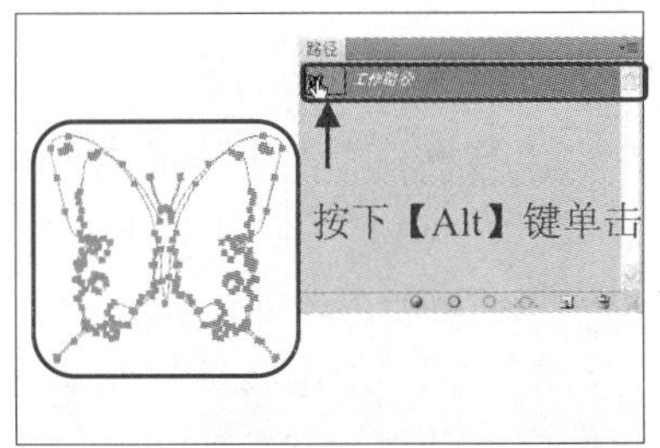

⑶ 使用【直接选择】工具也可以选择路径以及路径组件。

按下【Esc】键可以取消路径段的选中状态。

2. 变换路径

⑴ 选择【编辑】➢【变换路径】菜单项可以对当前路径段或者锚点应用变换，如缩放、旋转、翻转或扭曲等。或者按下【Ctrl】+【T】组合键，然后拖动路径变换控制柄也可以调整路径。

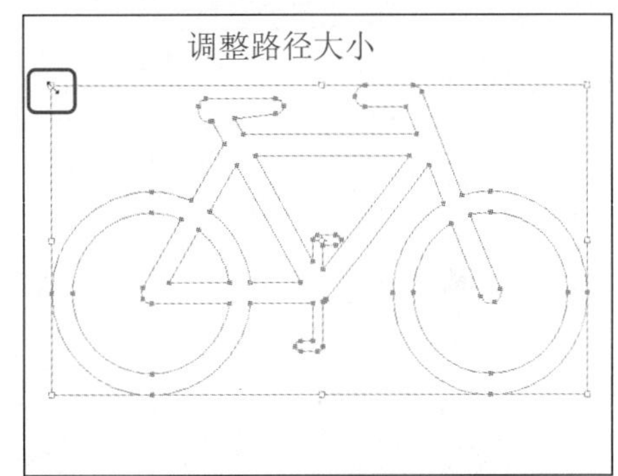

⑵ 调整曲线线段。使用【直接选择】工具直接拖动需要移动的曲线路径段即可。也可以单击路径线上的锚点，然后拖动方向点的位置从而改变曲线的弯曲度。

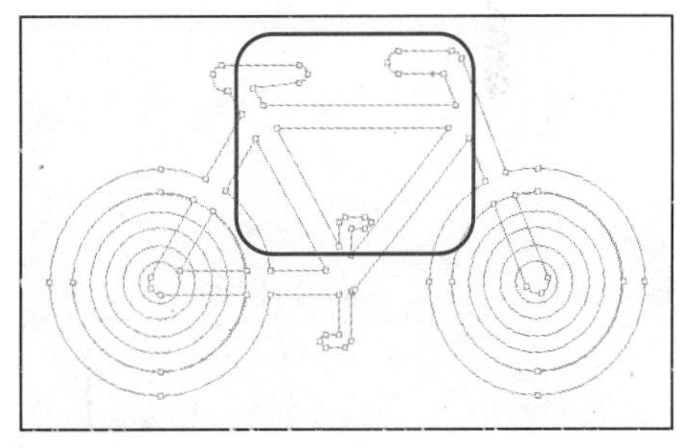

调整前后效果对比

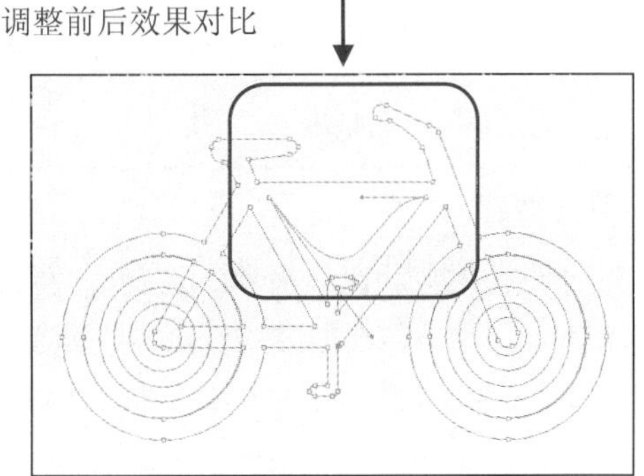

3. 连接与断开路径

使用【钢笔】工具绘制路径后，有可能对绘制的路径段不满意，需要在其后面继续绘制路径。下面介绍连接和断开路径的方法。

连接路径

选择【钢笔】工具，将鼠标指针放置到路径线段的末端，待鼠标指针变成形状时单击，路径段末端锚点即被选中，然后继续绘制路径即可。

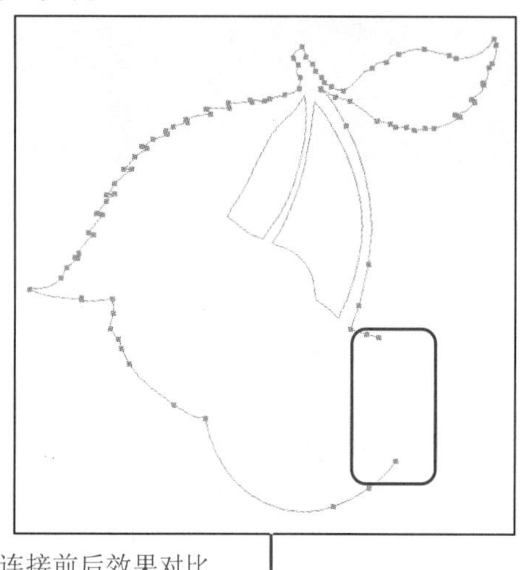

连接前后效果对比

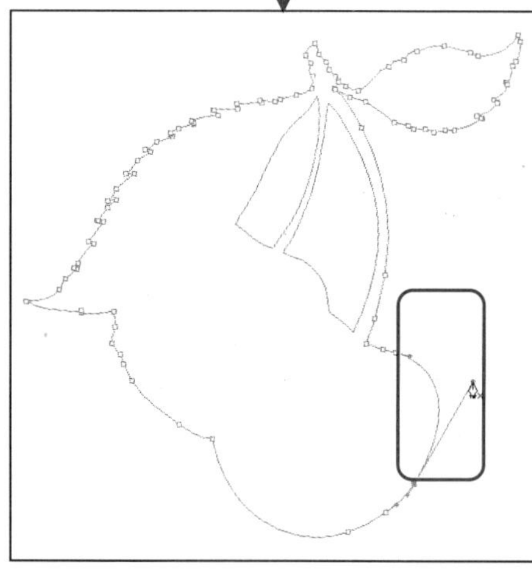

断开路径

断开路径的方法比较简单，选择【直接选择】工具，单击需要断开的锚点，将其选中，然后按下【Delete】键删除，即可断开闭合路径。

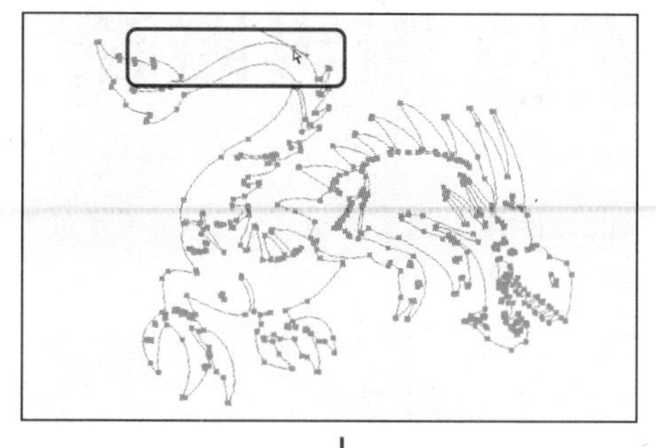

断开前后效果对比

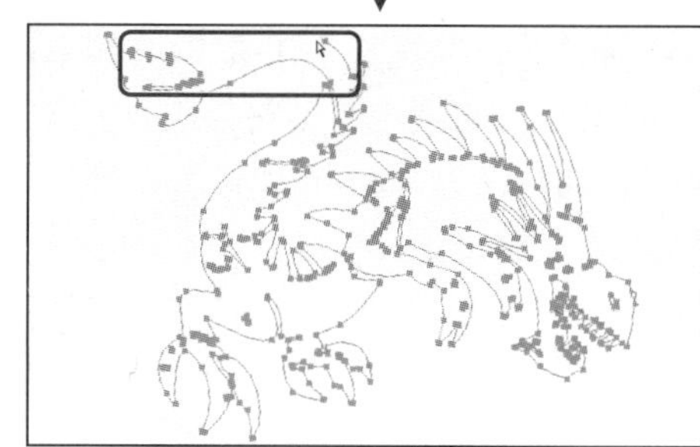

4. 显示和隐藏路径

在编辑图像过程中，有时需要将绘制的路径隐藏起来，等需要时再将其显示出来。

显示和隐藏路径的方法有以下几种。

⑴ 在【路径】面板中单击某个路径缩览图，该路径就会显示在图像窗口中；再单击【路径】面板的空白处，当前路径就会被隐藏起来，或者按下【Esc】键也可以将路径隐藏起来。

⑵ 对于已经显示在图像窗口中的路径，按下【Ctrl】+【Shift】+【H】组合键可以将其隐藏起来；再次按下【Ctrl】+【Shift】+【H】组合键又可以将路径显示出来。

⑶ 选择【视图】➢【显示】➢【目标路径】菜单项，同样可以显示和隐藏路径。

5. 移动和复制路径

移动和复制路径的方法如下。

⑴ 需要移动并复制路径时，使用【路径选择】工具单击路径，然后按住【Alt】键拖动所选路径即可。

⑵ 如果要复制路径但不对其重命名，可以

将【路径】面板中的【工作路径】拖动到面板底部的【创建新路径】按钮上，将【工作路径】转换为【路径 1】路径。

转换路径

再将【路径 1】路径拖动到面板底部的【创建新路径】按钮上，将其复制。

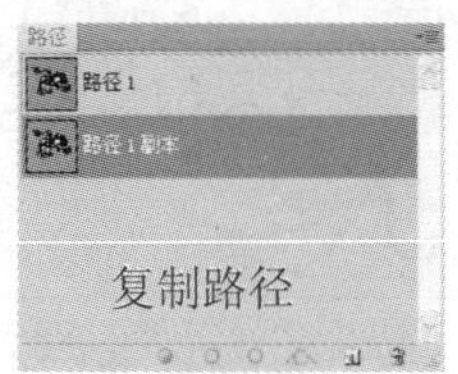
复制路径

(3) 如果要复制并重命名路径，则可按住【Alt】键将【路径】面板中的路径拖动到面板底部的【创建新路径】按钮上。或者选择要复制的路径，在【路径】面板菜单中选择【复制路径】菜单项，弹出【复制路径】对话框，输入路径的新名称，然后单击 确定 按钮即可。

【复制路径】对话框

(4) 在两个 Photoshop 文件之间复制路径。同时打开两个图像文件，在源图像中使用【路径选择】工具选择要复制的整条路径或路径组件，然后在源图像中选择【编辑】➢【拷贝】菜单项，接着在目标图像中选择【编辑】➢【粘贴】菜单项即可。

7.4 应用路径

在编辑路径的过程中，用户可以对绘制好的路径进行相应的填充和描边，还可以将路径转换为选区等操作。

1. 填充和描边路径

填充路径

填充路径必须在普通层中进行，系统会使用前景色和背景色填充闭合路径包围的区域。

填充路径的操作方法如下。

1 首先绘制需要填充的闭合路径。

绘制路径

2 单击【路径】面板中的按钮，在弹出的菜单中选择【填充路径】菜单项。

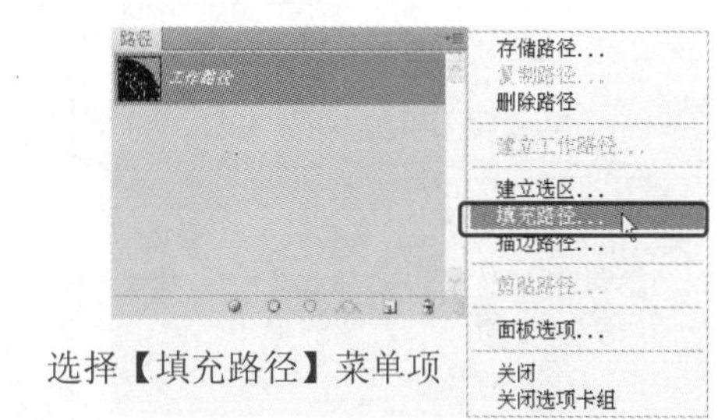

选择【填充路径】菜单项

3 弹出【填充路径】对话框，在【使用】下拉列表中选择【图案】选项，在【自定图案】面板中选择适当的图案样式，其他设置如图所示，设置完成单击 确定 按钮。

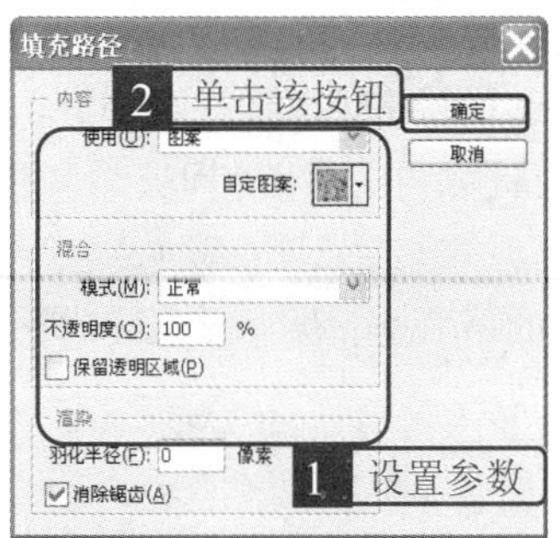

4 填充路径后得到如图所示的效果。

描边路径

用户不仅可以对路径进行填充，还可以对路径进行描边。

描边路径的操作方法如下。

1 首先绘制好需要描边的路径形状。

2 将前景色设置为黑色，选择【画笔】工具，设置适当的画笔直径，在【路径】面板中选中工作路径，然后单击【路径】面板右侧的菜单按钮，在打开的面板菜单中选择【描边路径】菜单项，或者单击【路径】面板中的【用画笔描边路径】按钮，将路径描边。

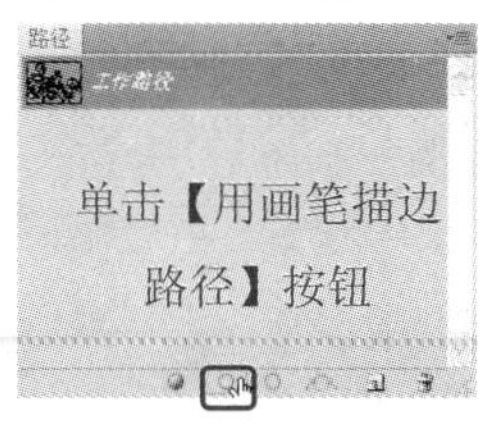

3 路径描边后得到如图所示的效果。

2. 将路径转换为选区

将路径转换为选区的方法有以下几种。

(1) 单击【路径】面板下方的【将路径作为选区载入】按钮，系统会使用默认的设置将当前路径转换为选区。

(2) 在按住【Ctrl】键的同时单击【路径】面板中的路径缩览图，也可以将选区载入到图像中。

(3) 在【路径】面板中选中一个路径，然后选择【路径】面板菜单中的【建立选区】菜单项，或者在按住【Alt】键的同时单击【路径】面板下方的【将路径作为选区载入】按钮，弹出【建立选区】对话框。

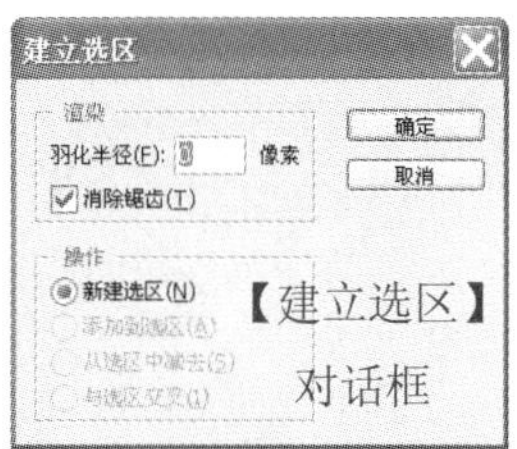

在对话框中设置【羽化半径】值可以定义羽化边缘在选区边框内外的伸展距离；选中【消除锯齿】复选框可以定义选区中的像素与周围像素之间创建精细的过渡（如果图像中已经建

立了选区，则【操作】选项组中下面的 3 个单选钮可以使用）。

⑷ 按下【Ctrl】+【Enter】组合键也可以将当前路径转换为选择区域状态。如果所选路径是开放路径，那么转换成的选区将是路径的起点和终点连接起来而形成的闭合区域。

3. 将选区转换为路径

将选区转换为路径的方法有以下几种。

⑴ 单击【路径】面板下方的【从选区生成工作路径】按钮，系统就会将当前选择区域转换为路径状态。

⑵ 在按住【Alt】键的同时单击【路径】面板下方的【从选区生成工作路径】按钮，或者选择【路径】面板菜单中的【建立工作路径】菜单项，弹出【建立工作路径】对话框。

在【容差】文本框中输入 0.5 ~ 10.0 的数值，可以控制转换后的路径的平滑程度（设置的容差值越大，用于绘制路径的锚点越少，路径也就越平滑）。

4. 实例——花样年华

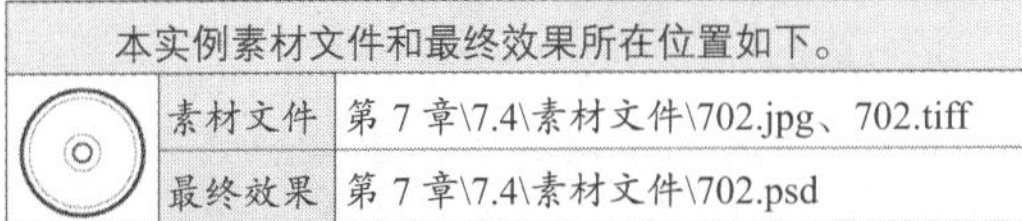

本实例素材文件和最终效果所在位置如下。		
	素材文件	第 7 章\7.4\素材文件\702.jpg、702.tiff
	最终效果	第 7 章\7.4\素材文件\702.psd

1 打开本实例对应的素材文件 702.jpg。

素材文件

2 打开【调整】面板，单击【色相/饱和度】图标，在【色相/饱和度】调板中设置如图所示的参数。

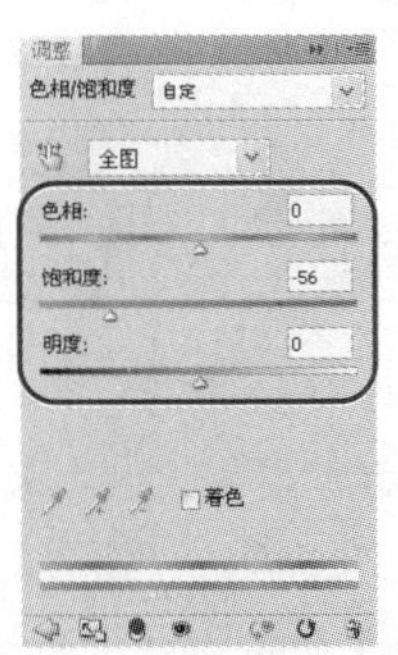
设置色相/饱和度参数

3 单击【返回】按钮，返回【调整】面板，单击【亮度/对比度】图标，在【亮度/对比度】调板中设置如图所示的参数。

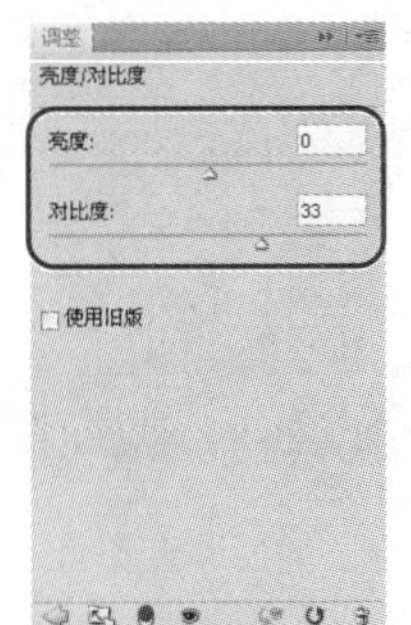
设置亮度/对比度参数

4 单击【返回】按钮，返回【调整】面板，单击【色彩平衡】图标，在【色彩平衡】调板中设置如图所示的参数。

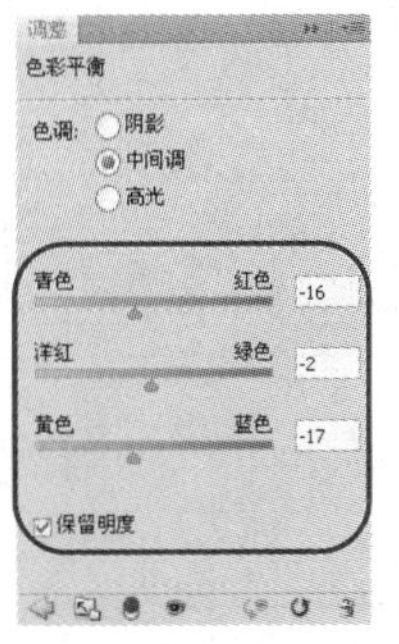
设置色彩平衡参数

5 按下【Ctrl】+【J】组合键复制【背景】图层，得到【背景 副本】图层。

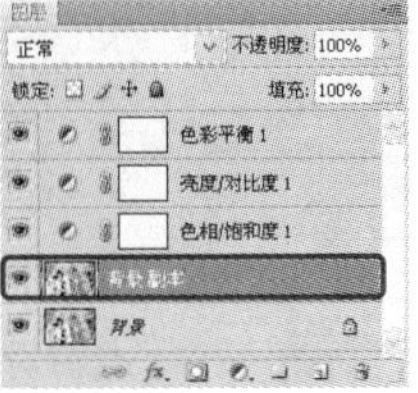
复制图层

6 选择【图像】➢【调整】➢【去色】菜单项，将其去色，并将该图层移至最顶层。

7 在【图层】面板中的【填充】文本框中输入“50%”。

8 打开本实例对应的素材文件 702.tiff。

9 选择【移动】工具，将素材文件 702.tiff 拖动到素材文件 702.jpg 中。

10 打开【调整】面板，单击【色彩平衡】图标，在【色彩平衡】调板中设置如图所示的参数。

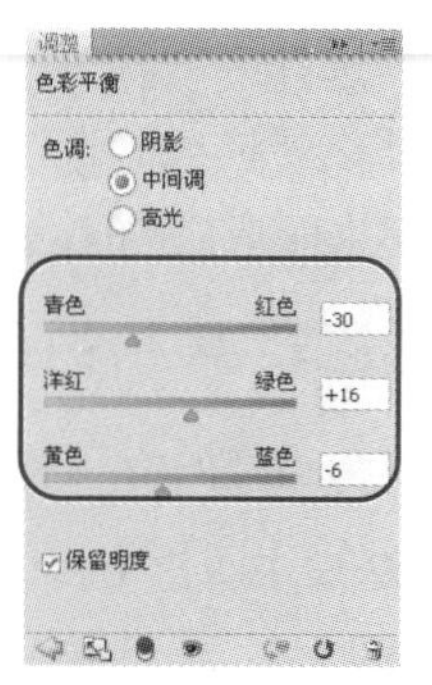

11 单击【图层】面板中的【创建新图层】按钮，新建图层。

12 选择【自定形状】工具，在工具选项栏中设置如图所示的选项。

13 按住【Shift】键在图像中绘制如图所示的形状路径。

14 按下【Ctrl】+【Enter】组合键将闭合路径转换为选区。

15 将前景色设置为白色，按下【Alt】+【Delete】组合键填充选区，按下【Ctrl】+【D】组合键取消选区。

16 单击【图层】面板中的【创建新图层】按钮，新建图层。选择【矩形】工具，在图像中绘制如图所示的矩形路径。

17 按下【Ctrl】+【Enter】组合键将闭合路径转换为选区。将前景色设置为黑色，按下【Alt】+【Delete】组合键填充选区。

18 按下【Ctrl】+【D】组合键取消选区，按住【Ctrl】键的同时单击【图层1】图层，将【图层2】和【图层1】图层选中。

19 按下【Ctrl】+【T】组合键调出调整控制框，旋转图像的角度，并调节其位置，调整合适后按下【Enter】键确认操作。

20 选择【背景】图层，按下【Ctrl】+【J】组合键复制【背景】图层，得到【背景 副本2】图层。

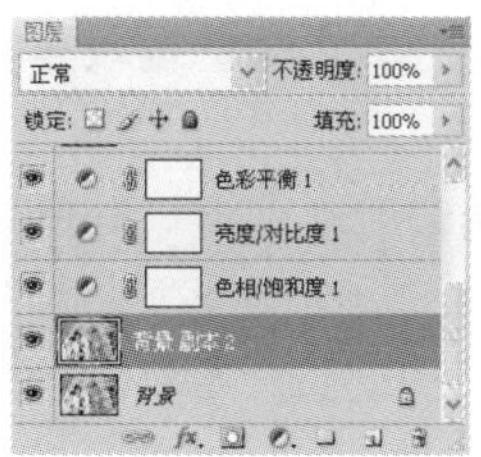

21 将【背景 副本2】图层移至最顶层，按下

【Ctrl】+【Alt】+【G】组合键将该图层嵌入到【图层 2】图层中。

22 按下【Ctrl】+【T】组合键调整照片的大小及角度，调整合适后按下【Enter】键确认操作，得到如图所示的效果。

23 选择【图层 1】图层，选择【图层】➤【图层样式】➤【投影】菜单项，在弹出的【图层样式】对话框中设置如图所示的参数，然后单击 确定 按钮。

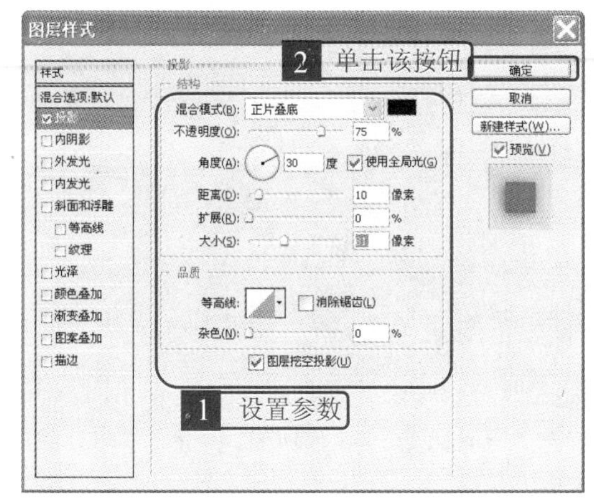

24 参照上述方法，制作其他邮票效果，最终得到如图所示的效果。

7.5 矢量图形工具的使用

形状工具组中包含【矩形】工具、【圆角矩形】工具、【椭圆】工具、【多边形】工具、【直线】工具和【自定形状】工具。

1. 【矩形】工具

使用【矩形】工具可以绘制矩形和矩形形状的路径选区。

选择【矩形】工具，其工具选项栏如图所示。

【矩形】工具选项栏

该工具选项栏中各个选项的作用如下。

【形状图层】按钮

【形状图层】按钮的主要作用是创建形状图层，并在路径包含区域内填充前景色。

新创建的形状图层可以看作是一个不受分辨率影响的矢量图形，同时在工具选项栏中还可以为该图形添加不同的样式效果。

在工具选项栏中单击【样式】后面的按钮，

弹出【样式】面板。

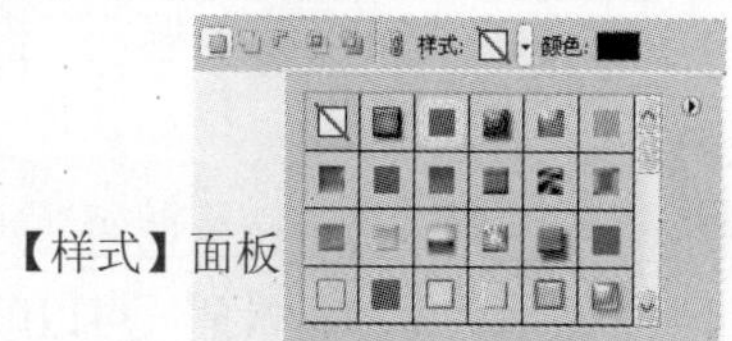

【样式】面板

在该面板中选择合适的样式，此时图像中绘制完成的矩形就会被添加上相应的效果。

【路径】按钮

【路径】按钮的主要作用是在图像上绘制路径。

选择【路径】按钮，在图像中绘制形状，则【路径】面板中就会产生建立形状图层的工作路径。

【填充像素】按钮

【填充像素】按钮的主要作用是在当前图层中绘制以前景色填充的图像。

在绘制图像前，可通过工具选项栏中的【模式】下拉列表选择合适的图像混合模式。

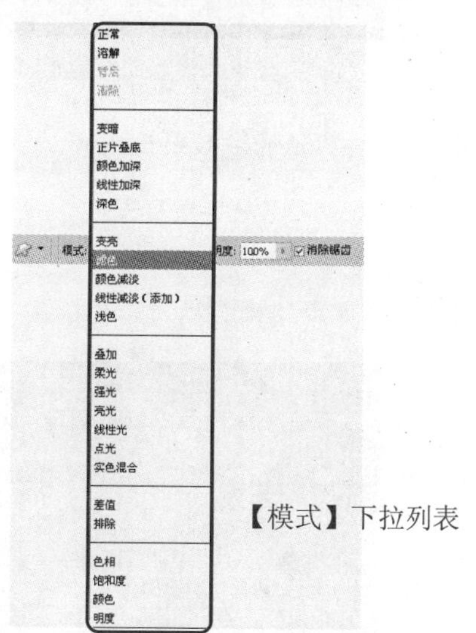

【模式】下拉列表

然后在图像中可以绘制不同效果的形状。

【矩形选项】面板

单击工具选项栏中的按钮，打开【矩形选项】面板。

【矩形选项】面板

该面板中各个选项的功能如下。

(1)【不受约束】单选钮：选中该单选钮，可以绘制各种形状的路径或者图形，并且尺寸比例不会受到约束。

(2)【方形】单选钮：选中该单选钮可以绘制正方形。

(3)【固定大小】单选钮：选中该单选钮，然后在【W】和【H】文本框中输入数值，可以绘制出相应的路径或者图形。

【矩形选项】面板

设置完成后，在图像中单击鼠标即会出现相应大小的矩形。

(4)【比例】单选钮：选中该单选钮，然后在【W】和【H】文本框中输入数值，可以限制矩形的宽度和高度的比例。

(5)【从中心】复选框：选中该复选框，可以绘制以中心为基点向外扩散的路径或图形。

(6)【对齐像素】复选框：选中该复选框，可以绘制边缘不混淆的形状、路径或者图形。

2. 【圆角矩形】工具

【圆角矩形】工具的工具选项栏如图所示。

【圆角矩形】工具选项栏

半径: 10 px　模式: 滤色　不透明度: 100%

该工具选项栏比【矩形】工具的工具选项栏多了【半径】文本框。在【半径】文本框中输入数值可以改变圆角矩形的圆角半径，数值越大圆角越圆滑，数值越小圆角矩形越接近矩形。

下图是在【半径】文本框中输入“1”和输

入“10”的对比效果。

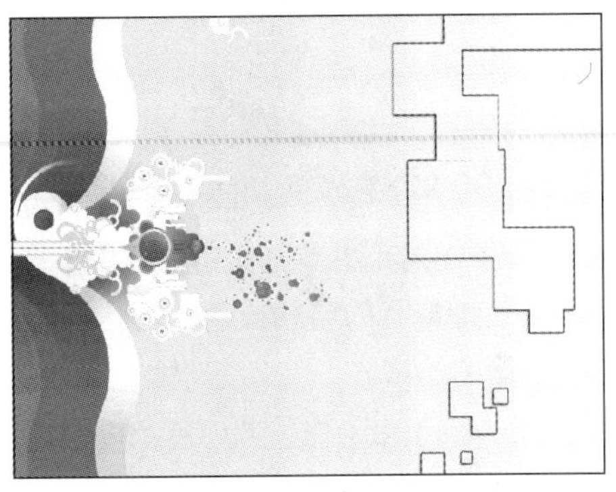

修改半径前后效果对比

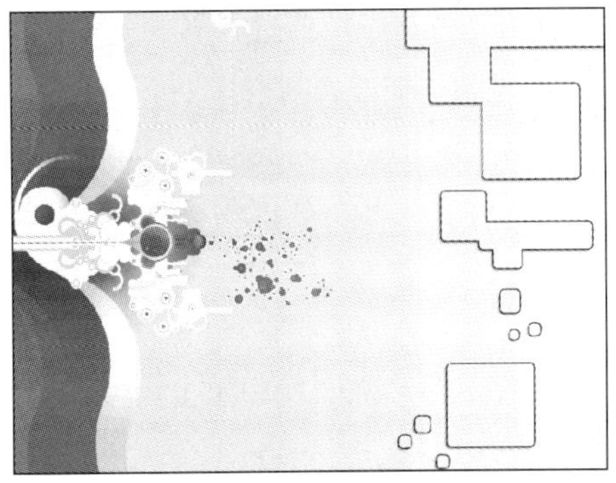

3. 【椭圆】工具

使用【椭圆】工具可以绘制圆或者椭圆路径及图形，其工具选项栏如图所示。

单击工具选项栏中的【几何选项】按钮，打开【椭圆选项】面板。

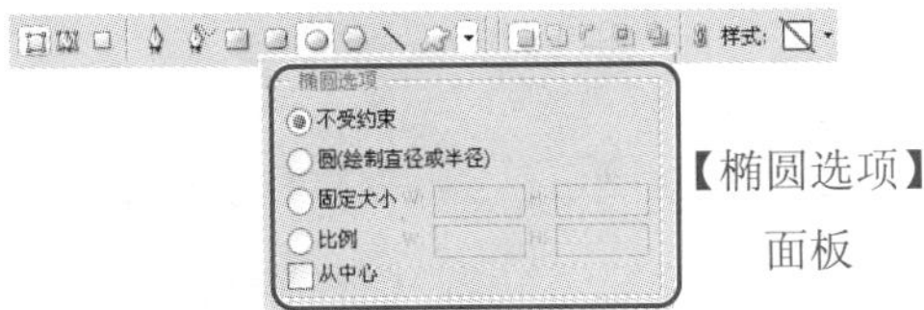

【椭圆选项】面板

在该面板中可以设置椭圆的样式及大小。

(1) 【不受约束】单选钮：选中该单选钮，可以绘制椭圆或者圆形。

(2) 【圆（绘制直径或半径）】单选钮：选中该单选钮可以绘制圆形。

(3) 【固定大小】单选钮：选中该单选钮，然后在【W】和【H】文本框中输入数值，可以绘制出相应的路径或者图形。

(4) 【比例】单选钮：选中该单选钮，然后在【W】和【H】文本框中输入数值，可以限制椭圆的宽度和高度的比例。

4. 实例——能量小人

本实例素材文件和最终效果所在位置如下。		
	素材文件	第 7 章\7.5\素材文件\706.jpg
	最终效果	第 7 章\7.5\最终效果\706.psd

绘制人物轮廓

1 打开本实例对应的素材文件 706.jpg。

2 选择【椭圆选框】工具，在工具选项栏中设置如图所示的参数及选项。

设置参数及选项

3 在图像中绘制如图所示的选区。

4 按下【Ctrl】+【C】组合键复制选区内的图像，再按下【Ctrl】+【V】组合键粘贴，得到

图层 1】图层。

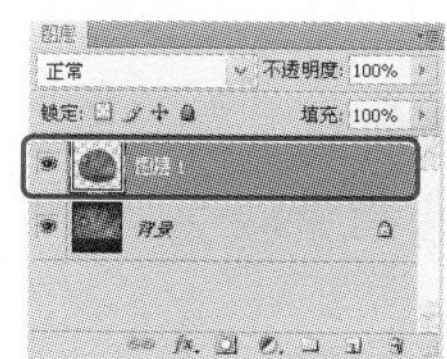

复制图像

5 按下【Ctrl】+【D】组合键取消选区。选择【滤镜】➢【模糊】➢【径向模糊】菜单项，弹出【径向模糊】对话框，从中设置如图所示的参数，然后单击 确定 按钮。

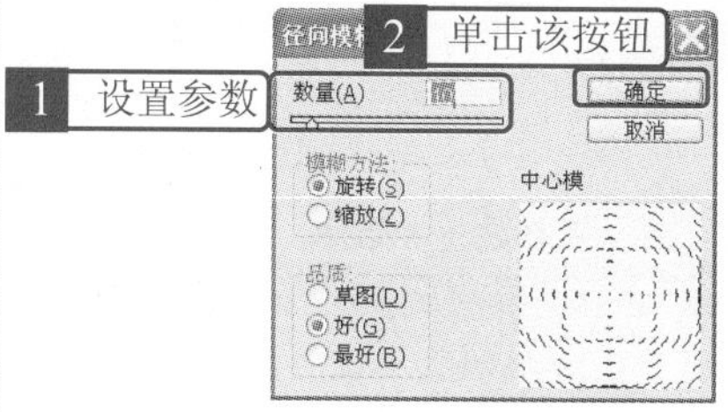

6 径向模糊后得到如图所示的效果。

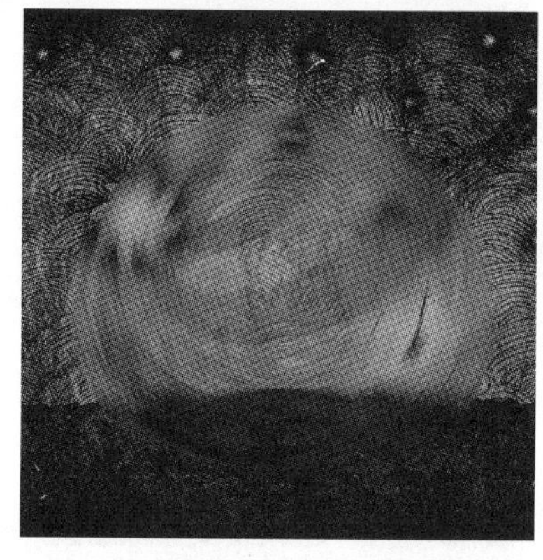

7 在【图层】面板中的【填充】文本框中输入“65%”。

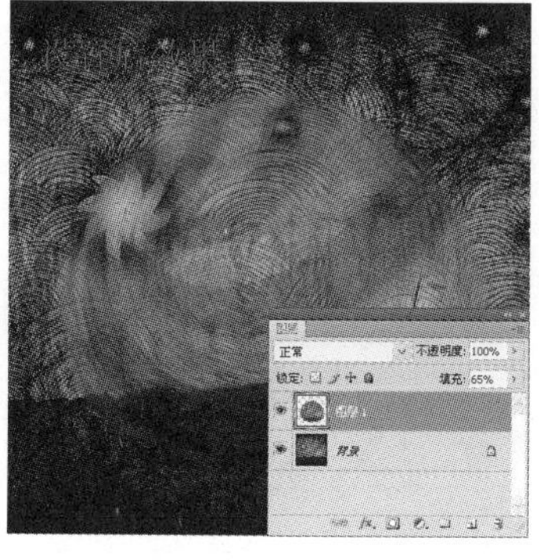

8 按下【D】键将前景色和背景色设置为默认的黑色和白色，在【图层】面板中单击【创建新图层】按钮，新建图层。

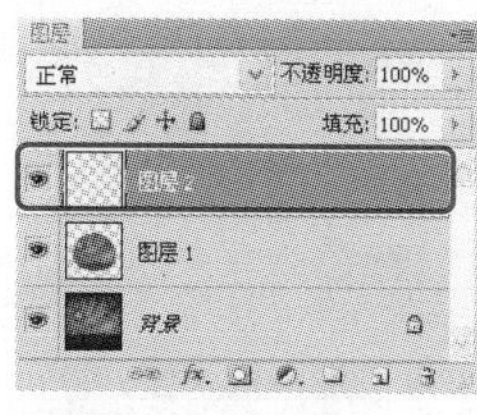

新建图层

9 选择【滤镜】➢【渲染】➢【云彩】菜单项，为新建的图层添加云彩效果，在【图层】面板中的【设置图层的混合模式】下拉列表中选项【柔光】选项。

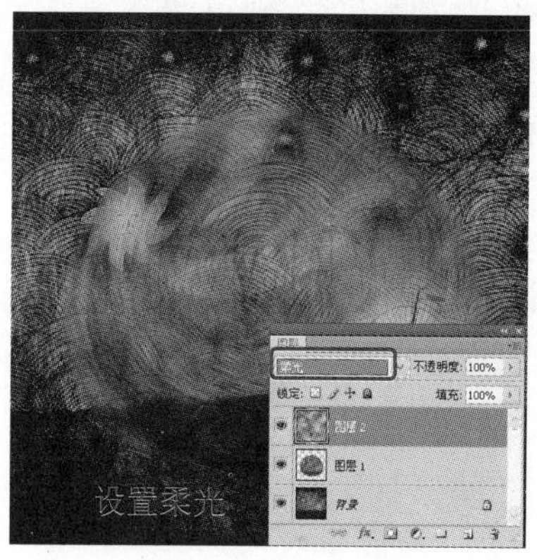

10 选择【椭圆】工具，在工具选项栏中设置如图所示的选项。

设置选项

11 在【图层】面板中单击【创建新图层】按钮，新建图层。在图像中绘制如图所示的椭圆形状。

12 打开【调整】面板，单击【色相/饱和度】图标，在打开的【色相/饱和度】调板中设置如图所示的参数。

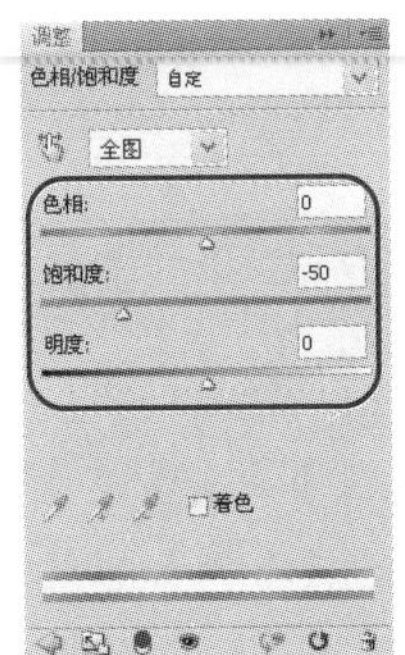

设置色相/饱和度参数

13 单击【色相/饱和度】调板左下角的【返回】按钮，返回到【调整】面板，单击【色彩平衡】图标，在弹出的【色彩平衡】调板中设置如图所示的参数。

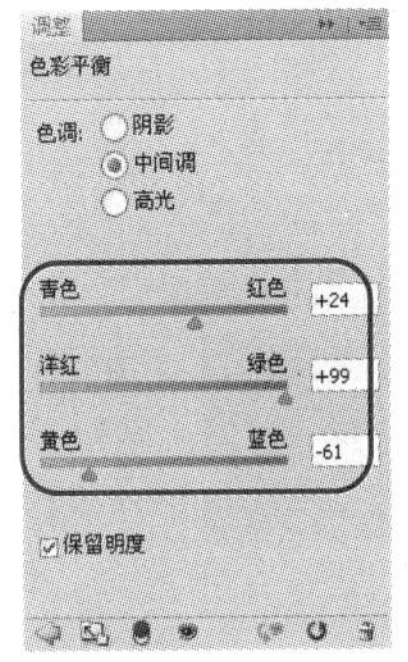

设置色彩平衡参数

14 选择【椭圆选框】工具，在图像中绘制如图所示的椭圆选区。

15 在【图层】面板中单击【创建新图层】按钮，新建图层。选择【渐变】工具，单击工具选项栏中的【渐变颜色条】，弹出【渐变编辑器】对话框，从中设置如图所示的参数，然后单击 确定 按钮。

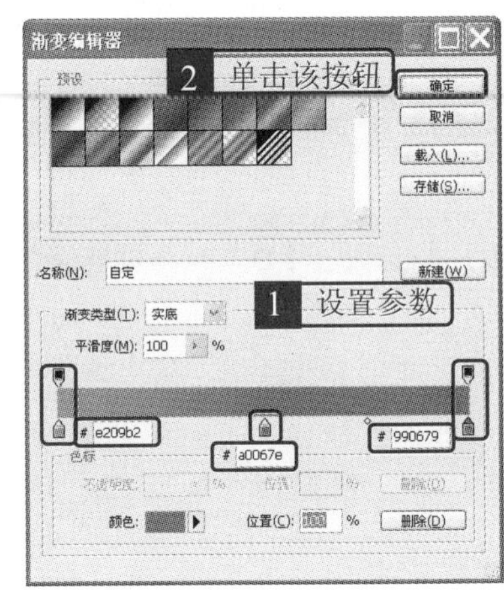

16 在工具选项栏中设置如图所示的选项。

设置选项

17 在图像中椭圆选区内由内向外添加渐变效果，如图所示。

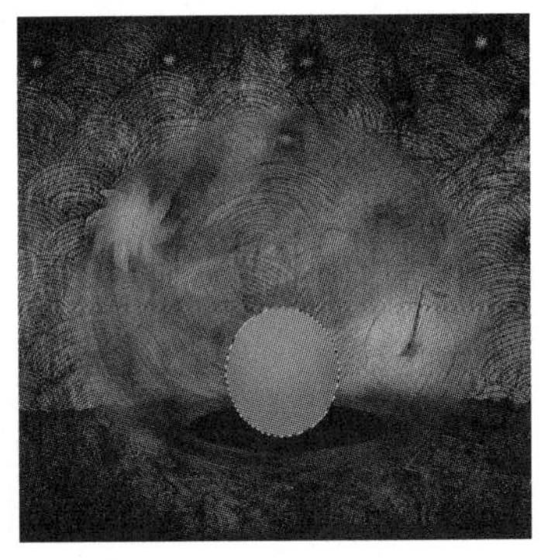

18 打开【调整】面板，单击【色彩平衡】图标，在【色彩平衡】调板中设置如图所示的参数。

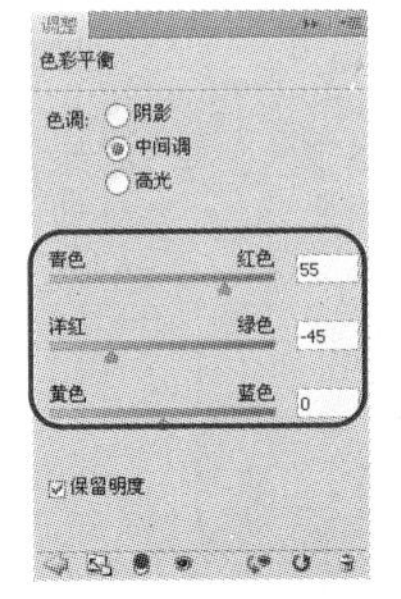

设置色彩平衡参数

19 在【图层】面板中单击【创建新图层】按钮，新建图层。选择【椭圆选框】工具，在图像中绘制如图所示的椭圆选区。

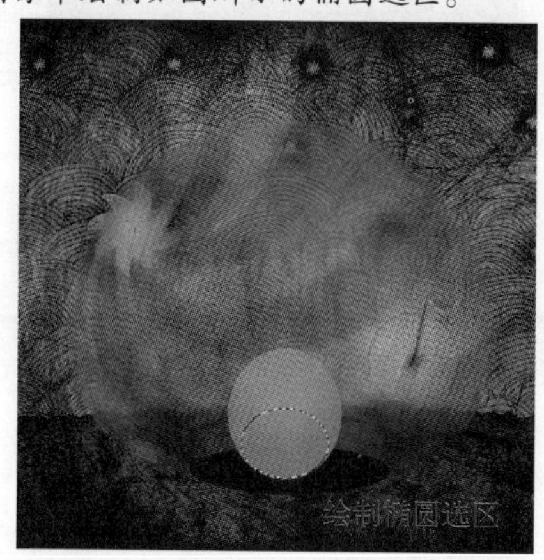

20 将前景色设置为白色，选择【渐变】工具，在工具选项栏中设置如图所示的选项。

21 在图像中选区的下方单击鼠标左键，并按住鼠标左键不放向上拖动，为选区添加渐变效果。

22 打开【调整】面板，单击【亮度/对比度】图标，在【亮度/对比度】调板中设置如图所示的参数。

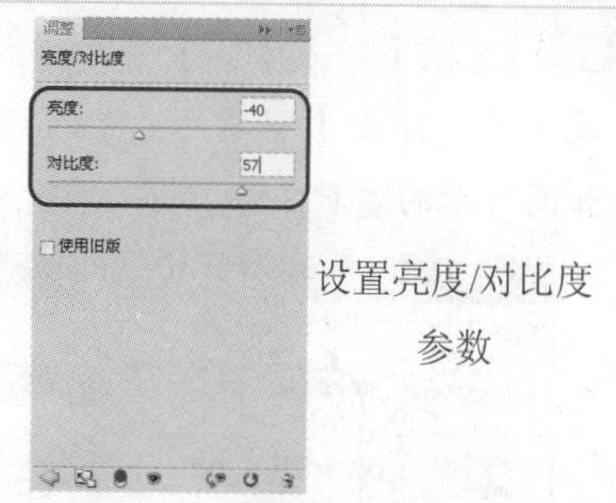

23 参照上述方法再绘制一个圆，效果如图所示。

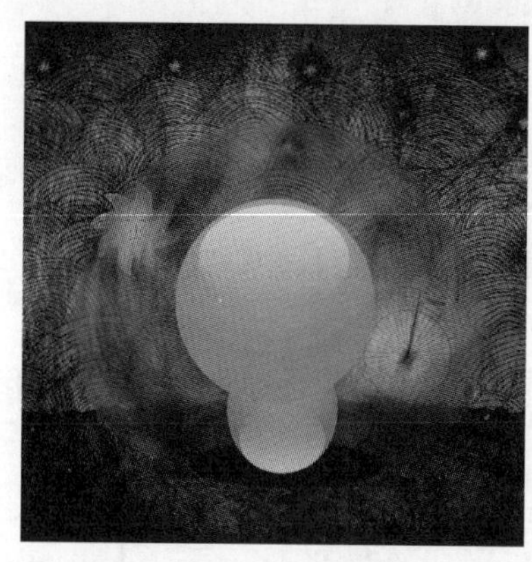

24 将前景色设置为"9f0078"号色，将背景色设置为"ff00ce"号色。选择【自定形状】工具，在工具选项栏中设置如图所示的选项。

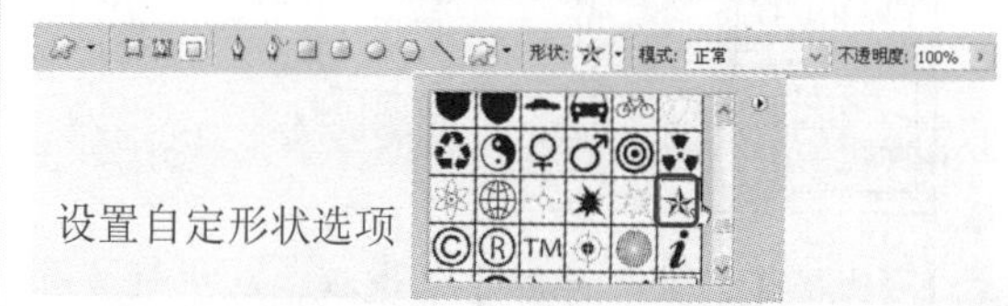

25 在【图层】面板中单击【创建新图层】按钮，新建图层。在图像中绘制如图所示的形状图形。

26 选择【图层】➢【图层样式】➢【投影】菜单项，弹出【图层样式】对话框，从中设置如图所示的参数。

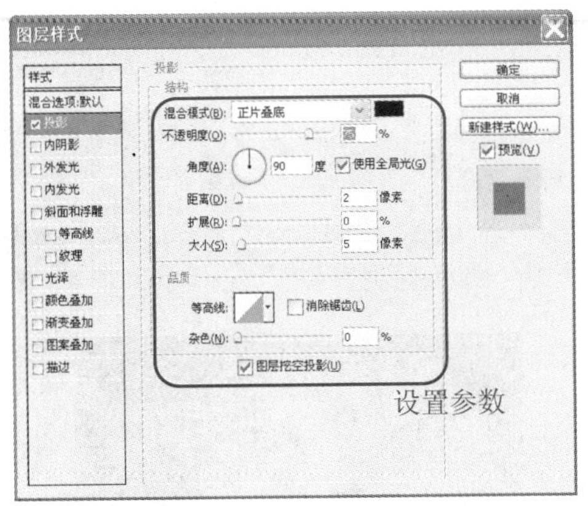

27 选中【外发光】复选框，从中设置如图所示的参数。

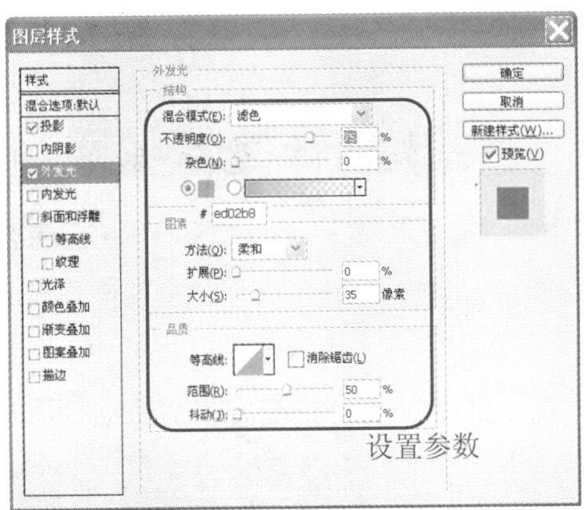

28 选择【斜面和浮雕】复选框，从中设置如图所示的参数，然后单击 确定 按钮。

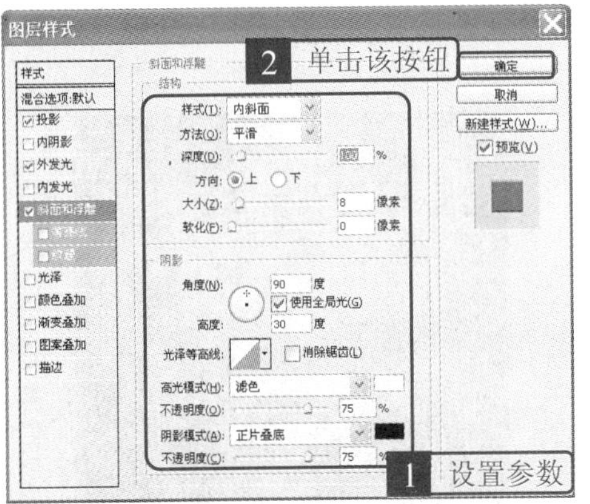

29 设置完成后得到如图所示的效果。

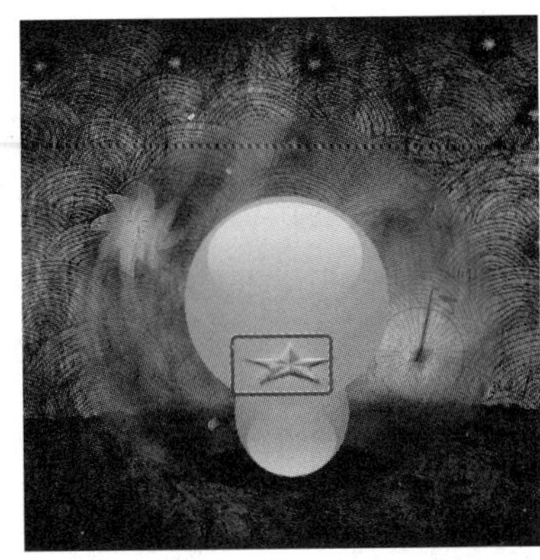

绘制细节部分

1 选择【钢笔】工具，在工具选项栏中设置如图所示的选项。

设置【钢笔】工具选项

2 在图像中绘制如图所示的闭合路径。

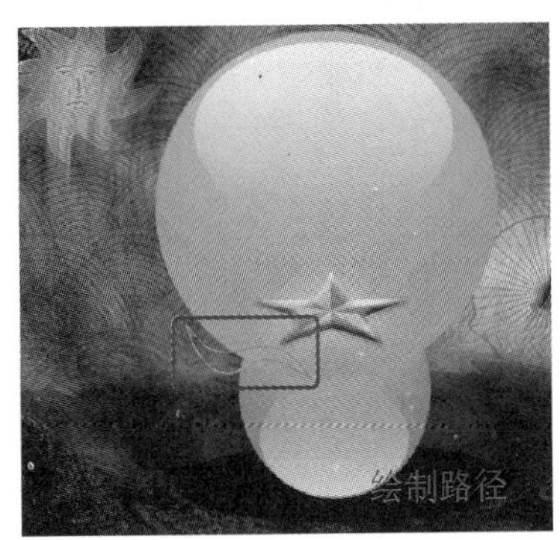

3 将前景色设置为黑色，在【图层】面板中单击【创建新图层】按钮，新建图层。按下【Ctrl】+【Enter】组合键将闭合路径转换为选区。

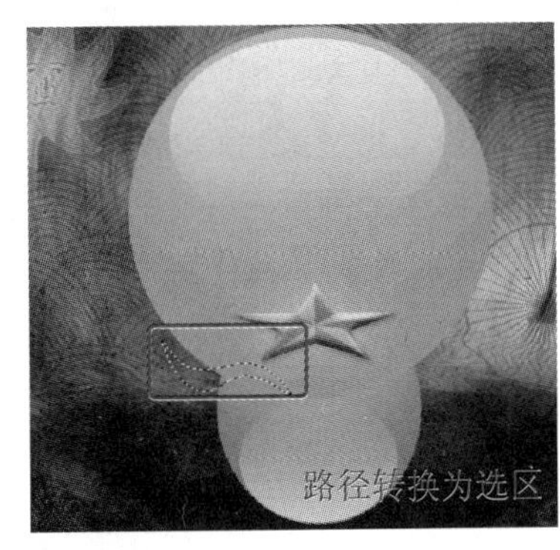

4 按下【Alt】+【Delete】组合键将选区填充上黑色，按下【Ctrl】+【D】组合键取消选区。

5 参照上述方法，绘制相对方向的黑色曲线形状。

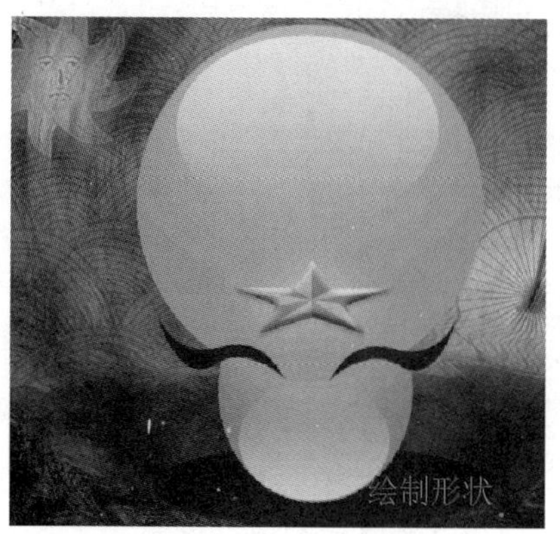

6 选择【钢笔】工具，在图像中绘制如图所示的闭合路径。

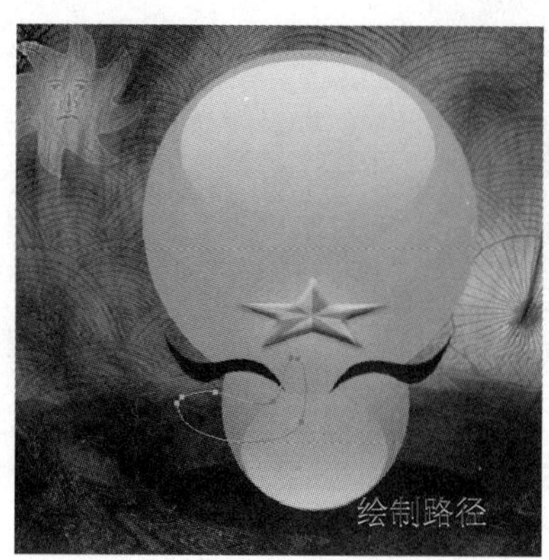

7 将前景色设置为“cd0291”号色，在【图层】面板中单击【创建新图层】按钮，新建图层。按下【Ctrl】+【Enter】组合键将闭合路径转换为选区，按下【Alt】+【Delete】组合键将选区填充上前景色，按下【Ctrl】+【D】组合键取消选区。

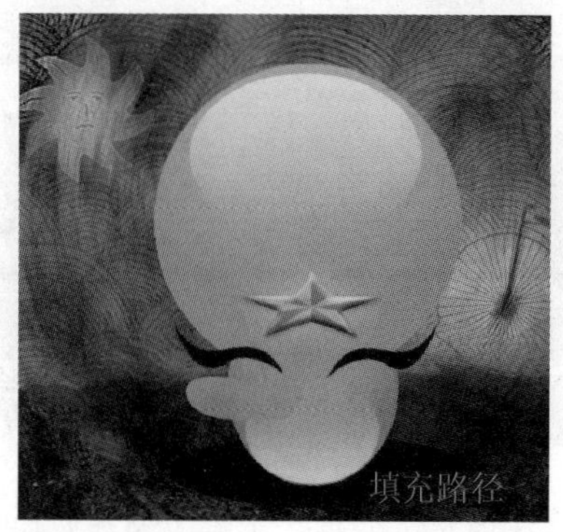

8 选择【图层】➤【图层样式】➤【斜面和浮雕】菜单项，弹出【图层样式】对话框，从中设置如图所示的参数。

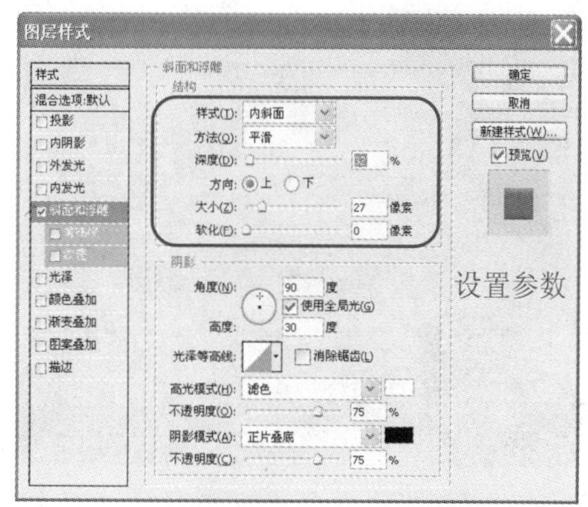

9 选中【描边】复选框，从中设置如图所示的参数，然后单击 确定 按钮。

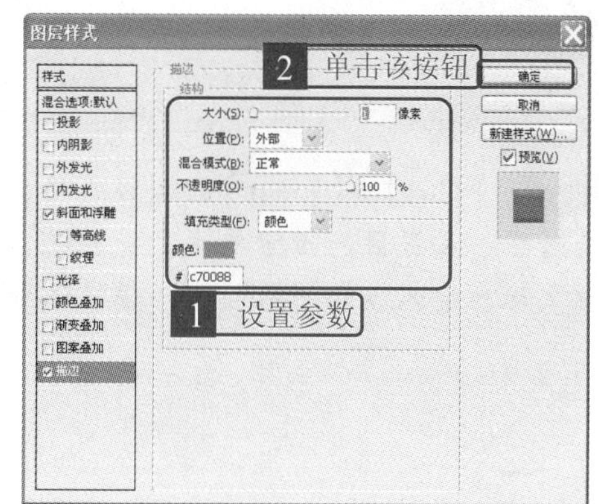

10 设置完成后得到如图所示的效果。

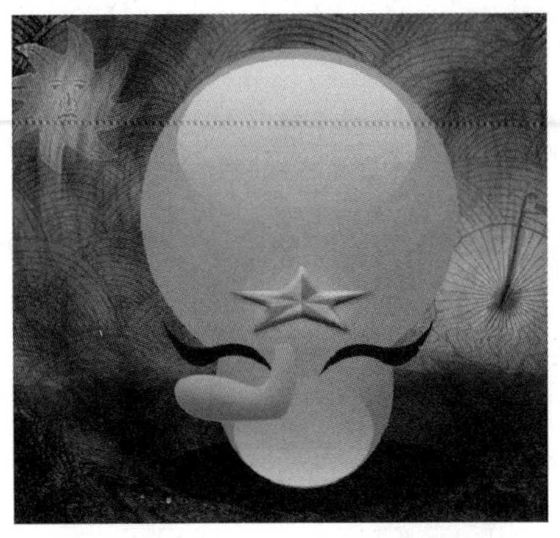

11 在【图层】面板中单击【创建新图层】按钮，新建图层。选择【钢笔】工具，在图像中绘制如图所示的闭合路径。

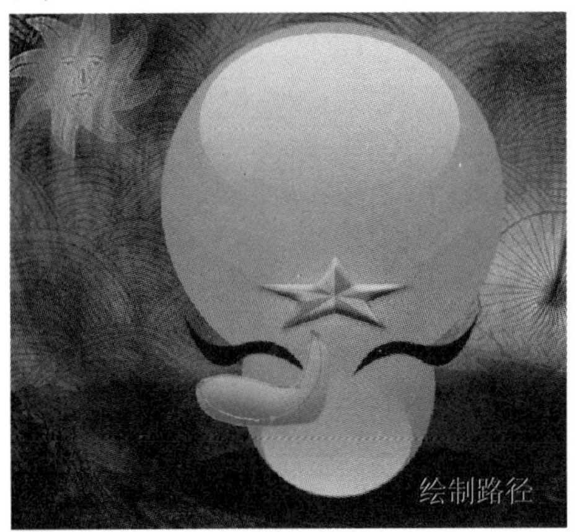
绘制路径

12 将前景色设置为白色，选择【渐变】工具，在工具选项栏中设置如图所示的选项。

设置渐变选项

13 按下【Ctrl】+【Enter】组合键将路径转换为选区，在选区的上方单击鼠标左键，并按住鼠标左键不放向下拖动，为选区添加渐变效果。

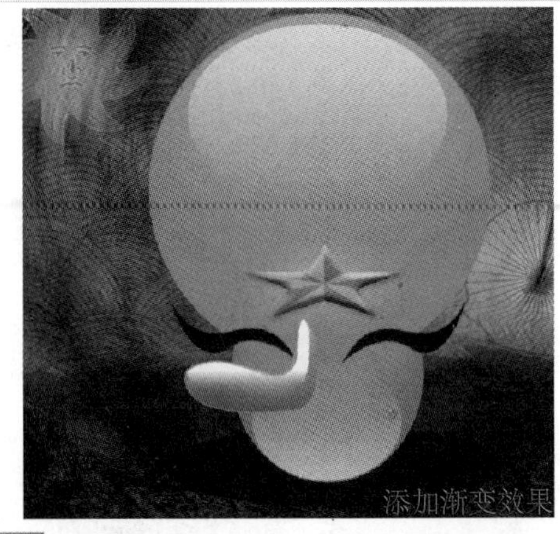
添加渐变效果

14 将前景色设置为黑色，打开【蒙版】面板，单击【添加图层蒙版】按钮，为图层添加图层蒙版。选择【画笔】工具，在工具选项栏中设置如图所示的参数。

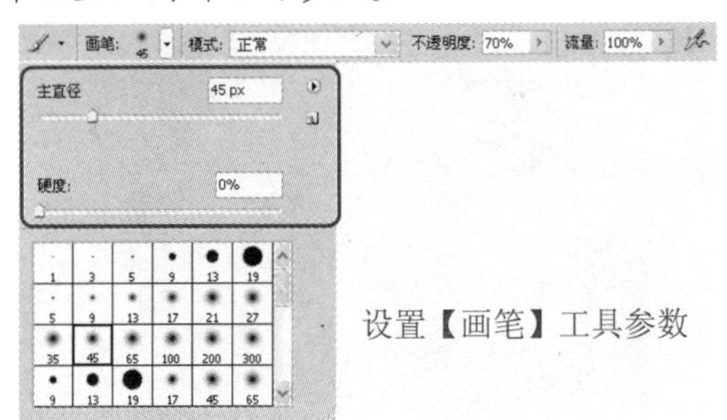

设置【画笔】工具参数

15 在图像中将添加了白色渐变的边缘擦除，使其过渡均匀，并按下【Ctrl】+【Alt】组合键将该图层嵌入到下面的图层中。

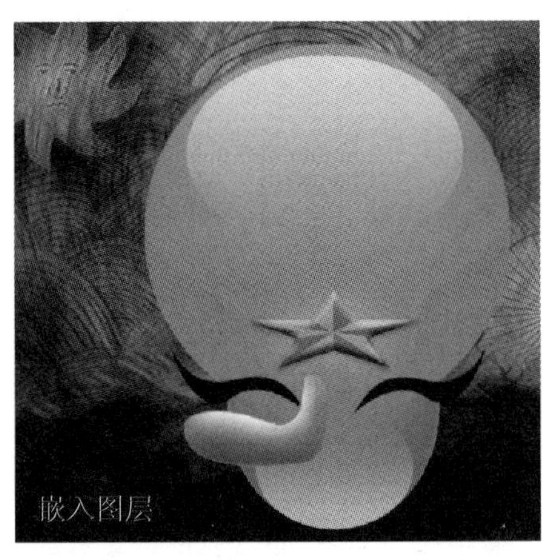
嵌入图层

16 参照上述方法绘制另一边。

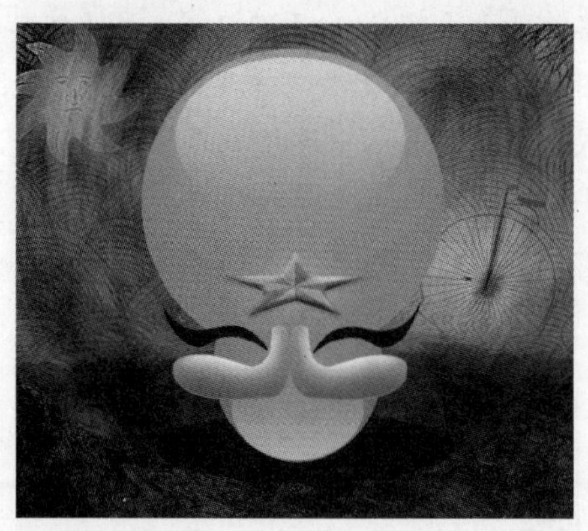

17 在【图层】面板中单击【创建新图层】按钮，新建图层。选择【椭圆】工具，将前景色设置为白色，按住【Shift】键在图像中绘制如图所示的圆形。

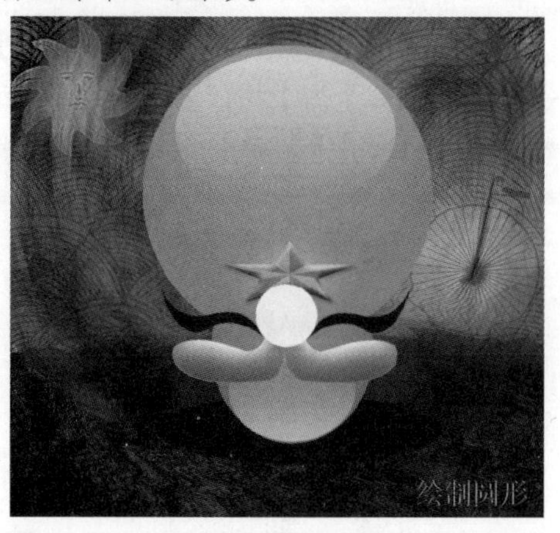

18 在【图层】面板中的【填充】文本框中输入“0%”。选择【图层】➤【图层样式】➤【外发光】菜单项，弹出【图层样式】对话框，从中设置如图所示的参数。

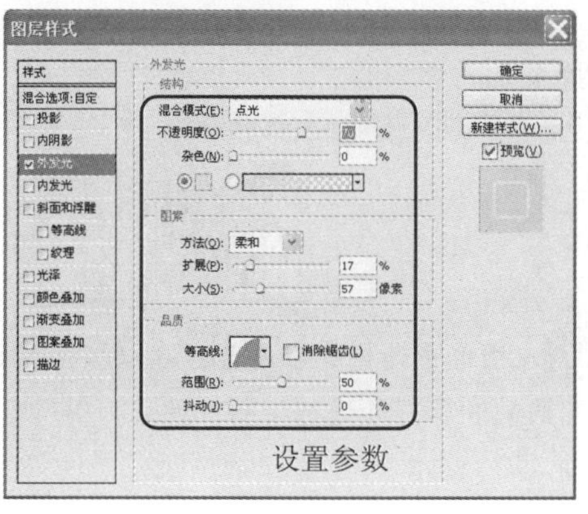

19 选中【内发光】复选框，从中设置如图所示的参数，然后单击 确定 按钮。

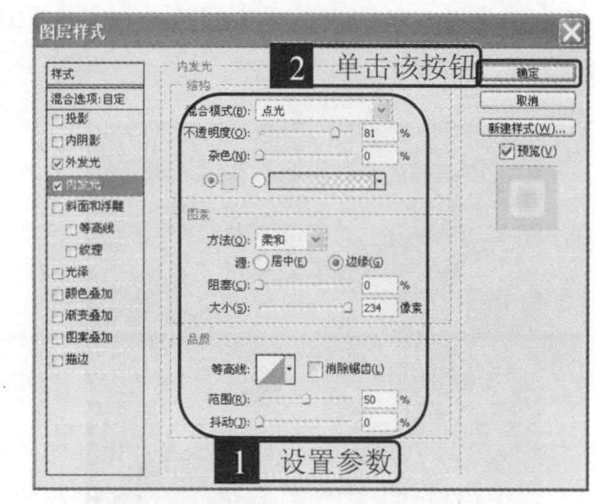

20 设置完成后得到如图所示的效果。

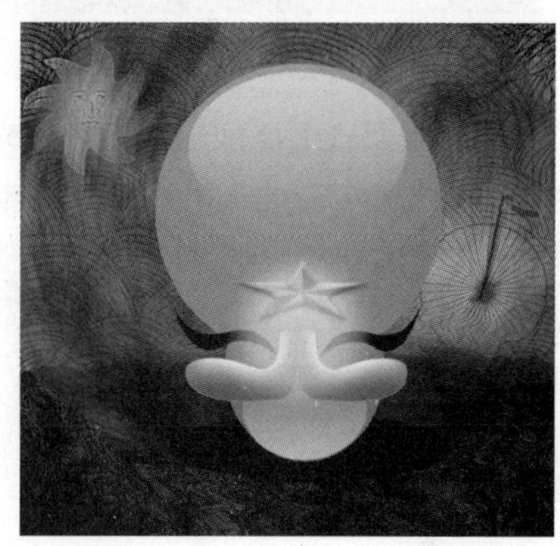

21 在【图层】面板中选择【图层 11 副本】图层，单击【创建新图层】按钮，新建图层。选择【椭圆选框】工具，在图像中绘制如图所示的选区。

22 选择【滤镜】➤【渲染】➤【云彩】菜单

项，为新建的图层添加云彩效果。在【设置图层的混合模式】下拉列表中选择【线性光】选项，在【填充】文本框中输入“55%”，按下【Ctrl】+【D】组合键取消选区。

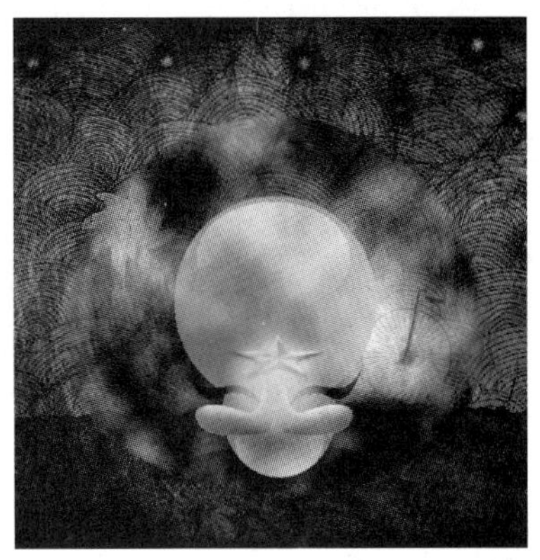

23 将前景色设置为黑色，打开【蒙版】面板，单击【添加图层蒙版】按钮，为图层添加图层蒙版。选择【画笔】工具，在工具选项栏中设置如图所示的参数。

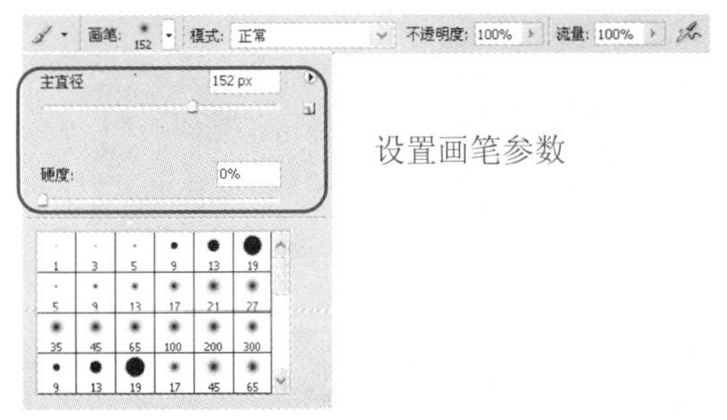

24 在图像中能量小人部分涂抹，将部分图像隐藏。

25 参照上述方法再绘制两个这样的能量气层图层。选中【图层 13】图层，选择【图层】➢【图层样式】➢【外发光】菜单项，弹出【图层样式】对话框，从中设置如图所示的参数，然后单击 确定 按钮。

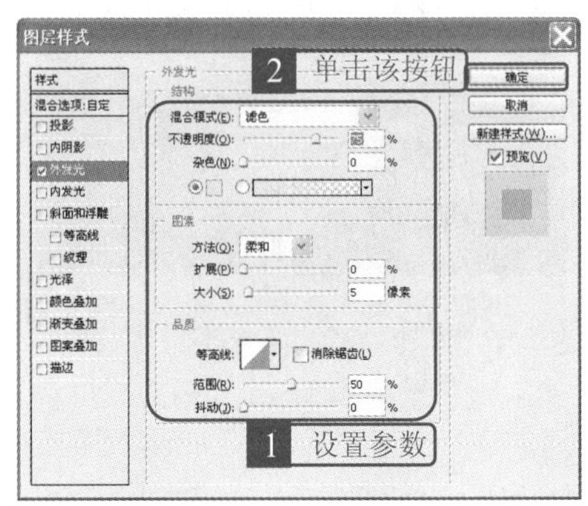

26 打开【调整】面板，单击【色彩平衡】图标，在【色彩平衡】调板中设置如图所示的参数，按下【Ctrl】+【Alt】+【G】组合键将其嵌入到下一图层中。

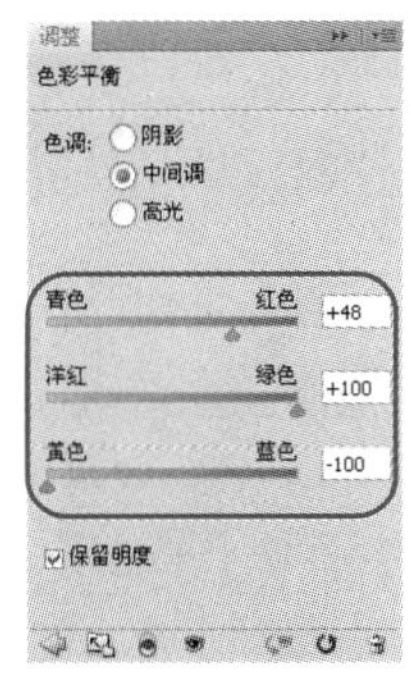

27 将前景色设置为“de01a2”号色，在【图层】面板的最顶层新建图层。选择【自定形状】工具，在工具选项栏中设置如图所示的选项。

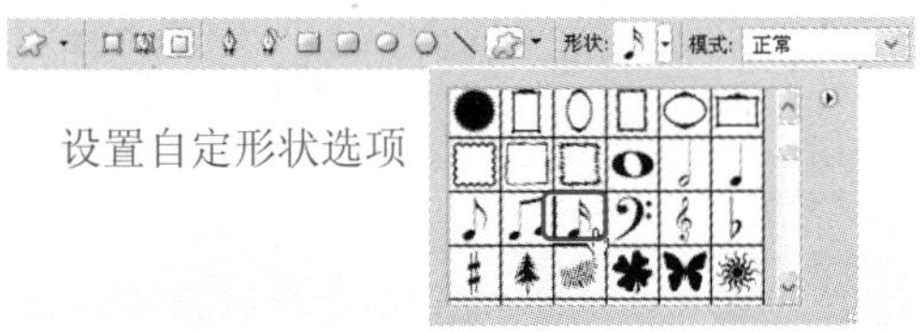

28 在图像中绘制音乐符号，可以根据需要选择不同的音乐符号进行绘制，效果如图所示。

29 选择【滤镜】➢【模糊】➢【高斯模糊】菜单项，弹出【高斯模糊】对话框，从中设置如图所示的参数，然后单击 确定 按钮。

30 参照上述方法绘制多个音乐符号，并对其进行模糊处理，得到如图所示的效果。

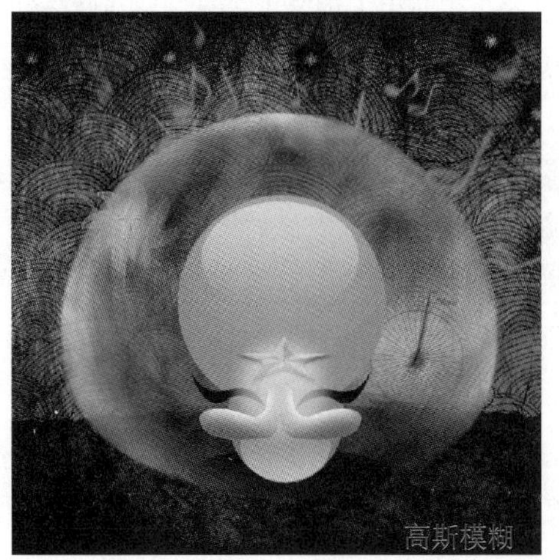

31 最后根据需要适当地调节图像的色调，最终得到如图所示的效果。

5. 【多边形】工具

使用【多边形】工具可以绘制多边形路径或者图形路径，其工具选项栏如图所示。

工具选项栏

单击【几何选项】按钮，打开【多边形选项】面板。

【多边形选项】面板

该面板中各个选项的功能如下。

⑴【半径】文本框：在该文本框中输入数值，可以设置多边形外接圆的半径。

【多边形选项】面板

⑵【平滑拐角】复选框：选中该复选框可以平滑多边形的拐角，使边缘过渡更加圆滑。

⑶【星形】复选框：选中该复选框可以调节多边形的各边的缩放，使多边形趋向于星形。

选中【星形】复选框，【缩进边依据】文本框和【平滑缩进】复选框将被激活，处于可用状态。

【多边形选项】面板

⑷【缩进边依据】文本框：在该文本框中可以设置缩进边的百分比。

⑸【平滑缩进】复选框：选中该复选框可以对变形的路径进行平滑缩进及渲染。

在工具选择栏中的【边】文本框中输入数值，可以控制多边形的边数或者星形外顶点的数量。

6.【直线】工具

【直线】工具对应的工具选项栏如图所示。

在【粗细】文本框中可以设置直线的宽度，取值范围是 1 ~ 1000 像素。

单击【几何选项】按钮打开【箭头】面板，从中可以设置直线是否带有箭头以及相关的选项。

【箭头】面板

该面板中各个选项的功能如下。

⑴【起点】复选框：选中该复选框可以将箭头的位置定义在直线的起点处。

⑵【终点】复选框：选中该复选框可以将箭头的位置定义在直线的终点处。

⑶【宽度】文本框：在该文本框中可以设置直线的粗细与箭头宽度的百分比。

⑷【长度】文本框：在该文本框中可以设置直线的粗细与箭头的长度的百分比。

⑸【凹度】文本框：在该文本框中可以设置直线的粗细与箭头的凹度的百分比。在【箭头】面板中同时选中【起点】和【终点】复选框，可以绘制出双箭头效果。

7.【自定形状】工具

选择【自定形状】工具，在工具选项栏中单击【几何选项】按钮，打开【自定形状选项】面板。

【自定形状选项】面板

该面板中各个选项的功能如下。

⑴【定义的比例】单选钮：选中该单选钮可以约束自定形状的宽高比例。

⑵【固定大小】单选钮：选中该单选钮可以精确地设置自定义图像的大小。

⑶【定义的大小】单选钮：选中该单选钮可以限制自定义图形的大小为系统默认值。

⑷【从中心】复选框：选中该复选框可以限制绘制形状的起点为中心点。

单击工具选项栏中的【几何选项】按钮，打开【自定形状】拾色器。

【自定形状】拾色器

拾色器中汇集了系统自带的所有的自定形状图案。在使用【钢笔】工具绘制路径时，还可以保存创建的路径，以备以后使用。

创建自定义形状的具体步骤如下。

1 使用【钢笔】工具绘制如图所示的闭合路径。

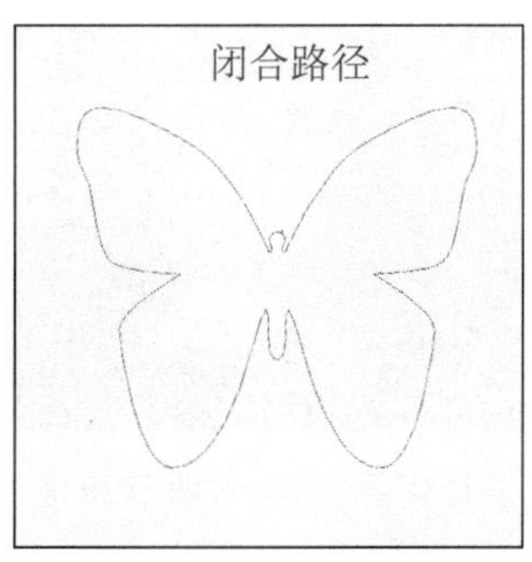

2 选择【编辑】➤【定义自定形状】菜单项，在弹出的【形状名称】对话框中的【名称】文本框中输入“蝴蝶”，单击 确定 按钮。

3 选择【自定形状】工具，单击工具选项栏中的按钮，在弹出的【自定形状】拾色器中就会出现保存的路径。

8.　实例——吉他

本实例素材文件和最终效果所在位置如下。		
	素材文件	第 7 章\7.5\素材文件\707.jpg
	最终效果	第 7 章\7.5\最终效果\707.psd

绘制基本轮廓

1 打开本实例对应的素材文件 707.jpg。

2 选择【钢笔】工具，在图像中绘制如图所示的闭合路径。

3 单击【创建新图层】按钮，新建图层，按下【Ctrl】+【Enter】组合键将闭合路径转换为选区。

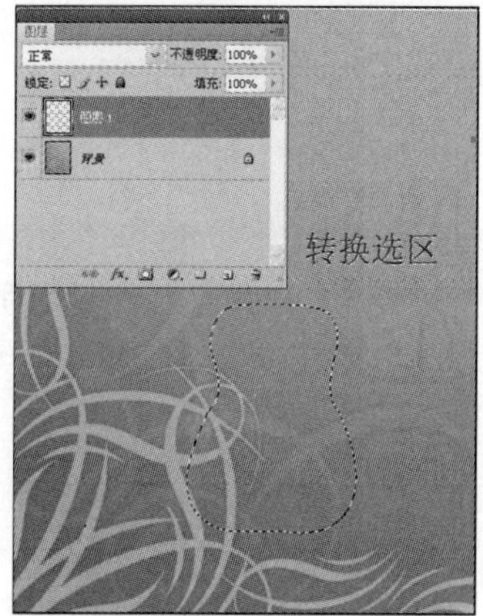

4 将前景色设置为“9c591a”号色，按下【Alt】+【Delete】组合键填充选区。

5 选择【滤镜】➤【渲染】➤【纤维】菜单项，在弹出的【纤维】对话框中设置如图所示的参数，然后单击 确定 按钮。

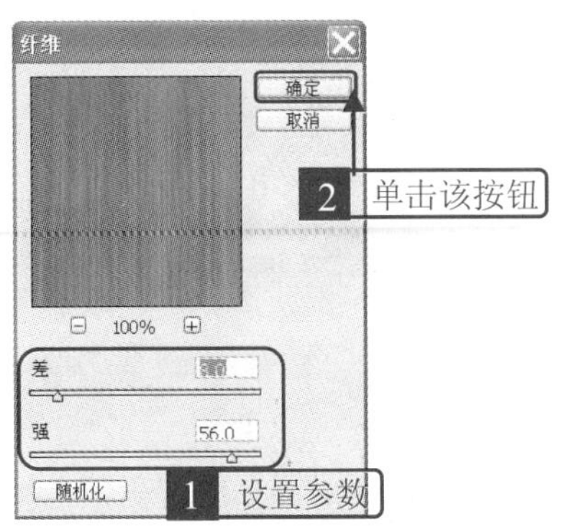

6 按下【Ctrl】+【D】组合键取消选区，按下【Ctrl】+【J】组合键复制图层，得到【图层1副本】图层。

复制图层

7 选择【图层1副本】图层，单击【添加图层样式】按钮 fx，在弹出的菜单中选择【渐变叠加】菜单项。

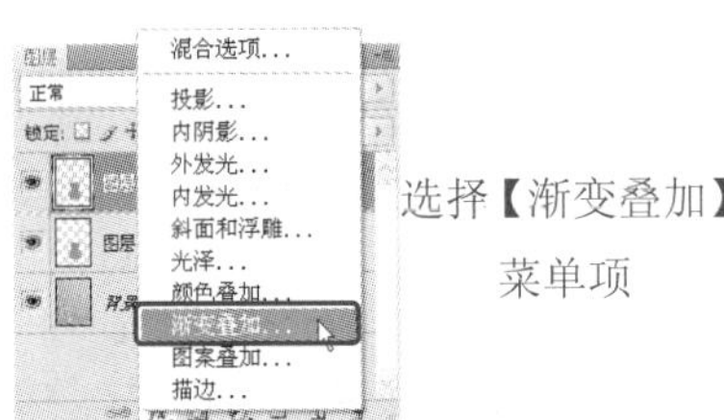

选择【渐变叠加】菜单项

8 在弹出的【图层样式】对话框中设置如图所示的参数。

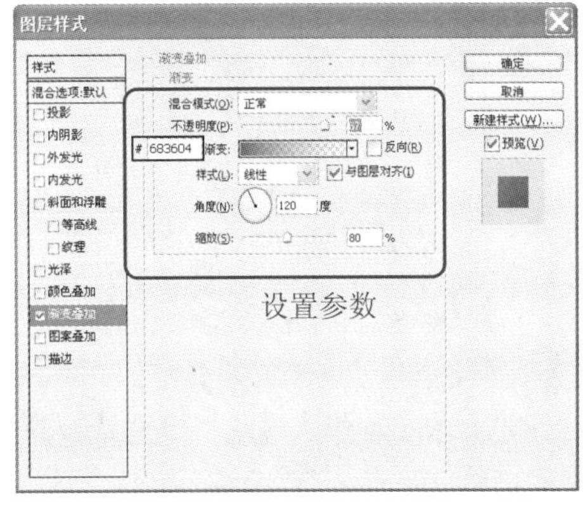

设置参数

9 选中【描边】复选框，在该选项组中设置如图所示的参数，然后单击 确定 按钮。

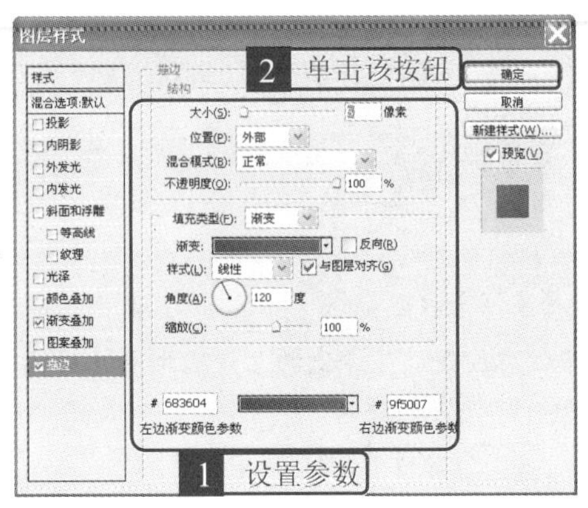

10 选择【图层1】图层，选择【移动】工具，将该图层对应的图像水平向右移动，得到如图所示的效果。

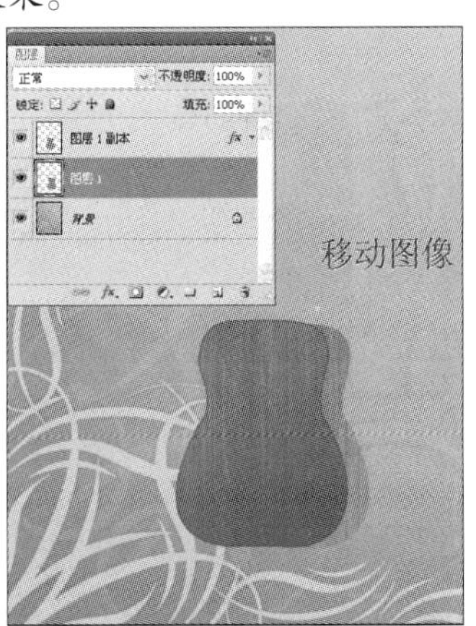

移动图像

11 单击【添加图层样式】按钮 fx，在弹出的菜单中选择【渐变叠加】菜单项。

选择【渐变叠加】菜单项

12 在弹出的【图层样式】对话框中设置如图所示的参数，然后单击 确定 按钮。

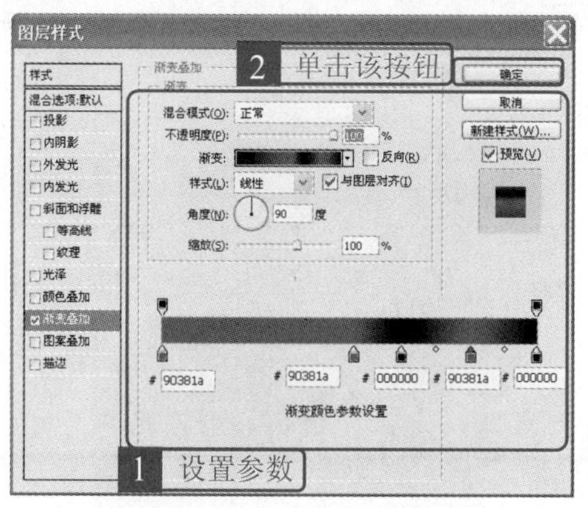

13 选择【椭圆选框】工具，按住【Shift】键在图像中绘制如图所示的圆形选区。

14 将前景色设置为“934d06”，背景色设置为“b25902”号色，单击【创建新图层】按钮，新建图层，按下【Alt】+【Delete】组合键填充前景色，并对其执行【纤维】滤镜效果。

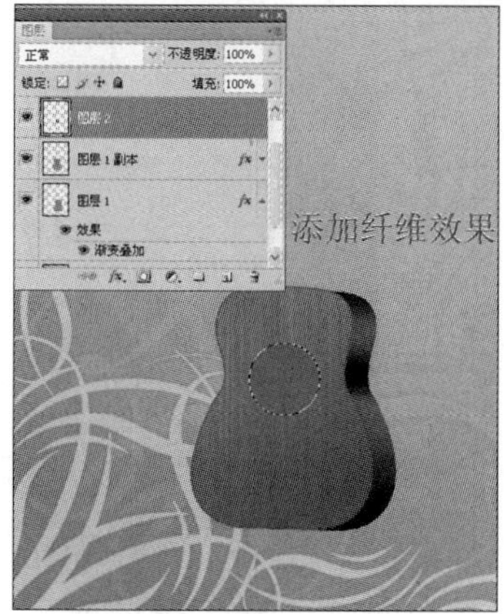

15 按下【Ctrl】+【D】组合键取消选区，选择【图层】➢【图层样式】➢【内阴影】菜单项，在弹出的【图层样式】对话框中设置如图所示的参数，然后单击 确定 按钮。

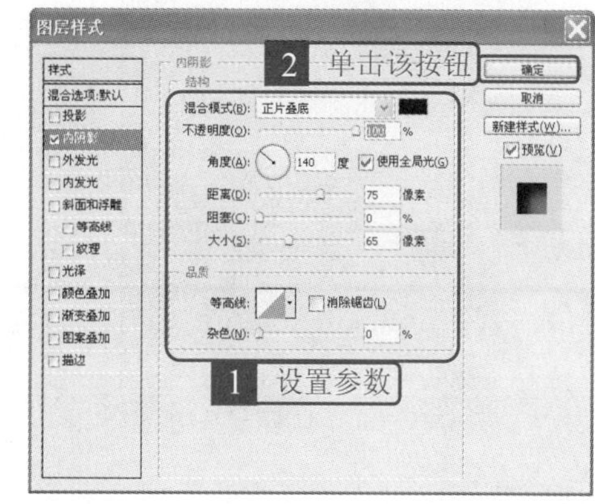

16 单击【创建新图层】按钮，新建图层，选择【椭圆选框】工具，按住【Shift】键在图像中绘制如图所示的圆形选区。

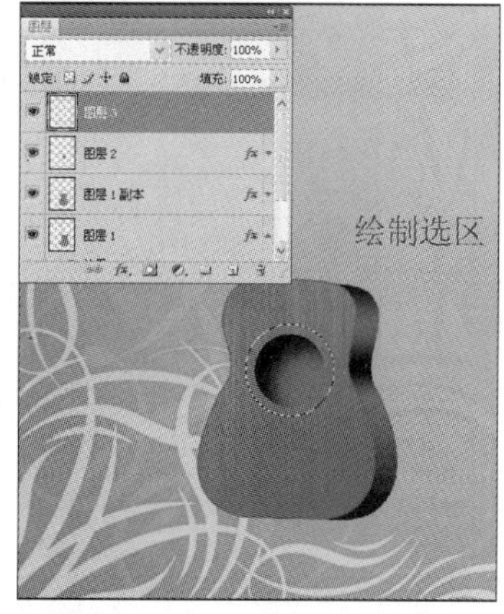

17 将前景色设置为“bb7e11”号色，按下【Alt】+【Delete】组合键填充选区。

18 按住【Ctrl】键的同时单击【图层 2】图层的图层缩览图，将其载入选区。

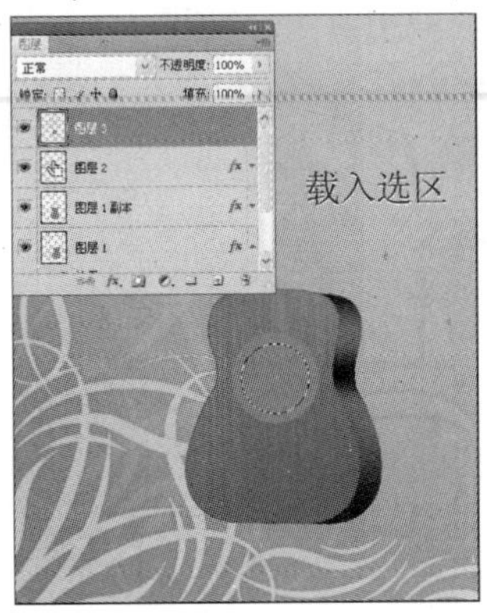

19 按下【Delete】键删除选区内的图像，按下【Ctrl】+【D】组合键取消选区。

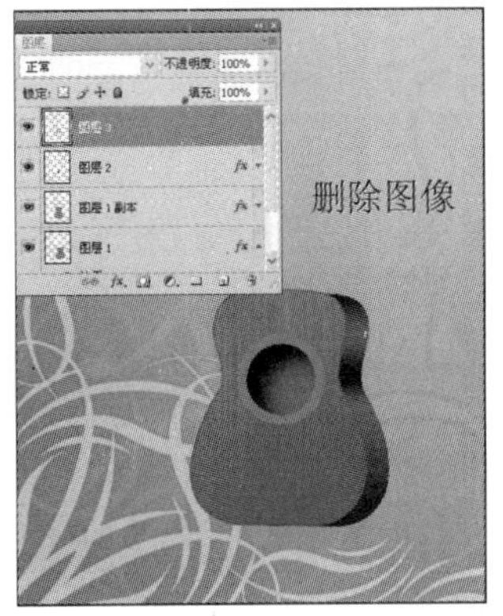

20 选择【图层】➤【图层样式】➤【斜面和浮雕】菜单项，在弹出的【图层样式】对话框中设置如图所示的参数，然后单击 确定 按钮。

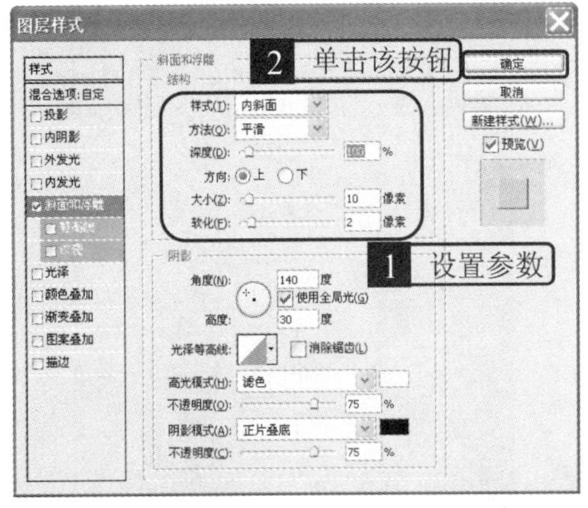

21 选择【钢笔】工具，在图像中绘制如图所示的闭合路径。

22 将前景色设置为“934d06”号色，背景色设置为“b25902”号色，单击【创建新图层】按钮，新建图层，按下【Ctrl】+【Enter】组合键将路径转换为选区。

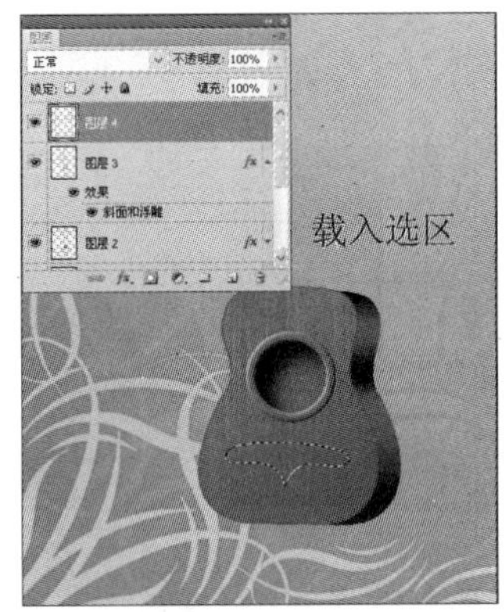

23 按下【Alt】+【Delete】组合键填充前景色，并对其执行【纤维】滤镜效果，在【图层】面板中的【设置图层的混合模式】下拉列表中选择【颜色加深】选项。

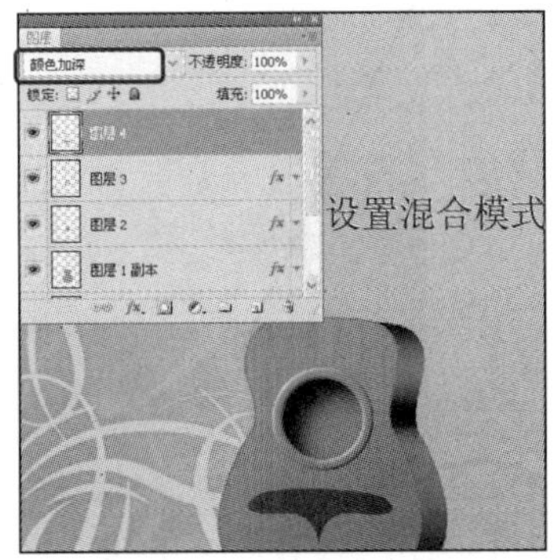

24 选择【图层】➤【图层样式】➤【斜面和浮雕】菜单项，在弹出的【图层样式】对话框中设置如图所示的参数，然后单击 确定 按钮。

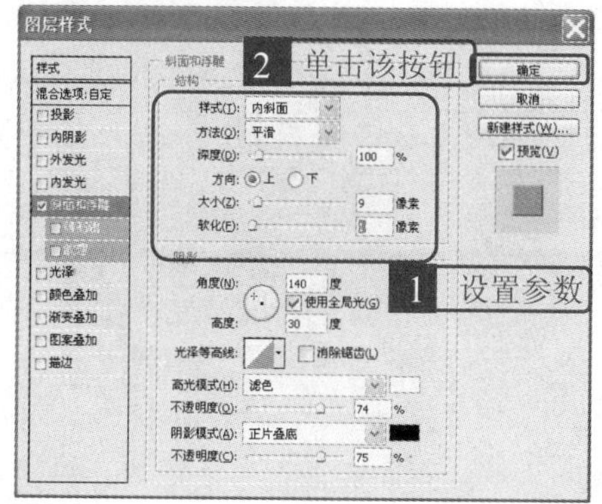

25 将前景色设置为“b1b1b1”号色，选择【画笔】工具，在工具选项栏中设置如图所示的参数。

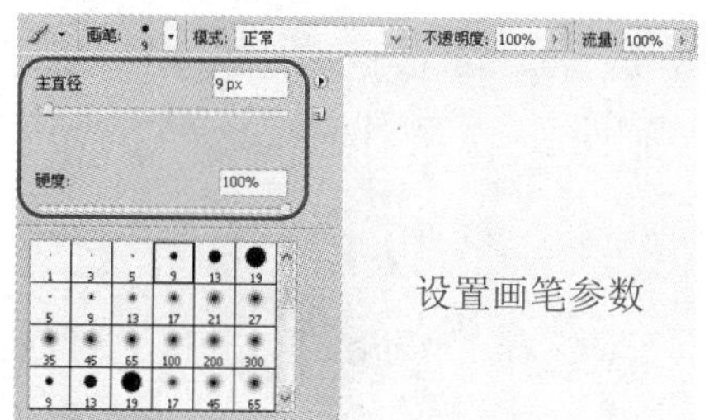

26 单击【创建新图层】按钮，新建图层，在图像中绘制如图所示的直线。

27 选择【图层】➤【图层样式】➤【斜面和浮雕】菜单项，在弹出的【图层样式】对话框中设置如图所示的参数，然后单击 确定 按钮。

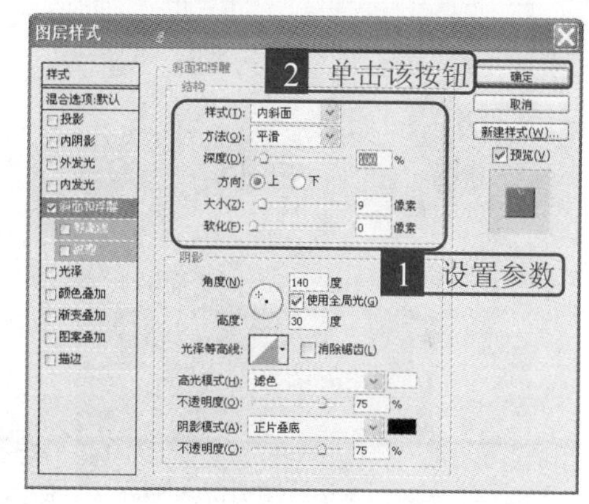

28 将前景色设置为白色，选择【画笔】工具，在工具选项栏中设置如图所示的参数。

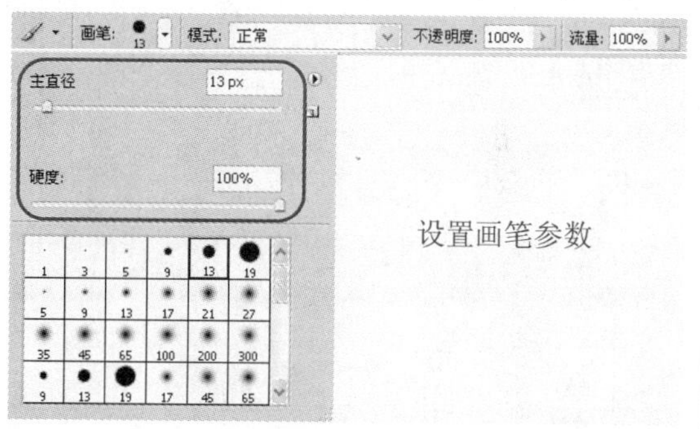

29 单击【创建新图层】按钮，新建图层，在图像中绘制如图所示的圆点。

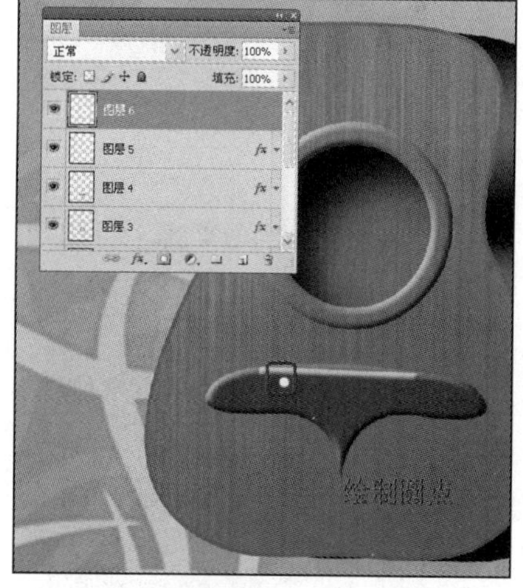

30 将【画笔】直径设置为“5”像素，将前景色设置为黑色，在白色圆点的中心绘制黑色的圆点。

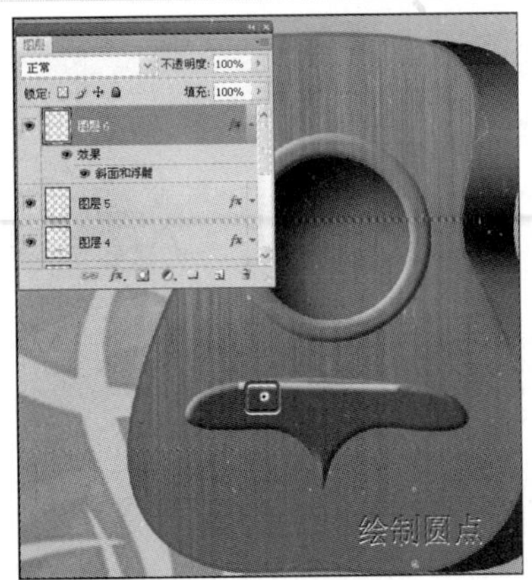

31 选择【图层】➢【图层样式】➢【斜面和浮雕】菜单项，在弹出的【图层样式】对话框中设置如图所示的参数，然后单击 确定 按钮。

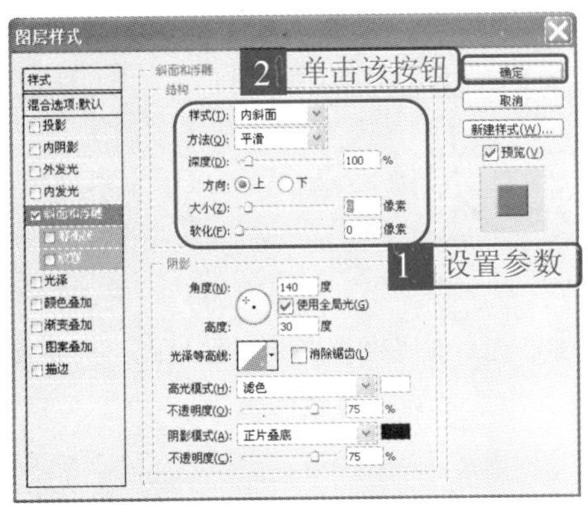

32 参照上述方法在图像中绘制其他按钮，效果如图所示。

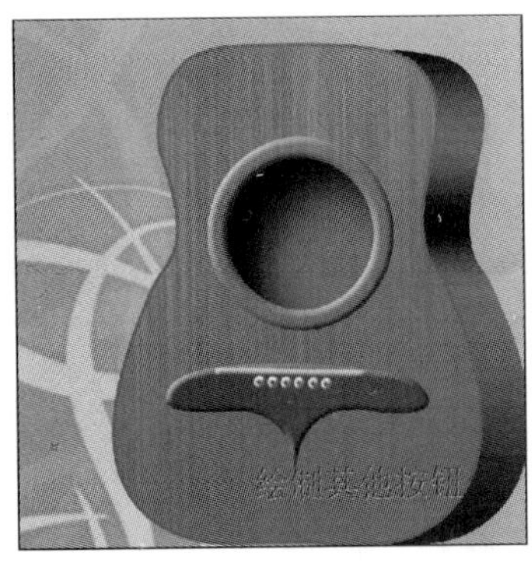

33 选择【钢笔】工具，在图像中绘制如图所示的闭合路径。

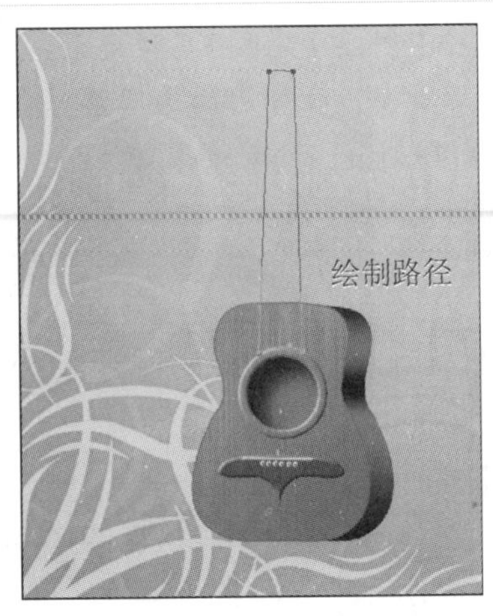

34 将前景色设置为“603823”号色，背景色设置为“422414”号色，单击【创建新图层】按钮，新建图层，按下【Ctrl】+【Enter】组合键将路径转换为选区。

35 按下【Alt】+【Delete】组合键填充前景色，并对其执行【纤维】滤镜效果，按下【Ctrl】+【D】组合键取消选区。

36 选择【图层】➢【图层样式】➢【斜面和浮雕】菜单项，在弹出的【图层样式】对话框中设置如图所示的参数。

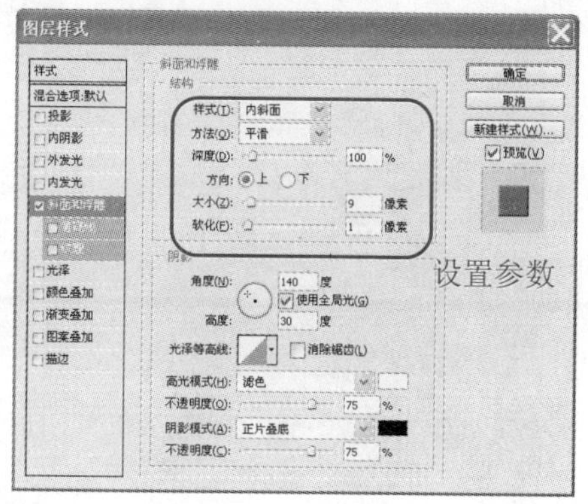

37 选中【渐变叠加】复选框，在该选项组中设置如图所示的参数，然后单击 确定 按钮。

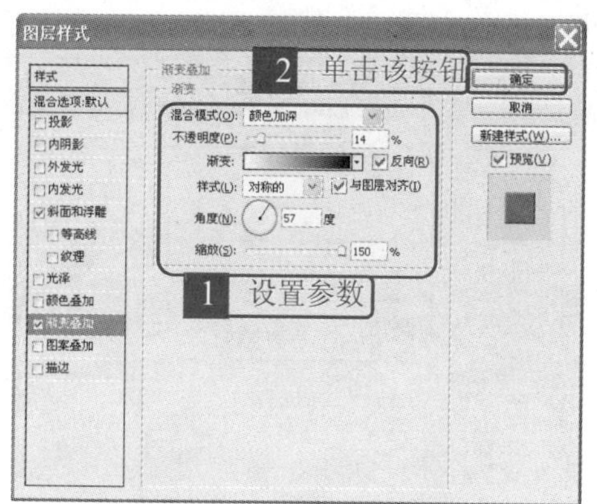

38 参照上述方法绘制吉他的头部，效果如图所示。

绘制琴弦

1 选择【图层 7】图层，单击【创建新图层】按钮，新建图层。选择【钢笔】工具，在图像中绘制如图所示的闭合路径。

2 将前景色设置为白色，选择【画笔】工具，在工具选项栏中设置如图所示的参数。

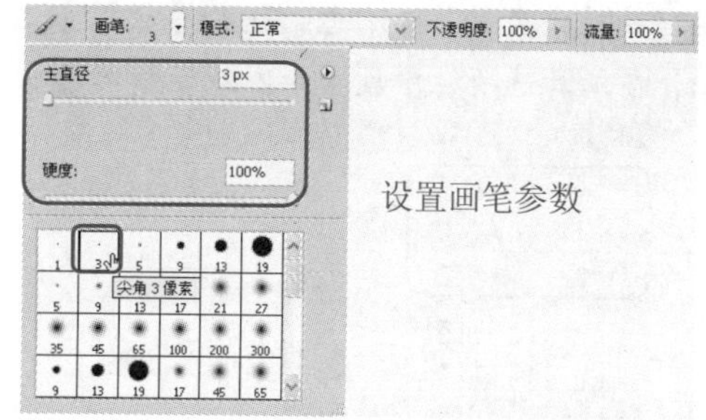

3 按住【Alt】键单击【路径】面板中的【用画笔描边路径】按钮，弹出【描边路径】对话框，在该对话框中设置如图所示的选项，然后单击 确定 按钮。

4 单击【路径】面板的空白位置，观察描边后的效果。

5 参照上述方法绘制其他线条样式，得到如图所示的效果。

6 将前景色设置为白色，选择【画笔】工具，在工具选项栏中设置如图所示的参数。

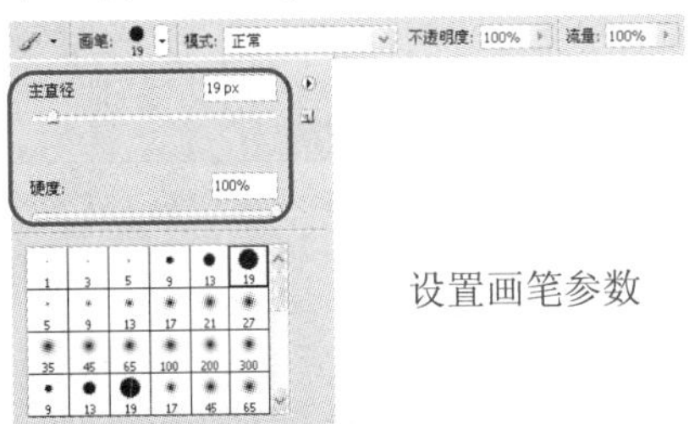

7 选择【图层8副本】图层，单击【创建新图层】按钮，新建图层，然后在图像中绘制如图所示的白色圆点。

8 将前景色设置为黑色，按下【[】键缩小画笔直径至“6”像素，在图像中绘制如图所示的黑色圆点。

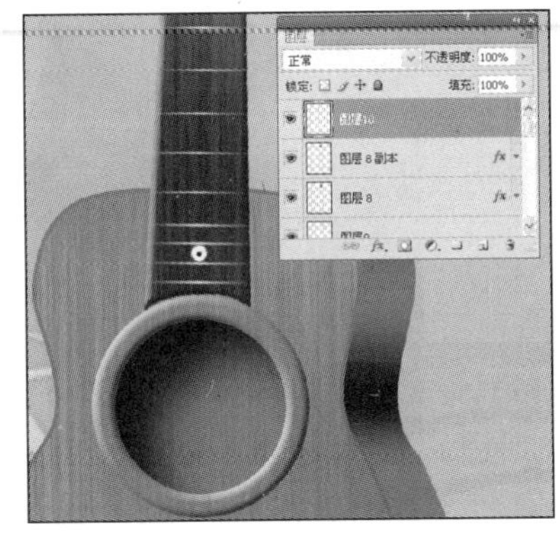

9 选择【图层】➤【图层样式】➤【渐变叠加】菜单项，在弹出的【图层样式】对话框中设置如图所示的参数，然后单击 确定 按钮。

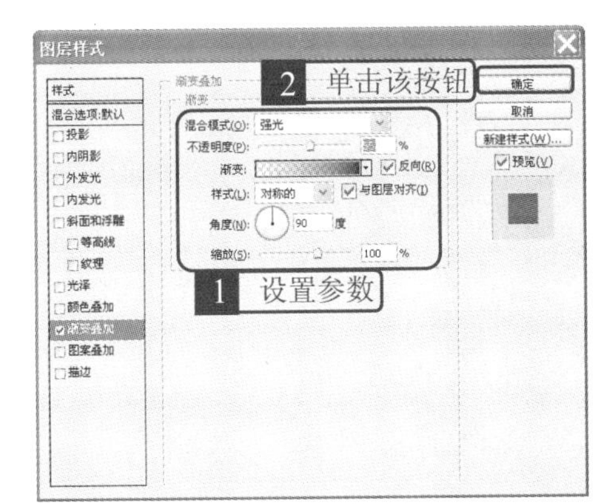

10 参照上述方法绘制其他圆点样式，得到如图所示的效果。

11 将前景色设置为黑色，选择【矩形】工具，在工具选项栏中设置如图所示的选项。

设置【矩形工具】选项

12 单击【创建新图层】按钮，新建图层，在图像中绘制如图所示的矩形。

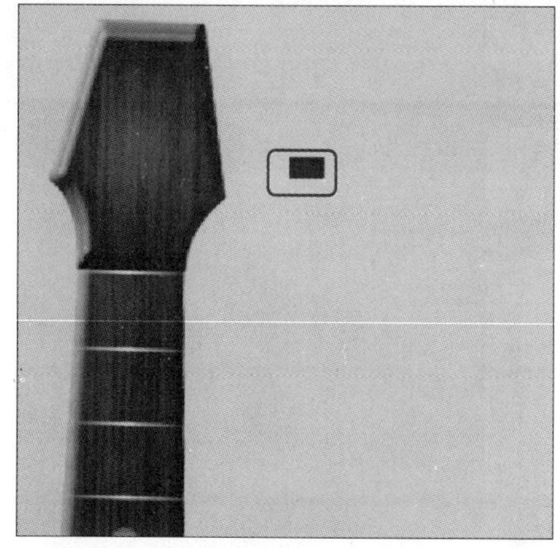

绘制矩形

13 选择【图层】➤【图层样式】➤【斜面和浮雕】菜单项，在弹出的【图层样式】对话框中设置如图所示的参数。

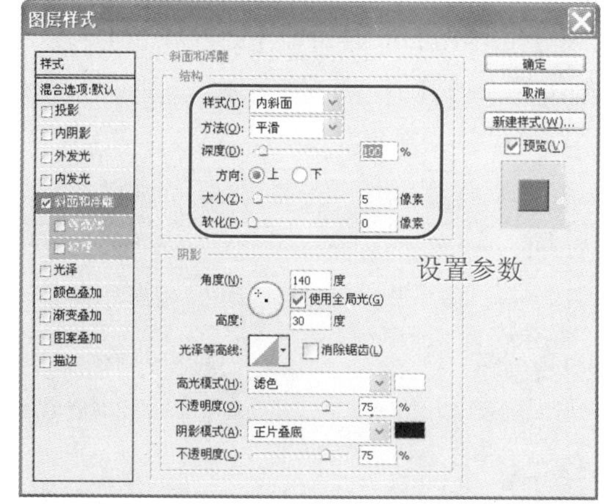

14 选中【渐变叠加】复选框，在该选项组中设置如图所示的参数，然后单击 确定 按钮。

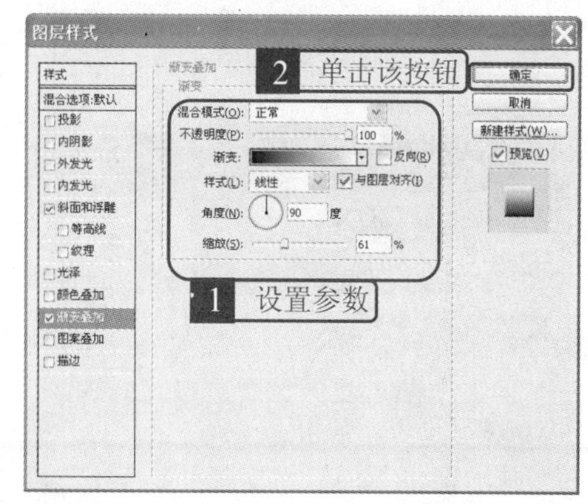

15 单击【创建新图层】按钮，新建图层。将前景色设置为白色，选择【椭圆】工具，在图像中绘制圆形。

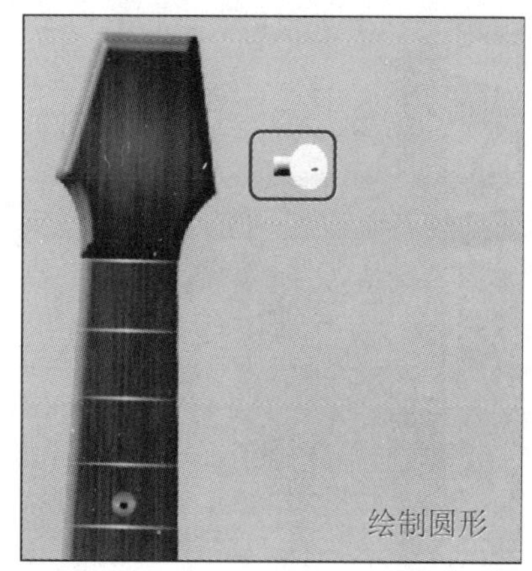

绘制圆形

16 选择【图层】➤【图层样式】➤【斜面和浮雕】菜单项，在弹出的【图层样式】对话框中设置如图所示的参数。

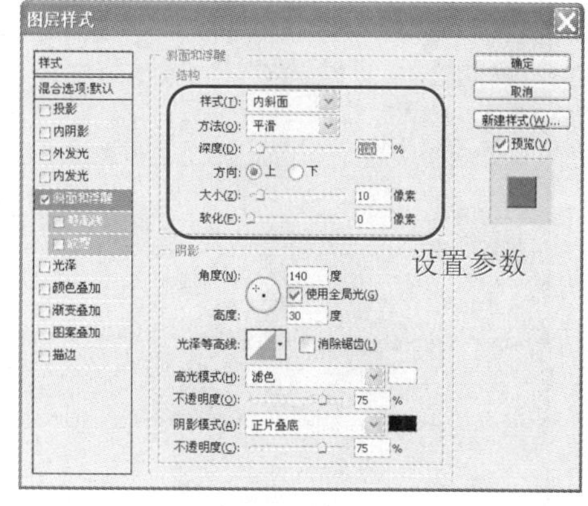

17 选中【渐变叠加】复选框，在该选项组中

设置如图所示的参数，然后单击 确定 按钮。

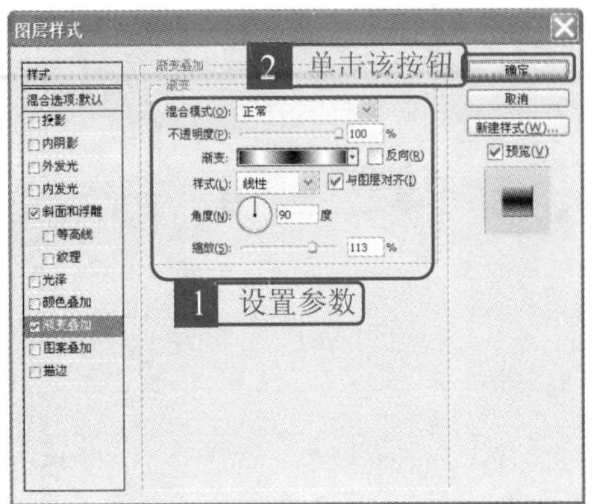

18 选择【移动】工具，将绘制的矩形和椭圆形图像移动到琴头的位置，得到如图所示的效果。

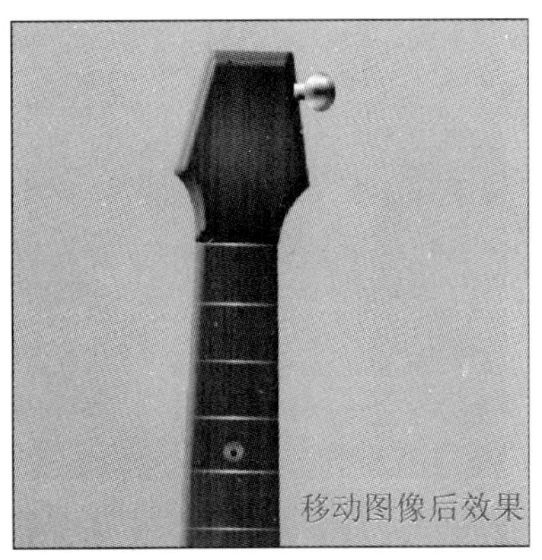

19 参照上述方法，绘制琴头上的其他装饰，绘制完成后得到如图所示的效果。

20 单击【创建新图层】按钮，新建图层，将前景色设置为白色，选择【画笔】工具，在工具选项栏中设置如图所示的参数。

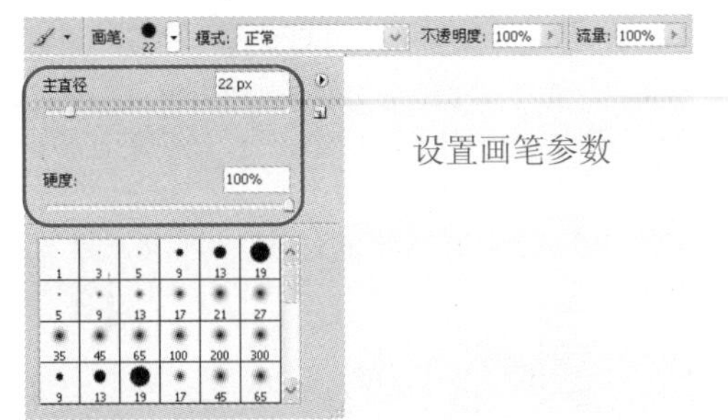

21 在图像中绘制如图所示的白色圆点。

22 选择【图层】➤【图层样式】➤【斜面和浮雕】菜单项，在弹出的【图层样式】对话框中设置如图所示的参数，然后单击 确定 按钮。

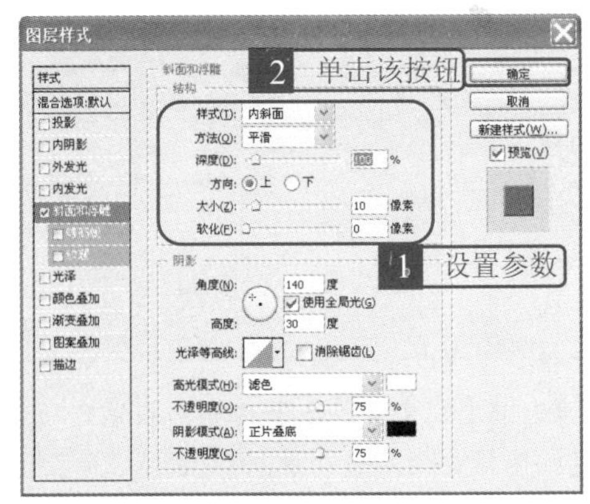

23 单击【创建新图层】按钮，新建图层，按下【[】键缩小画笔直径至“10”像素，然后在图像中绘制如图所示的白色圆点。

24 选择【图层】➤【图层样式】➤【渐变叠加】菜单项，在弹出的【图层样式】对话框中设置如图所示的参数，然后单击 确定 按钮。

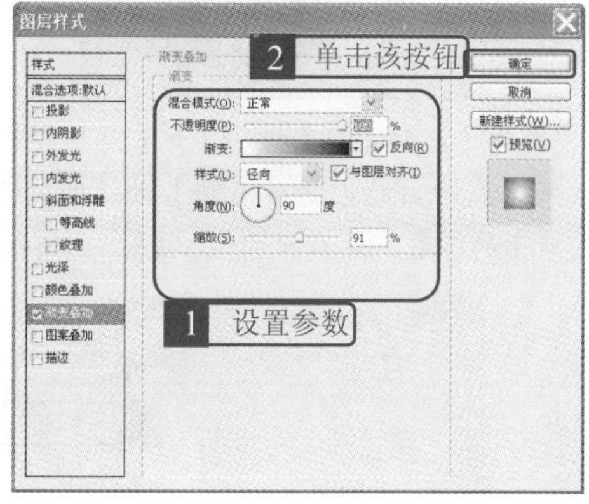

25 参照上述方法绘制其他的按钮，选择【钢笔】工具，在图像中绘制如图所示的直线路径。

26 将前景色设置为白色，选择【画笔】工具，在工具选项栏中设置如图所示的参数。

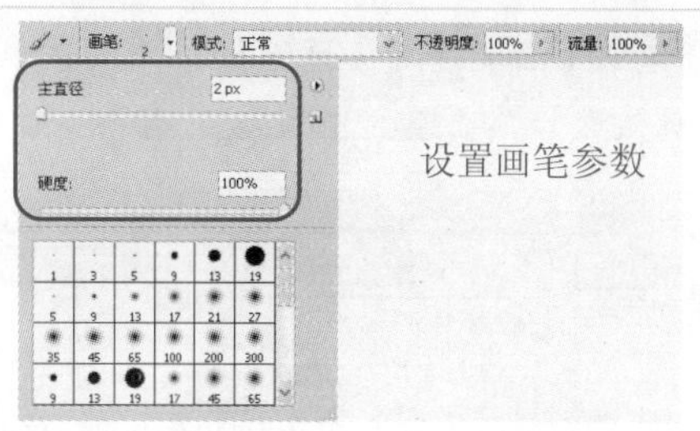

27 按住【Alt】键单击【路径】面板中的【用画笔描边】按钮，弹出【描边路径】对话框，在该对话框中设置如图所示的选项，然后单击 确定 按钮。

28 参照上述方法绘制其他琴弦，得到如图所示的效果。

29 选择【图层】➤【图层样式】➤【投影】菜单项，在弹出的【图层样式】对话框中设置如图所示的参数。

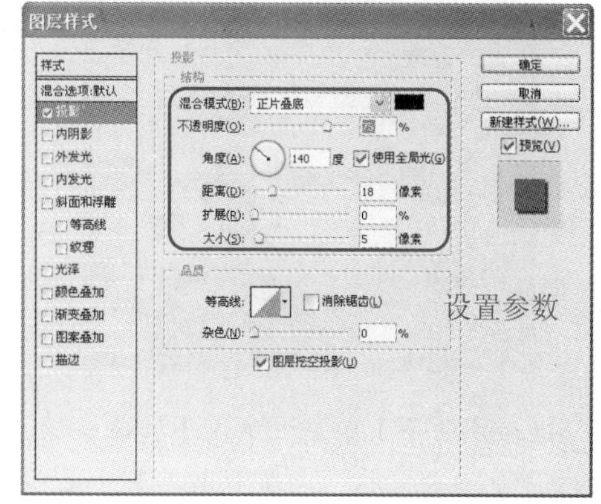

30 选中【渐变叠加】复选框，并设置渐变颜色参数，然后单击 确定 按钮。

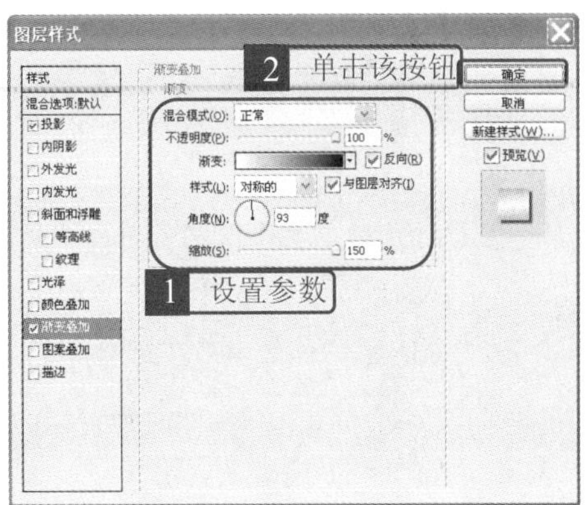

31 参照上述方法，将琴头处的琴弦绘制完成，得到如图所示的效果。

32 选择【背景】图层，单击【创建新图层】按钮，新建图层。选择【钢笔】工具，在图像中绘制如图所示的形状。

33 选择【背景】图层，单击【创建新图层】按钮，新建图层。选择【椭圆】工具，在工具选项栏中设置如图所示的选项。

设置【椭圆】工具选项

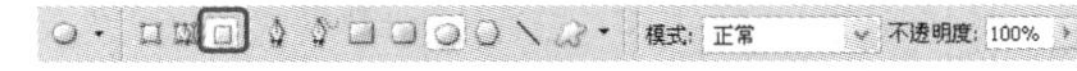

34 在图像中绘制如图所示的圆形。

35 选择【滤镜】➤【模糊】➤【高斯模糊】菜单项，在弹出的【高斯模糊】对话框中设置如图所示的参数，然后单击 确定 按钮。

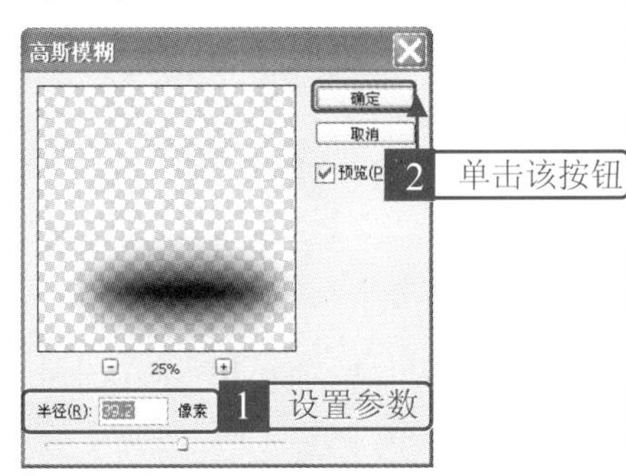

36 最终得到如图所示的效果。

新手

第 8 章 图层的灵活应用

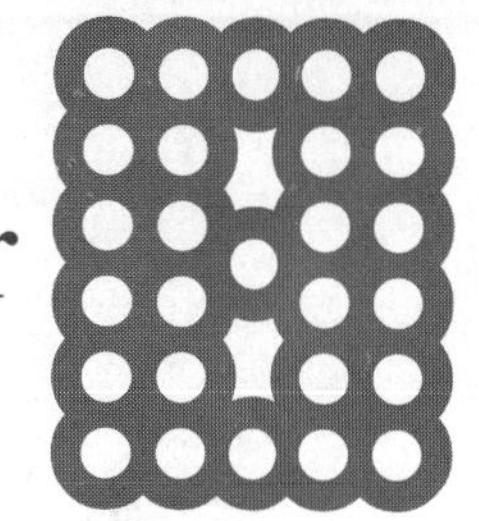

小龙：小月，那么认真，在做什么呢？

小月：我在调整这些图层。

小龙：有什么问题吗？

小月：为什么看不见下面这个图像了呢？

小龙：那是因为这个图层在下面，你把它移到上面就可以了！

小月：哦，是这样啊！正好你再给我讲讲其他知识吧？

小龙：好的。

要点导航

- 图层基础知识
- 图层的基本操作
- 图层的高级编辑

8.1 图层基础知识

图层功能是 Photoshop 中的核心处理手段，可以对图像中的各部分进行单独的处理，而不会影响到图像中的其他部分。

选择【窗口】➤【图层】菜单项（或者按下【F7】键），也可以在工作区中单击【图层】按钮，都可以打开【图层】面板。

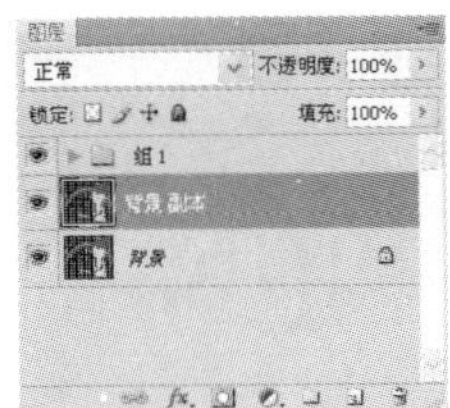

【图层】面板

单击【图层】面板右侧的面板菜单按钮弹出【图层】面板菜单，选择该菜单中的菜单项可以进行图层的各项操作。

面板菜单

【图层】面板中存在着两个或两个以上的图层时，单击【设置图层的混合模式】下拉列表框后面的按钮，打开【设置图层的混合模式】下拉列表，选择其中的选项可以设置图层的混合模式。

Photoshop CS4 延续了 Photoshop CS3 图层组管理功能。图层组是多个图层的组合，将多个相关的图层加入到一个图层组中，便于对多个相关图层进行管理和操作。

【图层】面板的下方有 7 个面板按钮，下面介绍各个按钮的作用。

(1)【链接图层】按钮：在【图层】面板中按住【Ctrl】键的同时选中两个或两个以上的图层时将激活【链接图层】按钮，单击该按钮将链接所选图层。

链接图层

(2)【添加图层样式】按钮：选中一个图层后单击该按钮打开【添加图层样式】下拉列表，选择其中的选项可以为当前图层添加不同的图层样式效果。

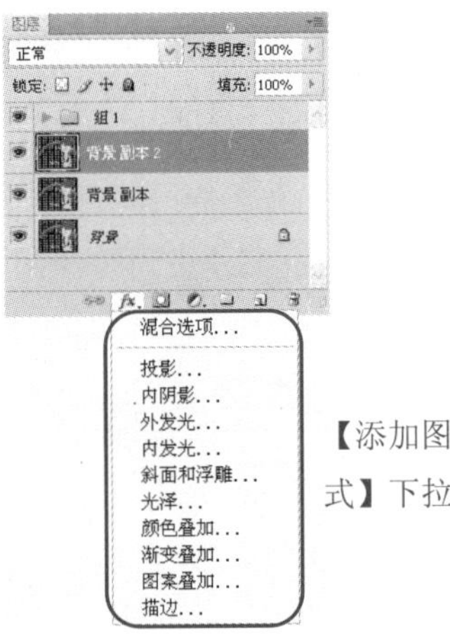

【添加图层样式】下拉列表

(3)【添加图层蒙版】按钮：单击该按钮将为当前图层添加图层蒙版效果。

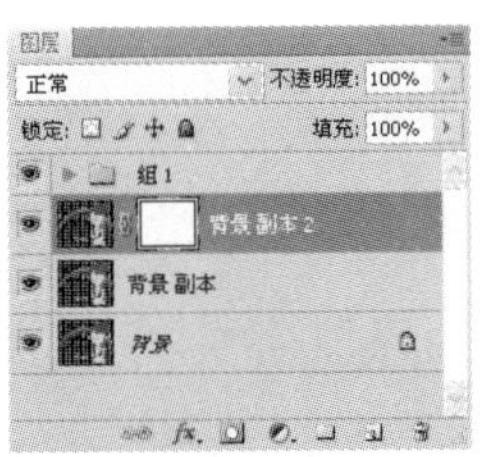

添加图层蒙版

(4)【创建新的填充或调整图层】按钮：单击该按钮将在当前图层上新建一个填充或调整图层，创建填充或调整效果。

【创建新的填充或调整图层】菜单

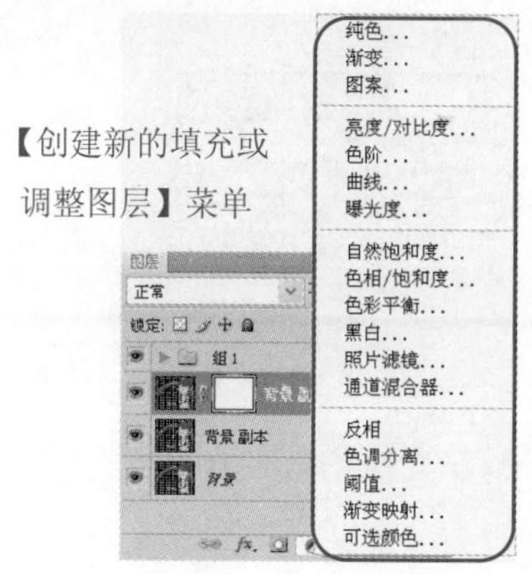

(5)【创建新组】按钮：单击该按钮将创建一个以系统默认名称命名的图层组。

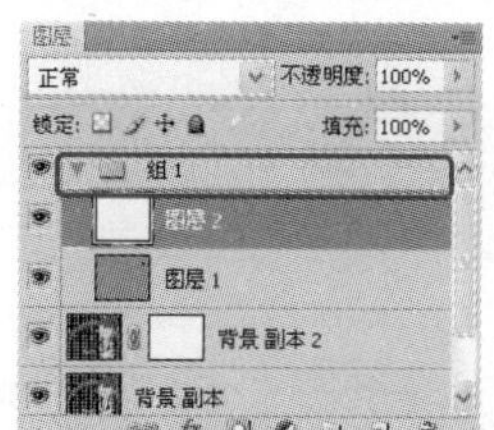

图层组

(6)【创建新图层】按钮：单击该按钮将创建一个以系统默认名称命名的新图层。

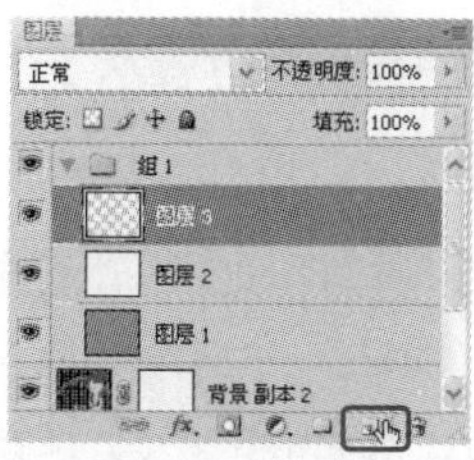

创建新图层

(7)【删除图层】按钮：选中一个图层后单击该按钮将弹出提示对话框，单击 是(Y) 按钮即可删除所选图层。

提示对话框

【图层】面板中其他各个选项的作用如下。

锁定按钮组

单击锁定按钮组中的各个按钮，将分别锁定图层的不透明区域、像素、位置和可编辑性等属性。

锁定按钮组

不透明度和填充文本框

分别在【不透明度】文本框和【填充】文本框中输入数值或者单击按钮，拖动弹出的滑块，可以设置图层的不透明度和填充程度。

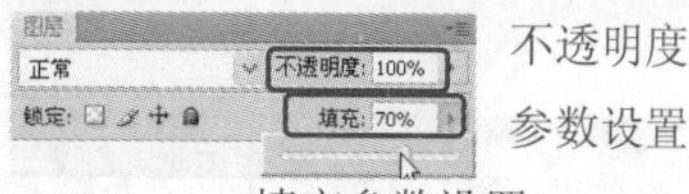

不透明度参数设置

填充参数设置

眼睛图标

在【图层】面板中的图层左侧显示图标时，表示该图层处于显示状态。单击图标将隐藏该图层，图标也随之显示为状态。再次单击图标将重新显示该图层，图标将切换回状态。

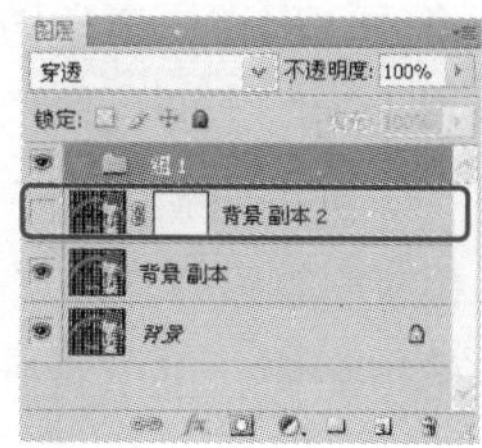

隐藏图层

图层缩览图

打开一幅图像后，【图层】面板中将显示该图层的图层缩览图。在图层缩览图上单击鼠标右键弹出快捷菜单，从中可以进行缩览图的精确设置。

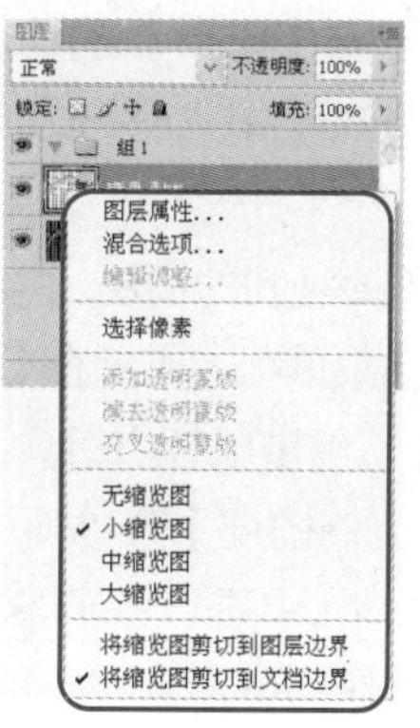

设置缩览图

在快捷菜单中选择【图层属性】菜单项，弹出【图层属性】对话框，在【名称】文本框中可以重命名图层，在【颜色】下拉列表中选择一种颜色，然后单击 确定 按钮。

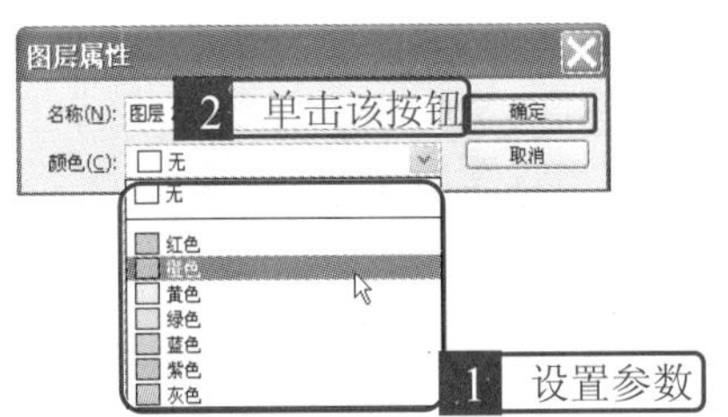

此时图层缩览图的左侧将显示刚才选取的颜色。

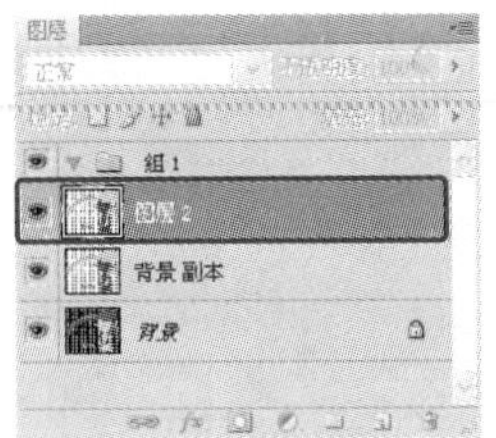

改变图层颜色

8.2 图层的基本操作

图层就像是一张覆盖在图像上面的透明玻璃纸，具有透明性、可分层管理和很强的可编辑性，这些特性决定了图层的灵活性和可操作性。

1. 新建图层

在编辑图像的过程中，新建图层操作是比较重要的，单击【图层】面板中的【创建新图层】按钮，即可创建新图层，在新建的图层上可以进行相应的编辑操作。

新建图层编辑图像，可以对操作进行分步保存，便于在编辑的过程中进行细节调整。

2. 复制图层

复制图层是图层编辑中的一项常用的操作，其方法有以下几种。

(1) 使用鼠标将需要复制的一个或几个图层直接拖到【图层】面板下方的【创建新图层】按钮上，释放鼠标后即可直接复制所选图层。

(2) 选中需要复制的图层，然后选择【图层】➢【复制图层】菜单项（或者在【图层】面板中该图层的名称上单击鼠标右键，在弹出的快捷菜单中选择【复制图层】菜单项），弹出【复制图层】对话框，从中进行各项参数设置后单击 确定 按钮即可复制该图层。

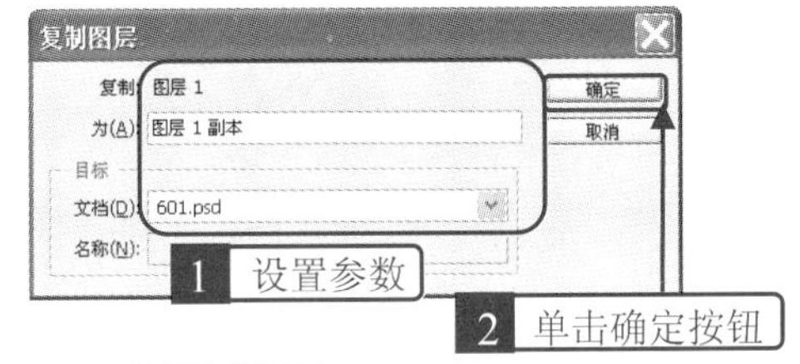

3. 删除图层

用户应该将不需要的图层及时地删除，以释放硬盘空间，这样可以减小文件的大小。

删除图层可以使用以下几种方法。

(1) 使用【删除图层】按钮：单击需要删除的图层，然后按住鼠标左键不放将其拖到【图层】面板下方的【删除图层】按钮上，即可将该图层直接删除。

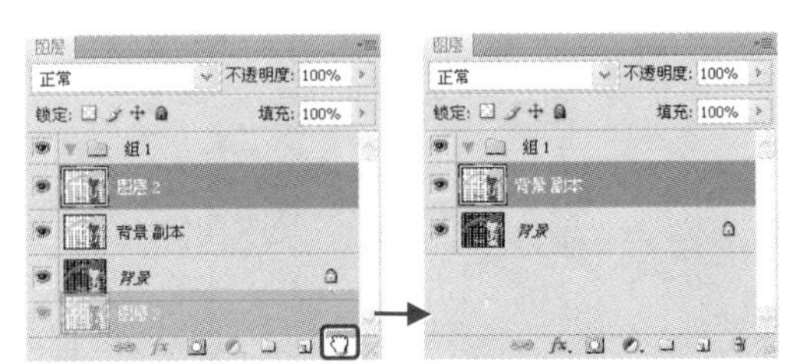

删除前后效果对比

选中需要删除的图层后单击【删除图层】

按钮 将弹出提示对话框，单击 是(Y) 按钮即可删除该图层。

提示对话框

⑵ 使用主菜单和快捷菜单：选中需要删除的图层，然后选择【图层】➢【删除】➢【图层】菜单项。

选择该菜单项

或者在图层名称上单击鼠标右键，在弹出的快捷菜单中选择【删除图层】菜单项；也可以单击【图层】面板右侧的 按钮，在弹出的面板菜单中选择【删除图层】菜单项，都会弹出提示对话框，单击 是(Y) 按钮即可删除该图层。

⑶ 使用快捷键：使用【移动】工具 选中需要删除的图层，然后按下【Delete】键即可。

4. 移动图层的相对位置

复杂的图像文件是由一层层的图层排列而成，调整图层的排列顺序可以改变图像的效果。下面介绍几种常用的调整图层排列的方法。

⑴ 在【图层】面板中可以快捷准确地移动并更改图层的排列顺序。选中【图层】面板中的图层，然后按住鼠标左键不放将其移动到目标处释放，即可改变该图层在【图层】面板中的排列顺序。

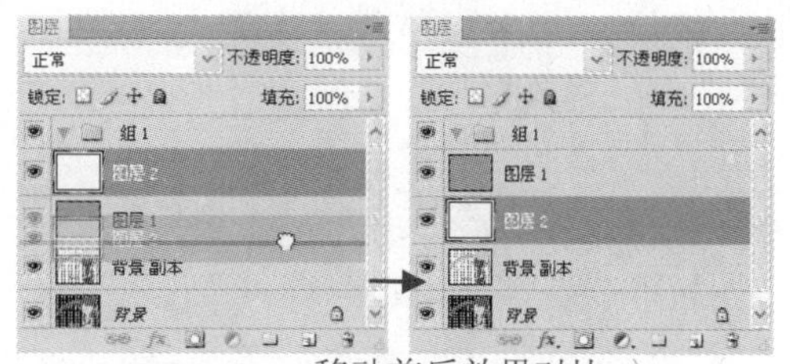

移动前后效果对比

⑵ 选中一个图层后选择【图层】➢【排列】菜单项，在弹出的子菜单中选择相应的菜单项即可改变图层的排列顺序。

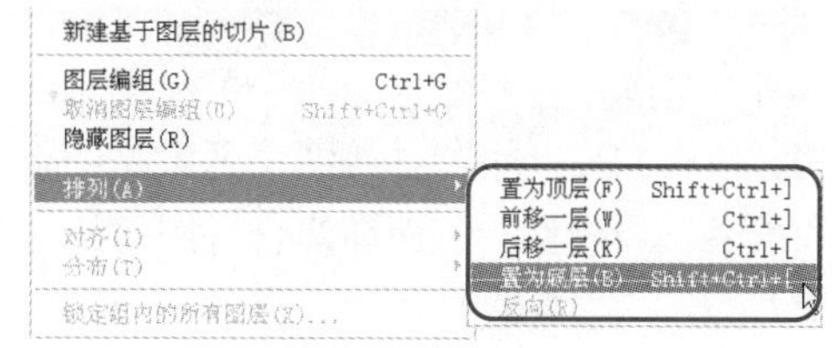

① 【置为顶层】菜单项：选择该菜单项可以将该图层移动到所有图层的最上方。

② 【前移一层】菜单项：选择该菜单项可以将该图层向上移动一层。

③ 【后移一层】菜单项：选择该菜单项可以将该图层向下移动一层。

④ 【置为底层】菜单项：选择该菜单项可以将该图层移动到除了背景层以外的所有图层的最下方。

⑤ 【反向】菜单项：选择该菜单项可以将所选图层反向排列。

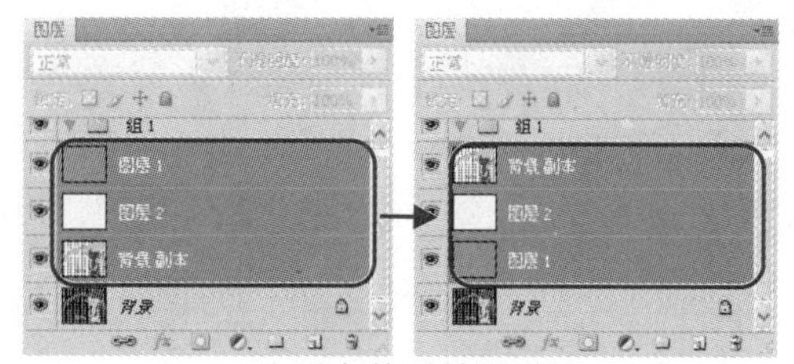

反向前后效果对比

5. 链接图层

在按住【Shift】键的同时选择连续的图层，或者在按住【Ctrl】键的同时选择不连续的图层，然后单击【图层】面板下方的【链接图层】按钮 即可将选中的图层创建为链接图层。

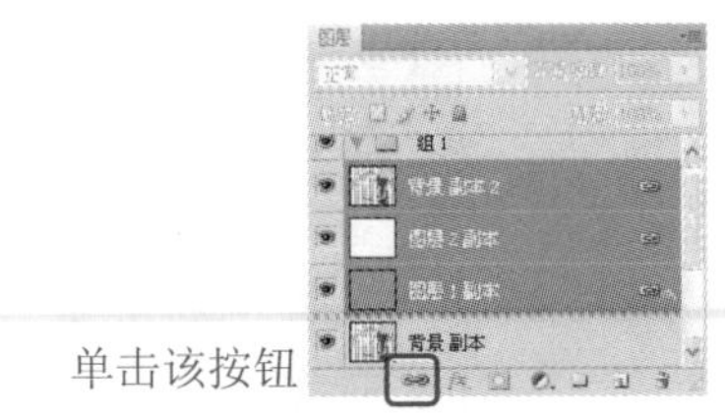

在按住【Shift】键或者【Ctrl】键的同时选择多个图层，然后单击【链接图层】按钮 即可解除链接的图层。

6. 合并图层

将多个图层合并为一个图层可以释放硬盘空间，减小文件大小。合并图层通常是图像处理的最后一步操作。下面介绍合并图层的几种常用方法。

向下合并图层

向下合并图层是将当前图层与紧邻的下方图层进行合并。

确认需要合并的上下图层处于可见状态，然后在【图层】面板中选中一个图层，选择【图层】➤【向下合并】菜单项（或按下【Ctrl】+【E】组合键），也可以在图层面板菜单中选择【向下合并】菜单项，即可将该图层与下方的图层合并为一个图层，合并后的图层名称将以上方图层的名称命名。

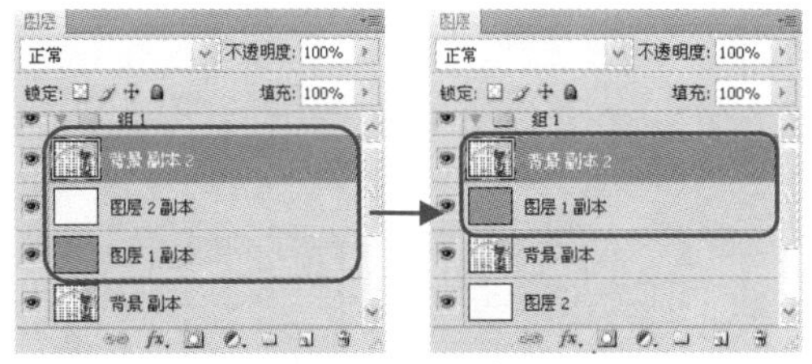

合并前后效果对比

合并多个图层

要合并多个图层，可以在按住【Ctrl】或者【Shift】键的同时在【图层】面板中选择需要合并的图层，然后选择【图层】➤【合并图层】菜单项或者在图层面板菜单中选择【合并图层】菜单项即可。合并后的图层名称将以上方图层的名称命名。

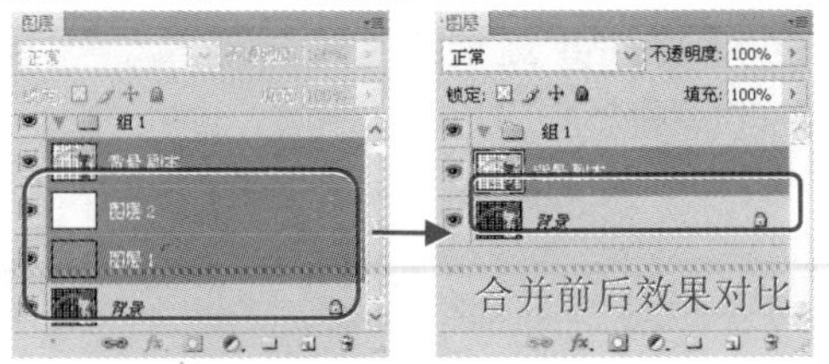

合并所有可见图层

要合并所有可见图层，应先将所有图层都设置为可见状态，然后选择【图层】➤【合并可见图层】菜单项（或按下【Shift】+【Ctrl】+【E】组合键），也可以在【图层】面板菜单中选择【合并可见图层】菜单项，即可合并所有可见图层。

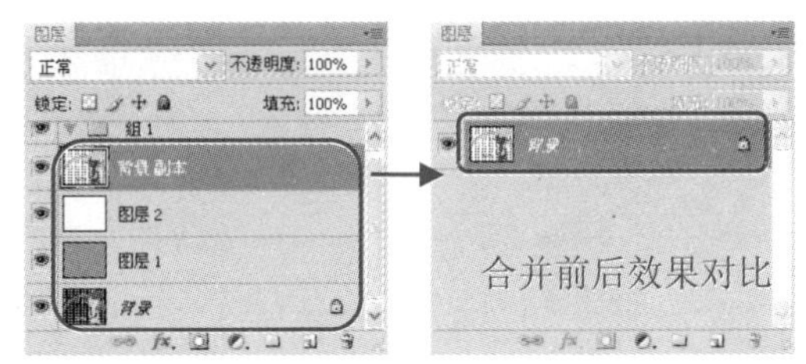

盖印图层

盖印图层是指在选中的图层或者【图层】面板中将所有图层中的内容合并，并在所有图层的最上方创建一个新图层，原始图层不受影响。隐藏不需要的图层，显示并选中需要创建盖印图层的多个图层。然后按下【Shift】+【Ctrl】+【Alt】+【E】组合键，即可为所选图层创建盖印图层。选中任意一个图层，按下【Shift】+【Ctrl】+【Alt】+【E】组合键，则可为【图层】面板中的所有图层创建盖印图层。

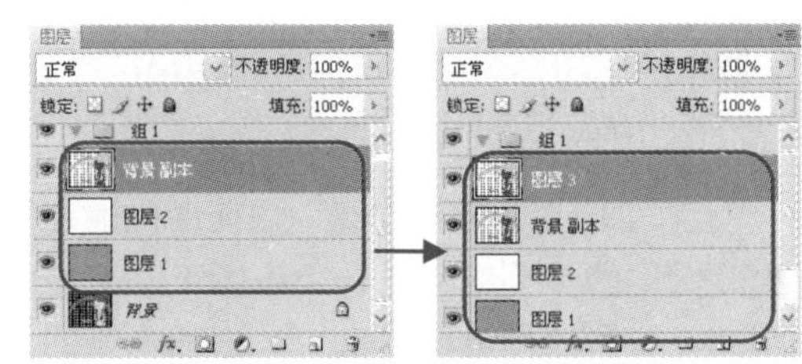

盖印前后效果对比

拼合图像

图像处理完毕，选择【图层】➤【拼合图像】菜单项，或在【图层】面板菜单中选择【拼合图像】菜单项，则可将【图层】面板中的所有图层合并成一个图层。

7. 实例——质感纹理

本实例素材和最终效果所在位置如下。	
素材文件	无
最终效果	第 8 章\8.2\最终效果\801.psd

1 按下【Ctrl】+【N】组合键，弹出【新建】对话框，在该对话框中设置如图所示的参数，然后单击 确定 按钮。

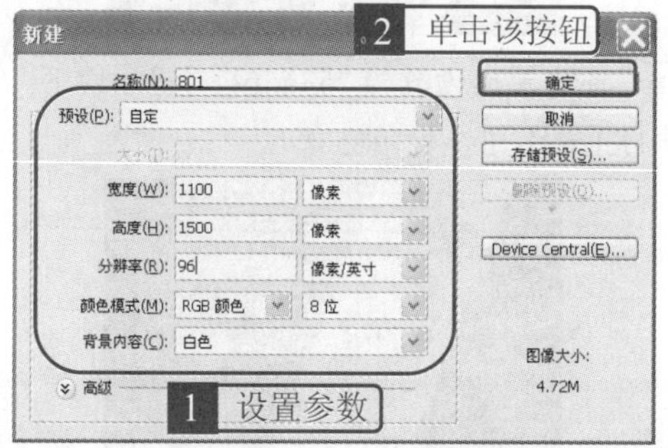

2 将前景色设置为“3e3201”号色，按下【Alt】+【Delete】组合键填充图像。选择【滤镜】➤【纹理】➤【纹理化】菜单项，弹出【纹理化】对话框，从中设置如图所示的参数，然后单击 确定 按钮。

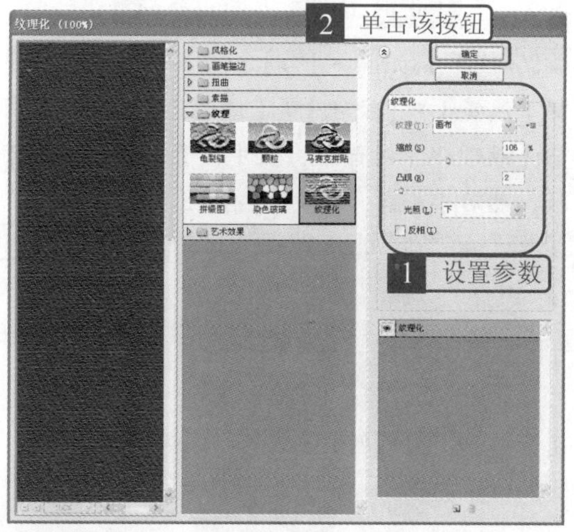

3 将前景色设置为白色，选择【横排文字】工具 T，在工具选项栏中设置适当的字体及字号，在图像中输入如图所示的文字。

4 在【图层】面板中单击鼠标右键，在弹出的菜单中选择【栅格化文字】菜单项。

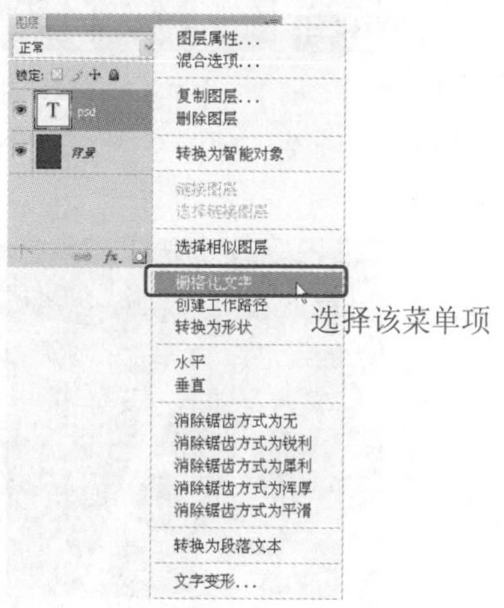

5 选择【矩形】工具，在工具选项栏中设置如图所示的选项。

设置选项

模式: 正常　不透明度: 100%

6 在图像中绘制如图所示的白色线条，白色线条的宽度与文字的单笔画宽度相同。

7 参照上述方法，绘制其他线条，效果如图所示。

8 按下【Ctrl】+【T】组合键调整图像的大小、位置及角度，调整合适后按下【Enter】键确认操作。

9 选择【背景】图层，单击【创建新图层】按钮，新建图层。

单击该按钮

10 选择【多边形套索】工具，在图像中绘制如图所示的选区。

11 将前景色设置为“53adf9”号色，按下【Alt】+【Delete】组合键填充选区。

12 按下【Ctrl】+【D】组合键取消选区，选择【滤镜】➢【纹理】➢【纹理化】菜单项，弹出【纹理化】对话框，从中设置如图所示的参数，然后单击 确定 按钮。

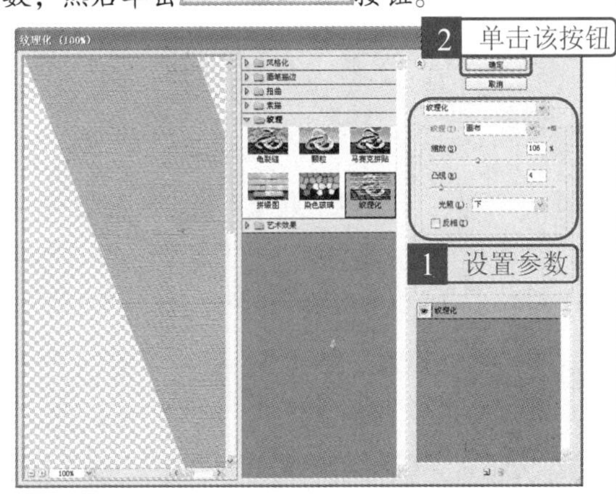

13 选择【多边形套索】工具，在图像中绘制如图所示的选区。

14 单击【创建新图层】按钮，新建图层。将前景色设置为“b50000”号色，按下【Alt】+【Delete】组合键填充选区。

15 按下【Ctrl】+【F】组合键添加纹理效果，按下【Ctrl】+【D】组合键取消选区。

16 选择【多边形套索】工具，在图像中绘制如图所示的选区。

17 单击【创建新图层】按钮，新建图层。将前景色设置为“fbb400”号色，按下【Alt】+【Delete】组合键填充选区，按下【Ctrl】+【F】组合键添加纹理效果，按下【Ctrl】+【D】组合键取消选区。

18 单击【创建新图层】按钮，新建图层。按下【D】键将前景色和背景色设置为默认的黑色和白色，选择【滤镜】➤【渲染】➤【云彩】菜单项，添加云彩效果。

19 在【图层】面板中的【设置图层的混合模式】下拉列表中选择【颜色加深】选项，在【填充】文本框中输入“60%”。

20 选择【psd】图层，单击【添加图层样式】按钮 fx，在弹出的菜单中选择【投影】菜单项。

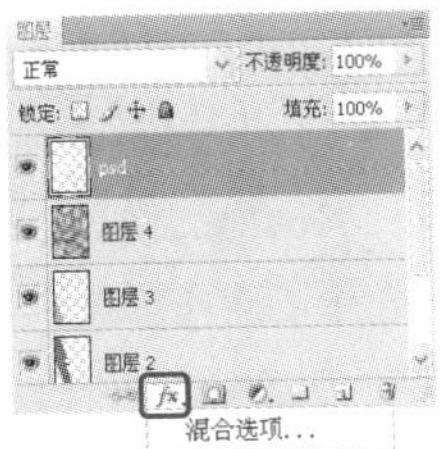

21 弹出【图层样式】对话框，从中设置如图所示的参数，然后单击 确定 按钮。

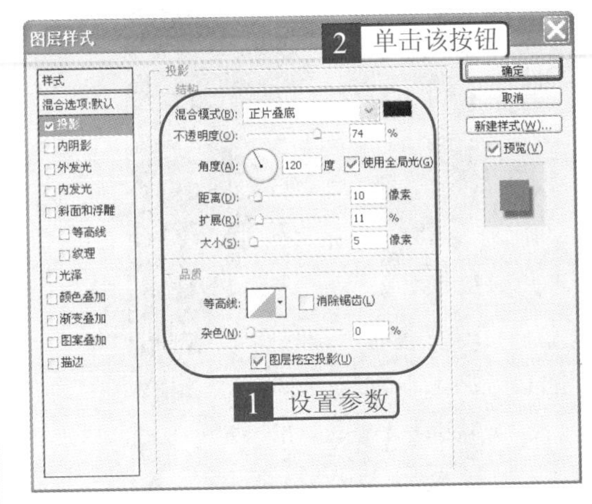

22 按住【Ctrl】键单击【psd】图层的图层缩览图，将该图层图像载入选区。

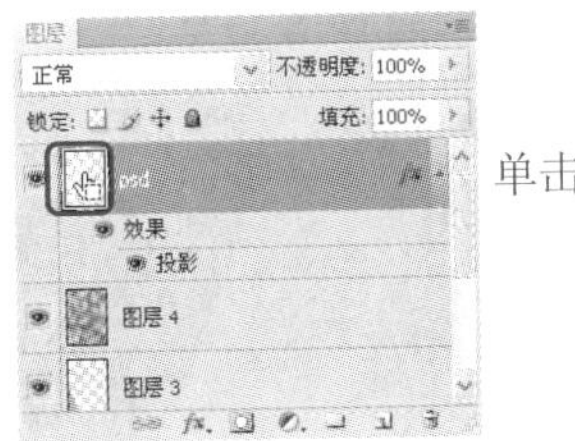

23 单击【创建新图层】按钮，新建图层。按下【D】键将前景色和背景色设置为默认的黑色和白色，选择【滤镜】➤【渲染】➤【云彩】菜单项，添加云彩效果。

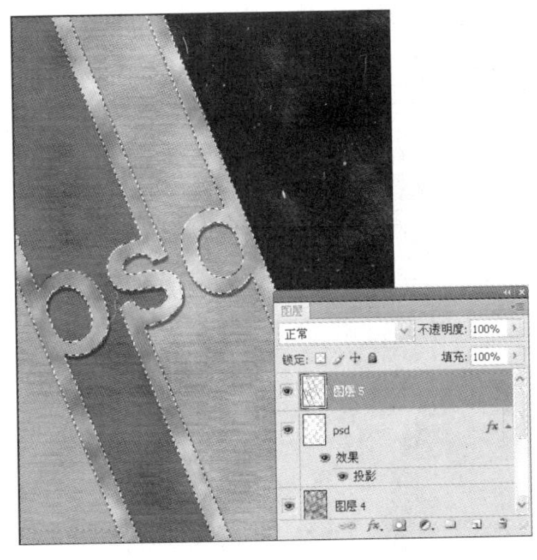

24 选择【图像】➤【调整】➤【色阶】菜单

项，在弹出的【色阶】对话框中设置如图所示的参数，然后单击 确定 按钮。

25 选择【图像】➤【调整】➤【色相/饱和度】菜单项，在弹出的【色相/饱和度】对话框中设置如图所示的参数，然后单击 确定 按钮。

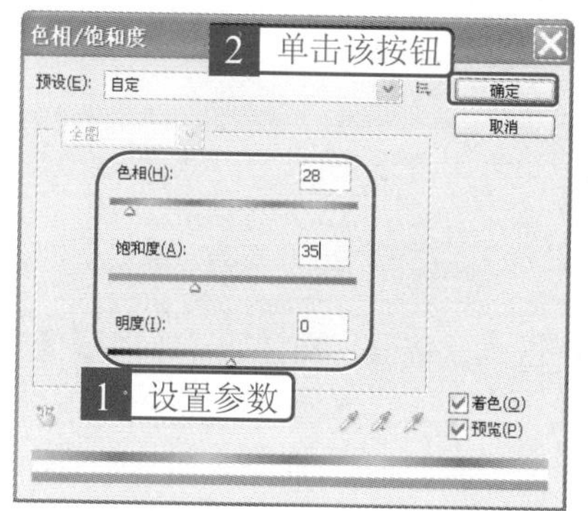

26 将前景色设置为白色，单击【创建新图层】按钮，新建图层。按下【Alt】+【Delete】组合键填充图像。

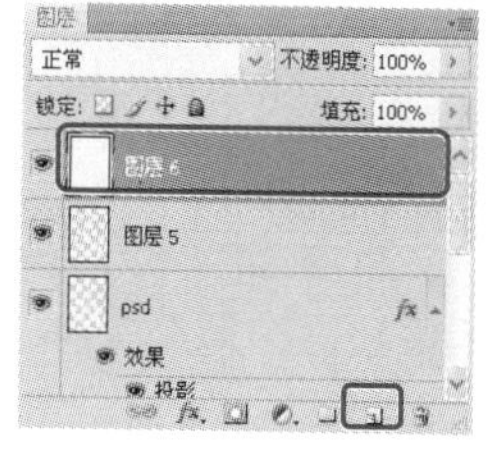

27 选择【矩形选框】工具，在图像中绘制如图所示的矩形选区。

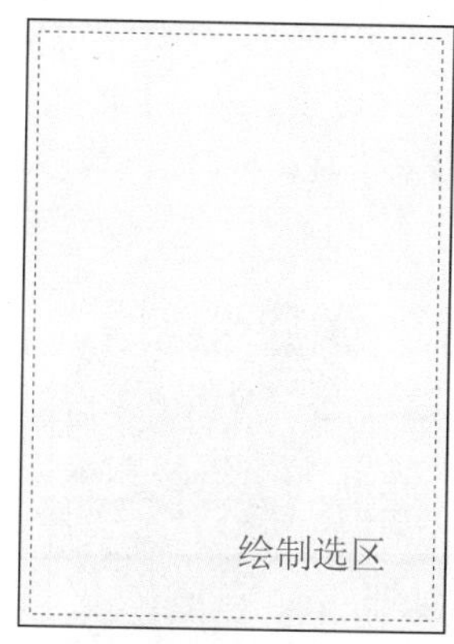

28 按下【Delete】键删除选区内的图像，按下【Ctrl】+【D】组合键取消选区。

29 将前景色设置为白色，单击【创建新图层】按钮，新建图层。按下【D】键将前景色和背景色设置为默认的黑色和白色，选择【滤镜】➤【渲染】➤【云彩】菜单项，添加云彩效果。

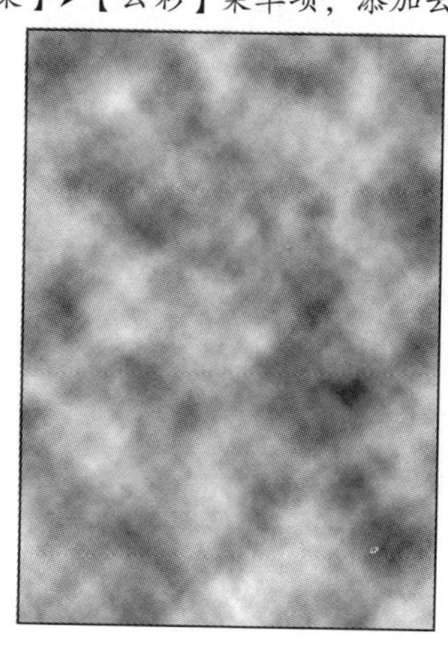

30 在【图层】面板中的【设置图层的混合模式】下拉列表中选择【强光】选项，按下【Ctrl】+【Shift】+【G】组合键将云彩嵌入到下一图层中。

31 将前景色设置为白色，选择【横排文字】工具 T，在工具选项栏中设置适当的字体及字号，在图像中分别输入文字，并调节文字的位置及角度，最终得到如图所示的效果。

最终效果

8.3 图层的高级编辑

图层的高级编辑主要是通过设置图层的混合模式、图层样式以及图层蒙版等，对图像进行相应的编辑，已达到理想的效果。

1. 图层的混合模式

混合模式是指上下图层颜色间的色彩混合方法，不同的"混合模式"会带给图像完全不同的合成效果，创造出的结果色往往会呈现出各种奇妙的效果，同时可以调整图像的色调和亮度等。

Photoshop 中的绝大多数绘制与编辑调整工具都带有混合模式效果，其中以图层的混合模式最为常用。要正确、灵活地运用图层的混合模式，首先需要理解各种混合模式的含义。

单击【图层】面板中的【设置图层的混合模式】下拉列表后面的下箭头按钮，弹出【设置图层的混合模式】下拉列表。

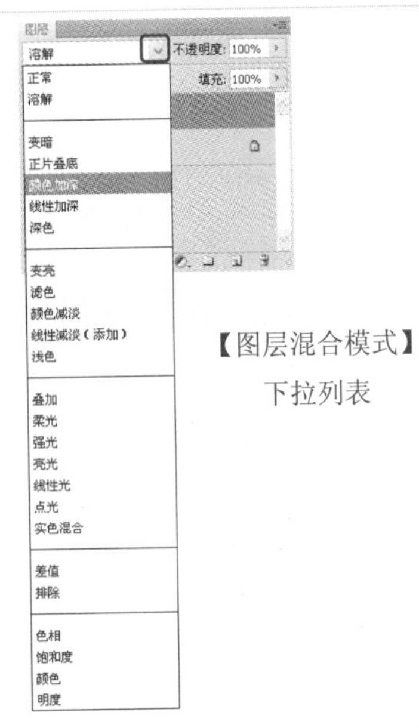

【图层混合模式】下拉列表

各种图层混合模式的效果如下。

正常

正常模式是系统的默认模式。选择该选项时下方原有的颜色（基色）与上方图层的颜色（混合色）不发生相互影响。

溶解

选择该选项并调整上方图层的不透明度，图像将创建随机点状图案，产生基色溶解在当前所用的混合色中的效果。

变暗

选择该选项，上方图层中较暗的像素将代替下方图层中相对应位置的较亮像素，下方较暗区域将代替上方较亮区域，使整个图像呈现暗色调。

变暗效果

正片叠底

选择该选项，系统使用相乘的运算方式呈现出颜色较暗的图像整体效果。在该模式中白色为中性色，任何颜色与黑色相乘即叠加成为黑色，与白色相乘则不发生变化。

正片叠底效果

颜色加深

选择该选项，将通过增加对比度使基色变暗，图像呈现暗色调。与白色混合不发生变化，通常用于创建非常暗的投影等效果。

线性加深

选择该选项，将通过减少亮度并加暗通道的基色使图像变暗，图像呈现暗色调，与白色混合不发生变化。

深色

选择该选项，系统将比较混合色和基色的所有通道的颜色值并使用较小的颜色值创建结果色。

变亮

选择该选项，系统将查看通道中的颜色信息，选择基色或混合色中较亮的颜色代替下方的混合色作为结果色，比混合色暗的像素被替换，整体图像呈亮色调。

变亮效果

滤色

选择该选项，系统将查看通道中的颜色信息，将混合色的互补色与基色进行混合，得到的图像效果较亮，类似多个摄影幻灯片交错投影的效果。用黑色过滤时颜色保持不变，用白色过滤时将产生白色。

滤色效果

- **颜色减淡**

选择该选项，系统将查看每个通道中的颜色信息，并通过减小对比度使基色变亮以创建混合色。与黑色混合不发生变化。

- **颜色减淡（添加）**

选择该选项，系统将查看每个通道中的颜色信息，并通过增加亮度使基色变亮以创建混合色。与黑色混合不发生变化。

- **浅色**

选择该选项，系统将比较混合色和基色的所有通道中颜色值的总和，并使用较大的颜色值创建较亮的图像效果。

- **叠加**

选择该选项，系统以基色与混合色相叠加以反映明暗效果。在该模式中，50%灰色是中性色，并保留原有颜色的明暗对比。

- **柔光**

选择该选项，系统将根据所用颜色的明暗程度创建图像效果。在该模式中，50%灰色是中性色。如果基色比 50%灰色亮，图像将变亮，反之图像将变暗。

- **强光**

选择该选项，系统将根据所用颜色的明暗程度来创建图像效果。该模式的明暗程度比柔光效果更强。

- **亮光**

选择该选项，系统将根据混合色的明暗程度创建图像效果。混合色比 50%灰色亮，通过减小对比度使图像变亮；混合色比 50%灰色暗，则通过增加对比度使图像变暗。

- **线性光**

选择该选项，系统将根据混合色的明暗程度创建图像效果。混合色比 50%灰色亮，将通过增加亮度使图像变亮；混合色比 50%灰色暗，则通过减小亮度使图像变暗。

- **点光**

选择该选项，系统将根据混合色的明暗程度创建结果色。如果混合色比 50%灰色亮，将替换成比该颜色暗的像素；如果结果色比 50%灰色暗，则替换成比该颜色亮的像素。

- **实色混合**

选择该选项，系统则将下方图层的 R、G

和 B 通道值添加到上方图层的 R、G 和 B 通道值中，从而显示出强烈的颜色对比效果。

差值

选择该选项，系统将查看通道中的颜色信息，用上方混合色中亮度大的值减去下方基色中亮度小的值。混合色为白色，则使基色反相。

色相

选择该选项，将使用下方基色中颜色的亮度、饱和度与上方混合色中的色相创建图像效果。该模式基于 HSB 颜色模型。

饱和度

用基色的亮度、色相与混合色的饱和度创建效果。

颜色

选择该选项，系统将使用上方混合色的亮度与下方基色的色相、饱和度创建图像效果。

明度

该选项与【颜色】混合模式的效果相反，使用基色的色相与饱和度和混合色的亮度创建图像效果。

2. 实例——古老的梦

本实例素材和最终效果所在位置如下。		
	素材文件	第 8 章\8.3\素材文件\802a.jpg～802c.jpg
	最终效果	第 8 章\8.3\最终效果\802.psd

1 打开本实例对应的素材文件 802a.jpg 和 802b.jpg。

素材文件

素材文件

2 选择【移动】工具，将素材文件 802a.jpg 拖动到素材文件 802b.jpg 中。

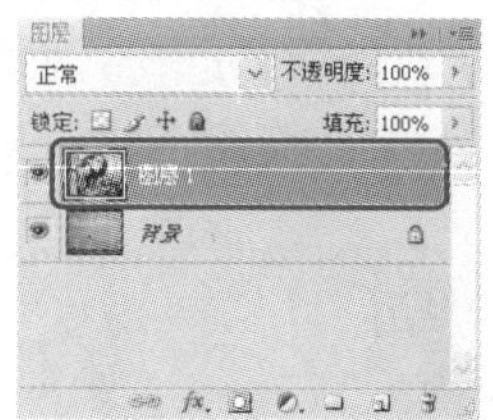

移入素材

3 在【图层】面板中的【设置图层的混合模式】下拉列表中选择【正片叠底】选项。

4 按下【Ctrl】+【J】组合键复制【图层 1】图层，得到【图层 1 副本】图层。

复制图层

5 在【图层】面板中的【设置图层的混合模式】下拉列表中选择【线性减淡（添加）】选项。

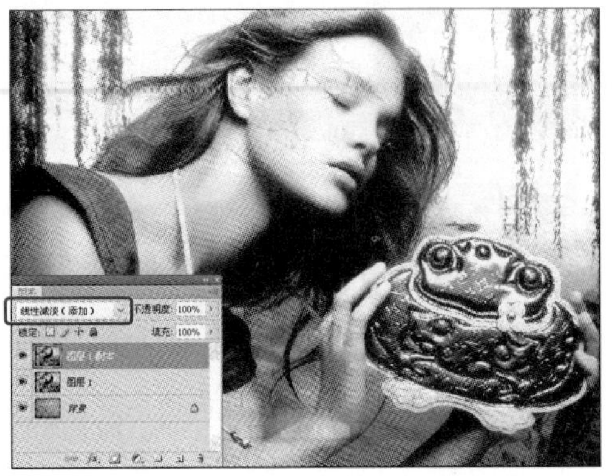

6 按下【Ctrl】+【J】组合键复制【图层 1 副本】图层，得到【图层 1 副本 2】图层。

复制图层

7 在【图层】面板中的【设置图层的混合模式】下拉列表中选择【正常】选项，在【填充】文本框中输入“46%”。

8 打开本实例对应的素材文件 802c.jpg。

9 选择【移动】工具，将素材文件 802c.jpg 拖动到素材文件 802b.jpg 中。

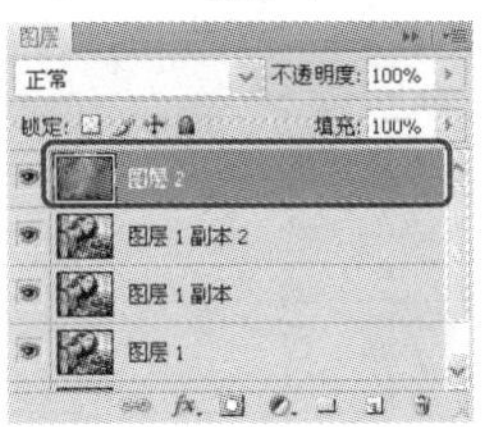

10 在【图层】面板中的【设置图层的混合模式】下拉列表中选择【强光】选项。

11 在【图层】面板中单击【添加图层蒙版】按钮，为该图层添加图层蒙版。

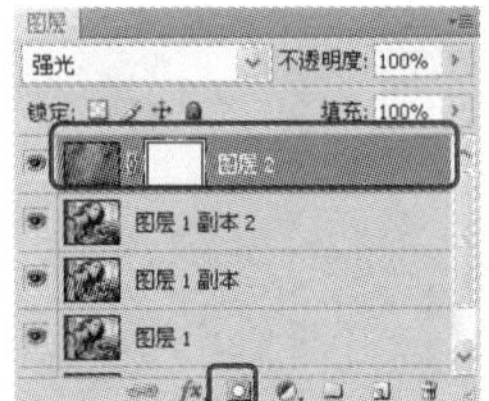

12 选择【画笔】工具，在工具选项栏中设置如图所示的参数及选项。

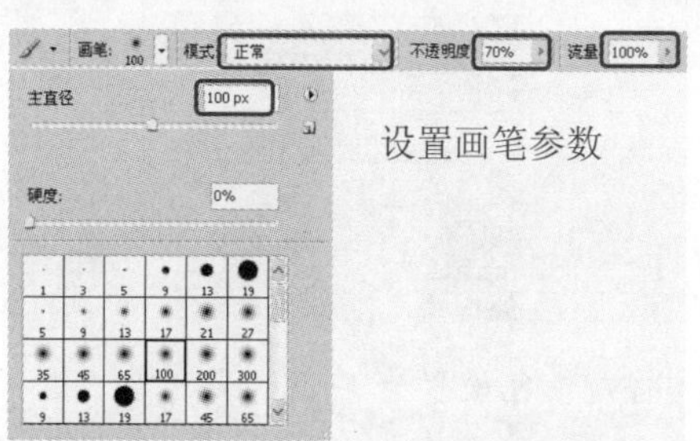

13 在图像中人物的肌肤部分涂抹，隐藏部分图像。

14 按下【Ctrl】+【J】组合键复制图层，得到【图层 2 副本】图层。

15 选择图层蒙版缩览图，选择【画笔】工具，在图像中涂抹人物周围部分。

16 打开【调整】面板，单击【色相/饱和度】图标，在【色相/饱和度】调板中设置如图所示的参数。

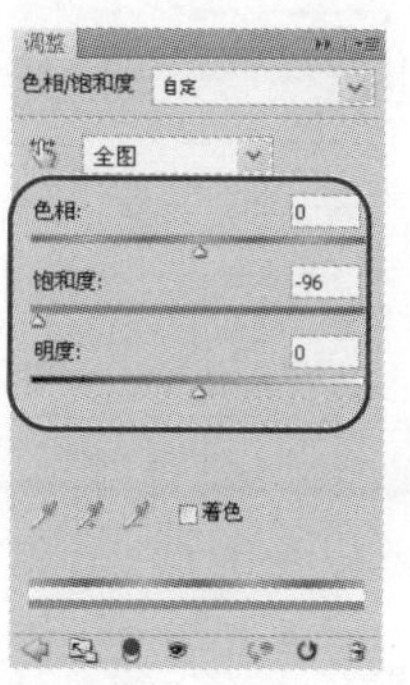

17 单击【返回】按钮，在【调整】面板中单击【通道混合器】图标，在【通道混合器】调板中的【输出通道】下拉列表中选择【红】选项，设置如图所示的参数。

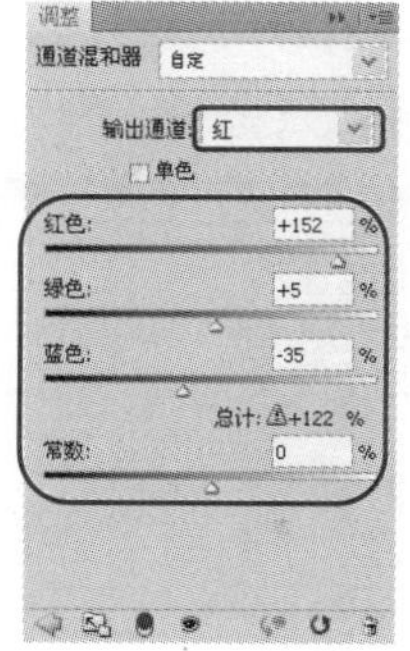

18 在【输出通道】下拉列表中选择【绿】选项，设置如图所示的参数。

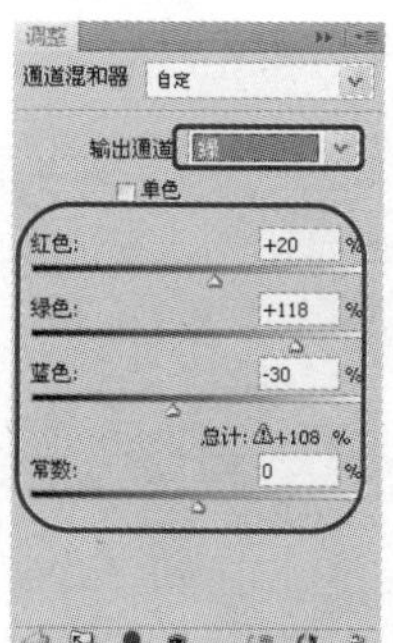

19 在【输出通道】下拉列表中选择【蓝】选项，设置如图所示的参数。

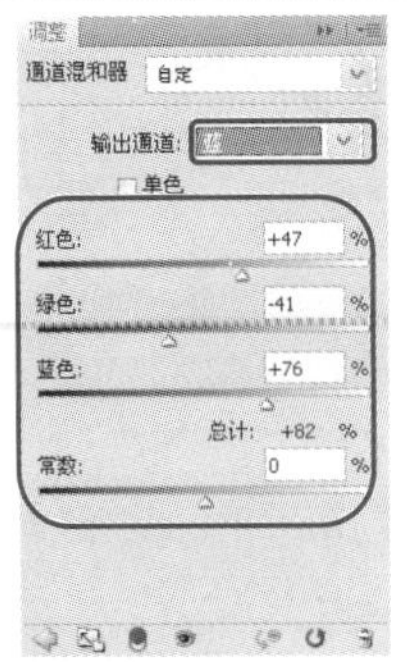

20 选择【图层 2 副本】图层，单击【创建新图层】按钮，新建图层。

21 选择【画笔】工具，在工具选项栏中设置如图所示的参数及选项。

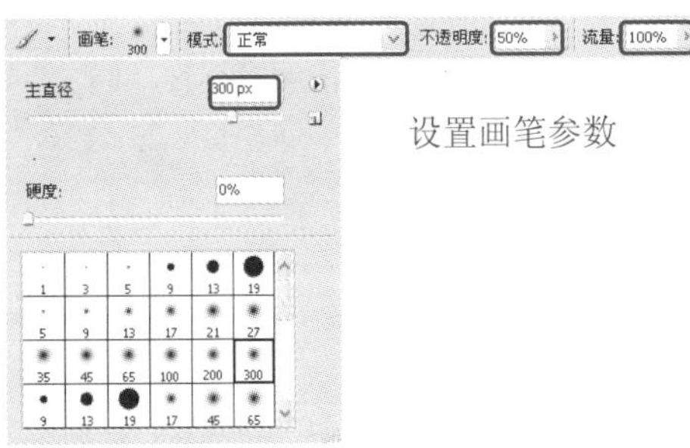

22 将前景色设置为黑色，在图像的边缘部分涂抹，加深边缘的图像。

23 选择【通道混合器 1】图层，单击【创建新图层】按钮，新建图层。

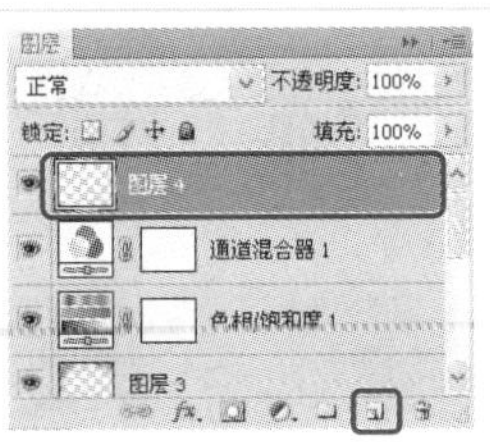

24 将前景色设置为“af1aa1”号色，选择【画笔】工具，在工具选项栏中设置如图所示的参数及选项。

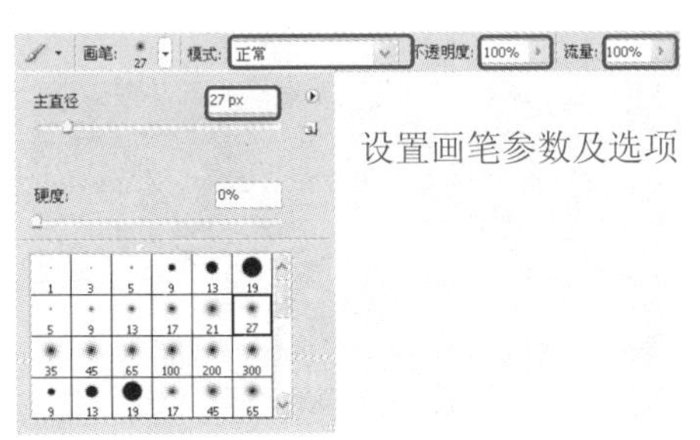

25 在图像中人物的上眼皮处涂抹，添加眼影效果。

26 选择【滤镜】➤【模糊】➤【高斯模糊】菜单项，在弹出的【高斯模糊】对话框中设置如图所示的参数，然后单击 确定 按钮。

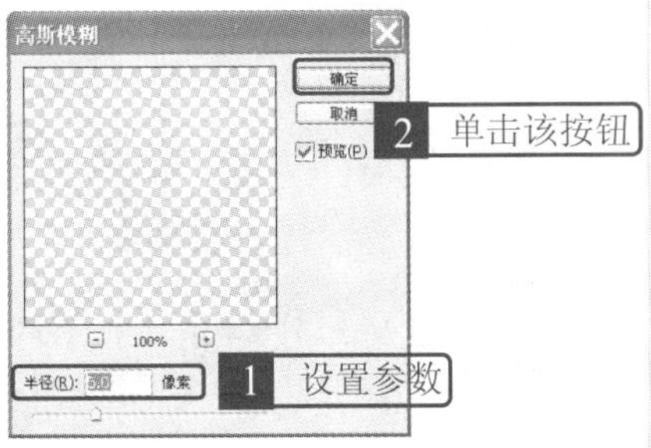

27 在【图层】面板中的【设置图层的混合模式】下拉列表中选择【变暗】选项，在【填充】

文本框中输入“53%”。

28 在【图层】面板中单击【创建新图层】按钮，新建图层。

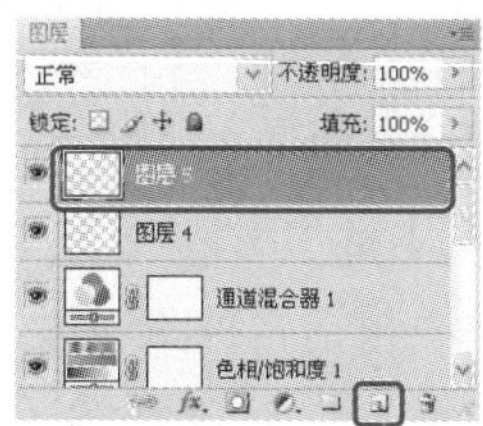

29 将前景色设置为“d52d00”号色，选择【画笔】工具，在工具选项栏中设置如图所示的参数及选项。

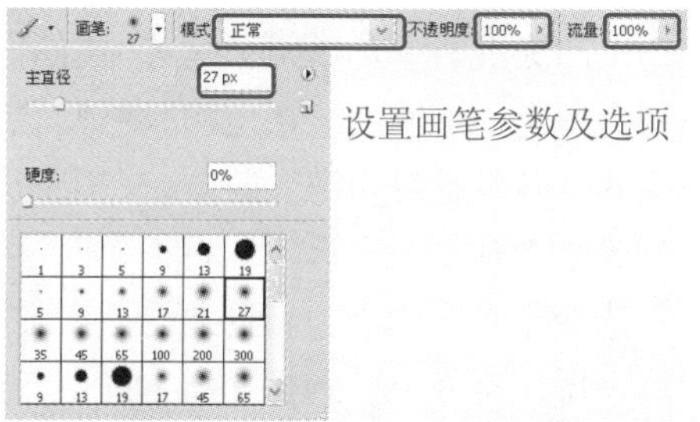

30 在图像中人物的唇部涂抹，添加唇部颜色。

31 选择【滤镜】➤【模糊】➤【高斯模糊】菜单项，在弹出的【高斯模糊】对话框中设置如图所示的参数，然后单击 确定 按钮。

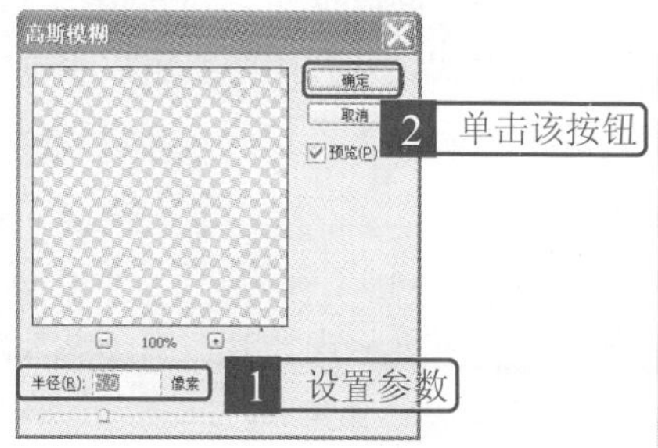

32 在【图层】面板中的【设置图层的混合模式】下拉列表中选择【变暗】选项，在【填充】文本框中输入“53%”。

33 将前景色设置为“dcceb7”号色，选择【横排文字】工具，在工具选项栏中设置适当的字体及字号。

34 在图像中输入适当的文字，最终得到如图所示的效果。

3. 图层样式

使用图层样式可以为图像添加各种修饰属性，以制作特殊的效果。Photoshop 中提供了系统预设样式集合，用户也可以根据需要为图像或形状自行添加各种样式并进行各种样式的编辑。

Photoshop CS4 中的图层样式包括投影、内阴影、外发光、内发光、斜面和浮雕、光泽、颜色叠加、渐变叠加、图案叠加和描边等。不同的图层效果其特点也各不相同，在进行数码照片制作合成中都起着很大的作用。

为图层、选区或者形状添加图层样式时，单击【图层】面板下方的【添加图层样式】按钮 fx，在弹出的下拉菜单中选择相应的菜单项，即可添加相应的图层样式。

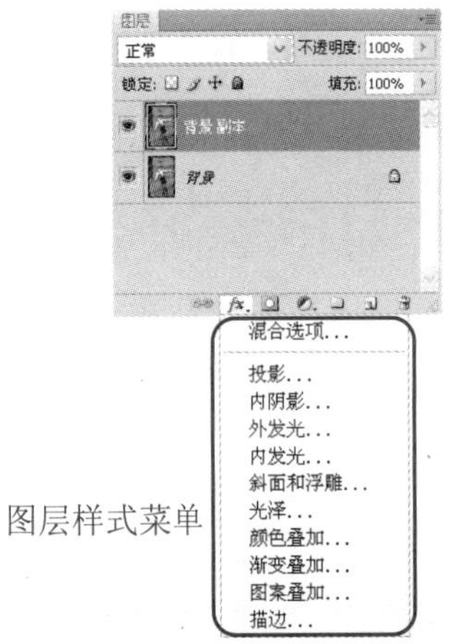

默认样式

单击【图层】面板下方的【添加图层样式】按钮 fx，在弹出的下拉菜单中选择【混合选项】菜单项；或者选择【图层】➤【图层样式】菜单项，在打开的子菜单中选择【混合选项】菜单项，都将打开【图层样式】对话框。

打开【图层样式】对话框后直接单击 确定 按钮即可应用默认的图层样式。【图层样式】对话框的各部分的组成如图所示。

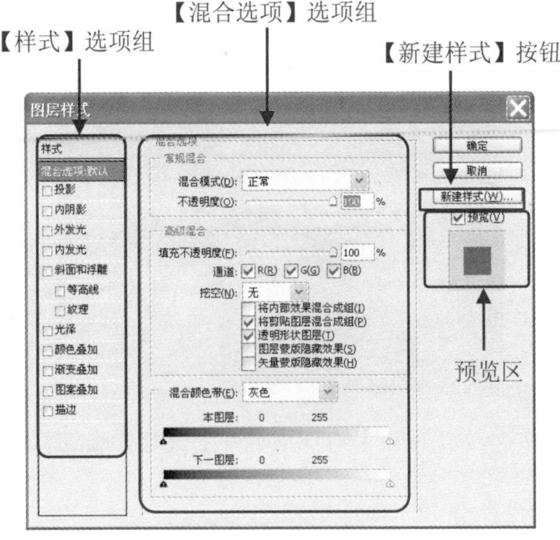

各选项的作用如下。

(1)【样式】选项组。

该选项组中包括各种图层样式，默认状态下系统选择的是【混合选项：默认】选项。

(2)【混合选项】选项组。

①【常规混合】选项组：该选项组用于设置图层的混合模式和不透明度等参数。

②【高级混合】选项组：该选项组用于设置图层的填充不透明度、通道的颜色模式、混合模式的特殊设置等参数。其中，在【挖空】下拉列表中选择【无】选项，将不会创建挖空效果；选择【深】选项，将创建挖空到背景或透明的深层挖空效果；选择【浅】选项，则可创建到下一图层的浅层挖空效果。

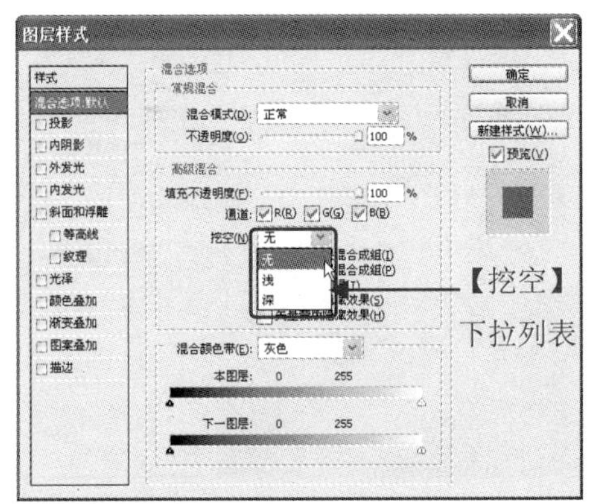

③【混合颜色带】选项组：该选项组用于调整颜色通道及混合颜色的范围大小。

(3)【新建样式】按钮。

单击 新建样式(W)... 按钮，弹出【新建样式】对话框，从中进行具体的设置后单击 确定 按钮将【图层样式】面板中所设置的样式效果保存为文件，以便以后重复使用。

(4) 预览区。

选中【预览】复选框可以在图像中预览添加的图层样式效果，而下方的预览区中则为样式效果的缩览图。

投影

使用【投影】样式将为背景层以外的图层添加与图层内容相同的阴影，以产生影子效果。

内阴影

使用【内阴影】样式可以为背景层之外的图层边缘内部添加与图层内容相同的阴影，以产生内陷效果。

外发光

使用【外发光】样式可以在背景层之外的图层内容外侧制造出各种发光效果。

内发光

使用【内发光】样式可以在背景层之外的图层内容内侧制作出各种发光效果。

斜面和浮雕

使用【斜面和浮雕】样式可以在背景层之外的图层内容的边缘设置高光和阴影等特殊的修饰效果。

光泽

使用【光泽】样式可以在背景层之外的图层和图像内部基于图层内容应用阴影，创建出类似绸缎或者金属的磨光效果。

颜色叠加

使用【颜色叠加】样式可以在背景层之外的图层内容中叠加颜色。

渐变叠加

使用【渐变叠加】样式可以在背景层之外的图层内容中叠加渐变颜色。

图案叠加

使用【图案叠加】样式可以在背景层之外的图层内容中叠加系统预设的各种图案。

描边

使用【描边】样式可以描边背景层之外的图层内容的边缘，该样式效果经常应用于文字或形状。

为图层添加图层样式后，接下来可以对其进行复制、粘贴、显示、隐藏、缩放、删除以及对图层进行转换等操作。下面介绍几种常用的图层样式编辑操作。

(1) 复制和粘贴图层样式。

对创建的图层样式进行复制和粘贴操作，可以减轻工作量，提高工作的效率。

复制创建的图层样式的方法主要有以下两种。

① 选择【图层】➤【图层样式】➤【拷贝图层样式】菜单项。

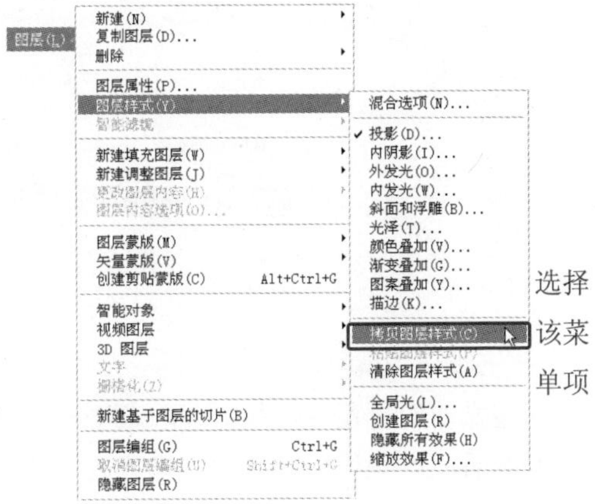

② 在效果层上单击鼠标右键，在弹出的快

捷菜单中选择【拷贝图层样式】菜单项。

粘贴创建的图层样式的方法主要有以下两种。

① 选择【图层】➢【图层样式】➢【粘贴图层样式】菜单项。

② 在该图层上单击右键，在弹出的快捷菜单中选择【粘贴图层样式】菜单项。

⑵ 隐藏图层样式。

在操作的过程中往往需要隐藏图层样式，以便查看原始图像。隐藏图层样式的方法主要有以下两种。

① 使用【图层】面板。

选中【图层】面板中需要隐藏图层样式的图层，然后单击该图层中【效果】左侧的图标，图层样式将全部被隐藏。

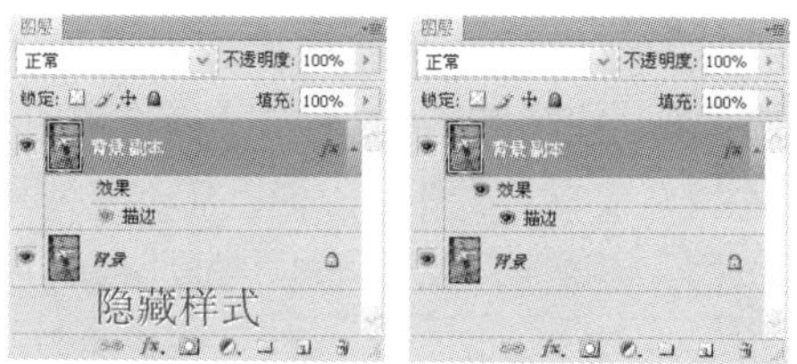

单击该图层中单个样式名称左侧的图标，其对应的图层样式即被隐藏。

② 使用主菜单。

选中【图层】面板中需要隐藏图层样式的图层，然后选择【图层】➢【图层样式】➢【隐藏所有效果】菜单项，图层样式将全部被隐藏。

⑶ 调整图层样式效果。

对设置好的图层样式还可以进一步调整图层样式效果。

① 缩放图层样式效果。

缩放图层样式效果在描边样式中将改变描边的宽度，而在图案叠加样式中将改变图案的显示比例。

选中一个带有图层样式的图层后选择【图层】➢【图层样式】➢【缩放效果】菜单项，或者在该图层右侧的fx标志上单击鼠标右键，在弹出的快捷菜单中选择【缩放效果】菜单项，都将弹出【缩放图层效果】对话框。

在弹出的【缩放图层效果】对话框中的【缩放】文本框中输入数值或者拖动滑块，然后单击 确定 按钮即可完成图像样式的缩放。

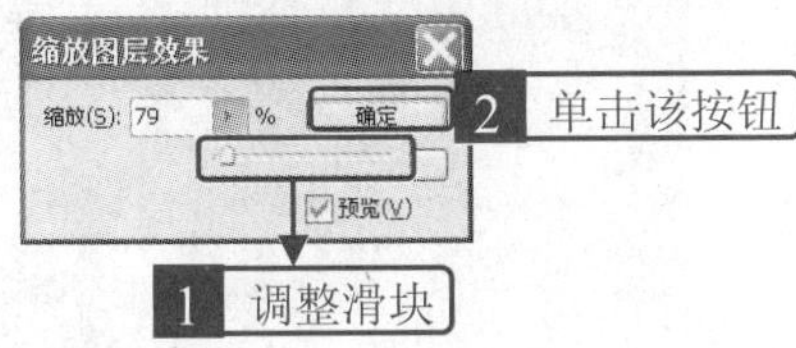

② 调整全局光。

在应用了图层样式效果的图层上使用全局光，可以对整体图像应用效果。

选中一个带有图层样式的图层后选择【图层】➤【图层样式】➤【全局光】菜单项，或者在该图层右侧的fx标志上单击鼠标右键，在弹出的快捷菜单中选择【全局光】菜单项，都将弹出【全局光】对话框。

【全局光】对话框

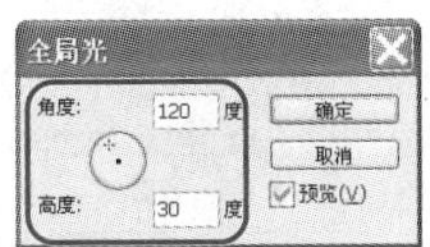

在该对话框中的【角度】文本框中输入数值或者拖动轮盘指针可以设置光源的照射角度，在【高度】文本框中输入数值可以设置光源的照射高度，设置完成单击 确定 按钮即可完成图像样式的调整。

⑷ 清除图层样式。

对不需要的图层样式可以将其清除。清除的方法主要有以下两种。

① 使用【删除图层】按钮。

在【图层】面板中选中需要删除图层样式效果的图层，然后单击并拖动fx标志到面板下方的【删除图层】按钮上，即可删除该图层样式效果。

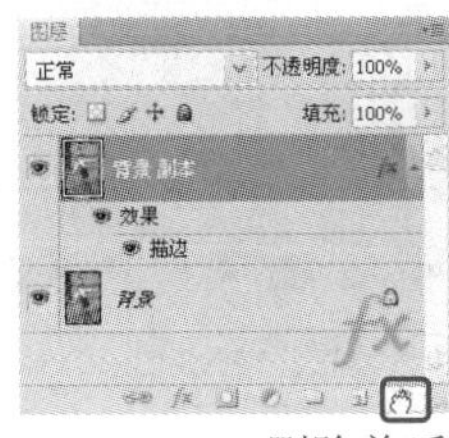
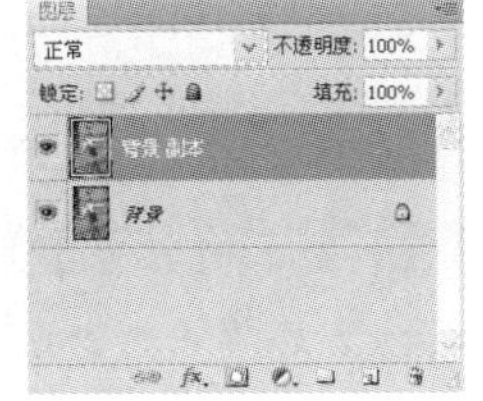

删除前后效果对比

② 使用主菜单。

在【图层】面板中选中需要删除图层样式效果的图层，然后选择【图层】➤【图层样式】➤【清除图层样式】菜单项；或者在该图层右侧的fx标志上单击鼠标右键，在弹出的快捷菜单中选择【清除图层样式】菜单项，即可清除该图层中的所有图层样式效果。

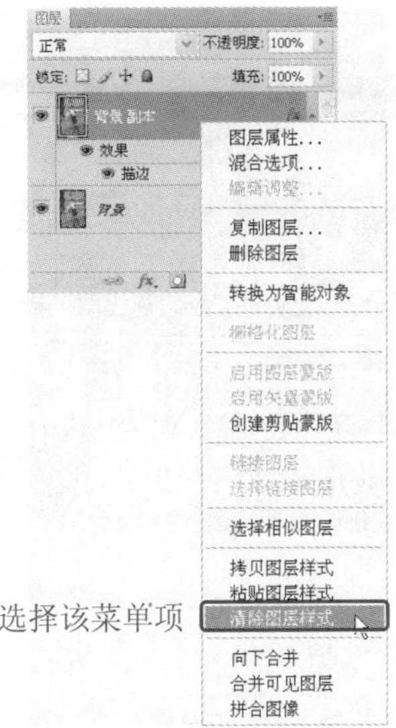

4. 实例——飞车族

本实例素材和最终效果所在位置如下。	
素材文件	第 8 章\8.3\素材文件\803.jpg
最终效果	第 8 章\8.3\最终效果\803.psd

1 打开本实例对应的素材文件 803.jpg。

2 单击【图层】面板中的【创建新图层】按钮，新建图层。

3 选择【钢笔】工具，在图像中绘制如图所示的曲线路径。

4 将前景色设置为白色，选择【画笔】工具，在工具选项栏中设置如图所示的参数。

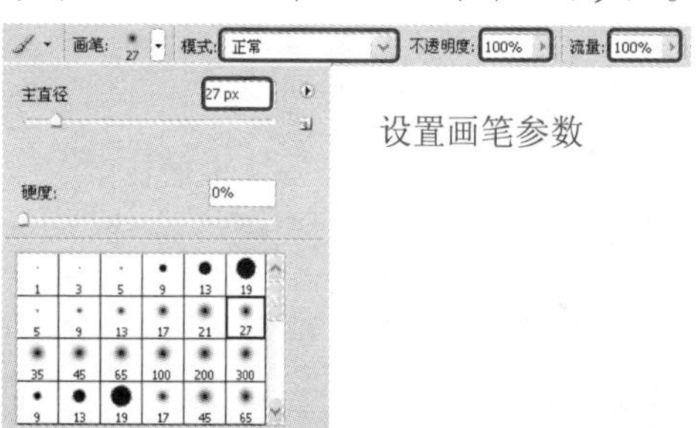

5 按住【Alt】键单击【路径】面板中的【用画笔描边路径】按钮，弹出【描边路径】对话框，从中设置如图所示的选项，然后单击 确定 按钮。

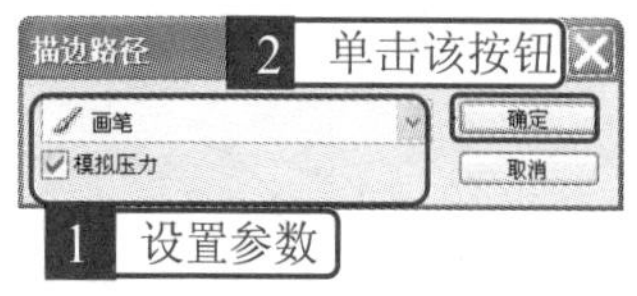

6 单击【路径】面板的空白位置，显示描边效果。

7 单击【图层】面板中的【添加图层样式】按钮，在弹出的菜单中选择【外发光】菜单项。

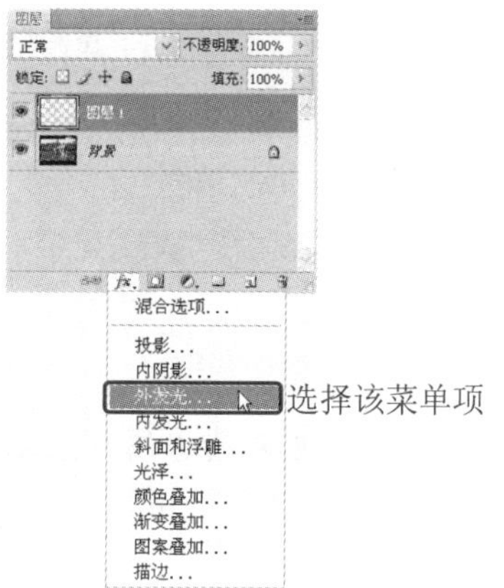

8 弹出【图层样式】对话框，在该对话框中设置如图所示的参数。

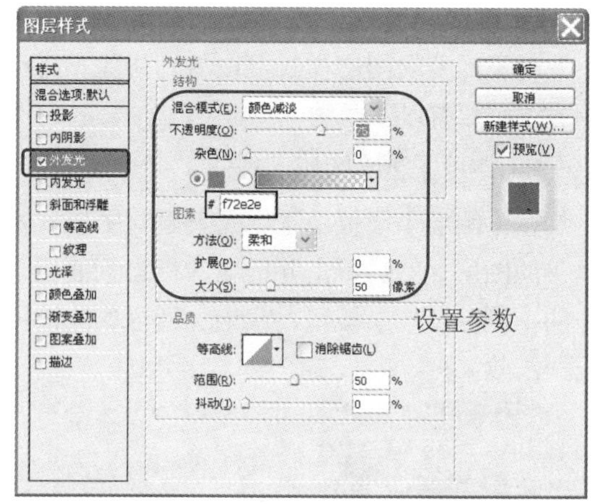

9 选中【内发光】复选框，设置如图所示的参数，然后单击 确定 按钮。

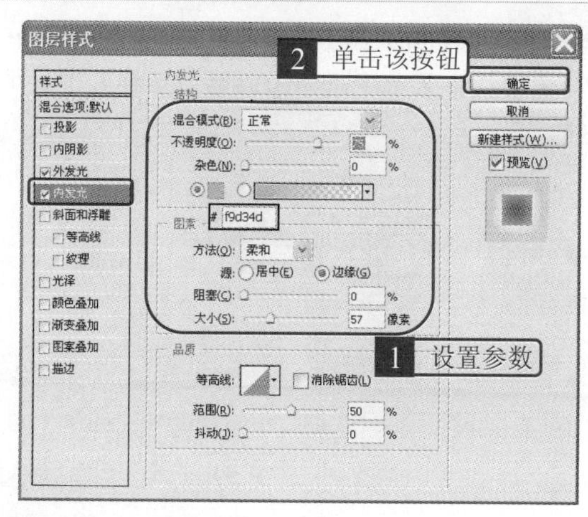

10 选择【涂抹】工具，在工具选项栏中设置如图所示的参数。

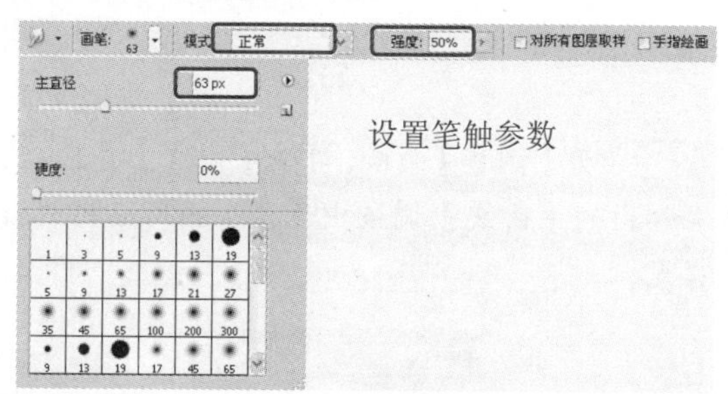

11 在图像中涂抹绘制的线条，使其扭曲，得到如图所示的效果。

12 参照上述方法绘制其他火焰效果，得到如图所示的效果。

13 单击【图层】面板中的【创建新图层】按钮，新建图层。

14 选择【画笔】工具，打开【画笔】面板，在该面板中设置如图所示的参数。

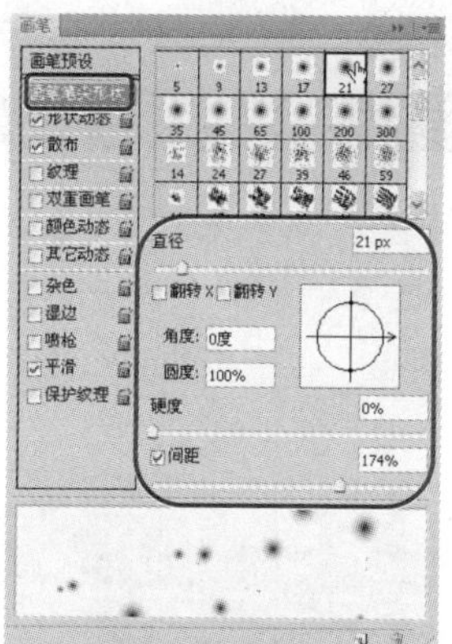

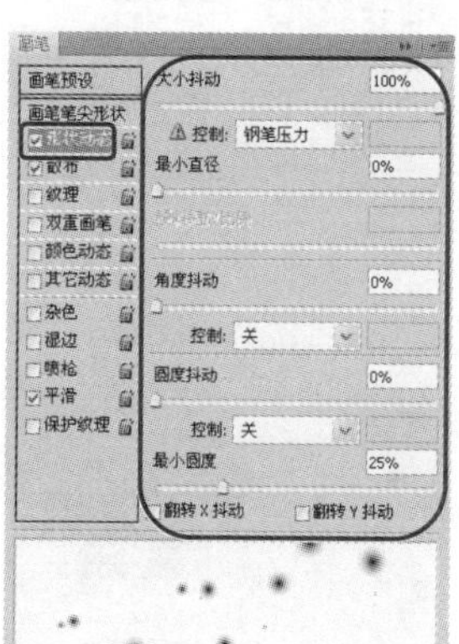

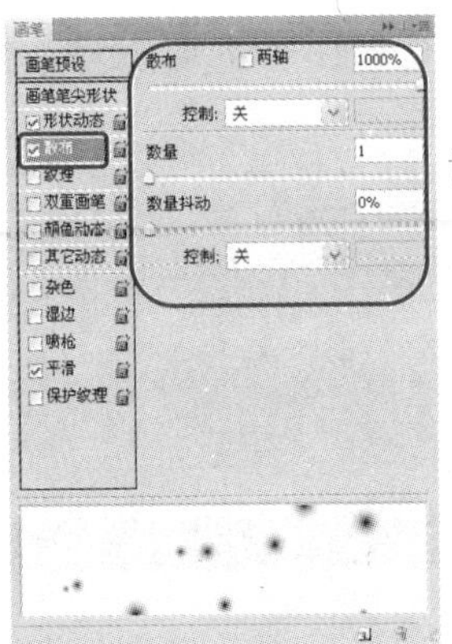

15 在图像中火焰的周围绘制如图所示的火花效果。

16 选择【图层 1】图层，单击鼠标右键，在弹出的快捷菜单中选择【拷贝图层样式】菜单项。

17 选择【图层 6】图层，单击鼠标右键，在弹出的快捷菜单中选择【粘贴图层样式】菜单项。

18 打开【调整】面板，单击【曲线】图标，在弹出的【曲线】调板中设置如图所示的曲线样式。

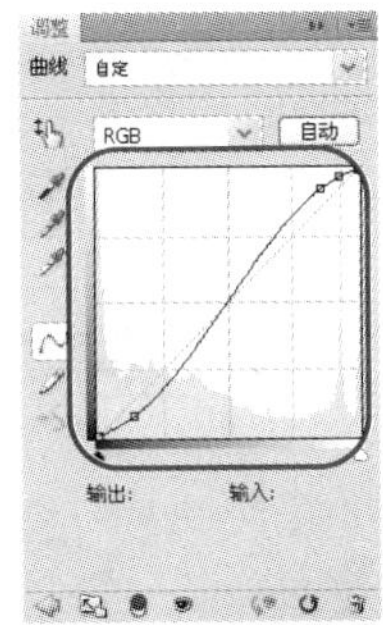

19 单击【曲线】调板中的【返回】按钮，返回【调整】面板，单击【曲线】图标，在弹出的【曲线】调板中设置如图所示的曲线样式。

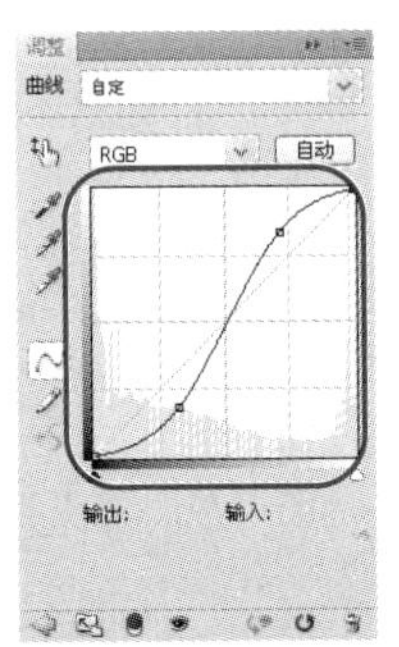

20 在【图层】面板中的【填充】文本框中输入“50%”，得到如图所示的效果。

21 将前景色设置为“e09028”号色，将背景色设置为“442f0a”号色，单击【图层】面板中的【创建新的填充或调整图层】按钮，在弹出的菜单中选择【渐变】菜单项。

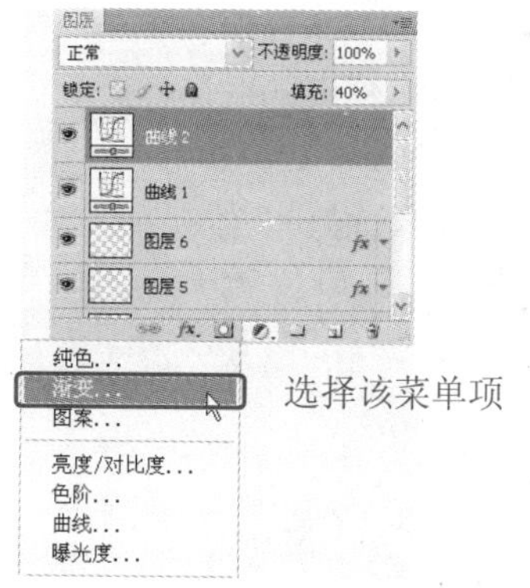

22 在弹出的【渐变填充】对话框中设置如图所示的选项及参数，然后单击 确定 按钮。

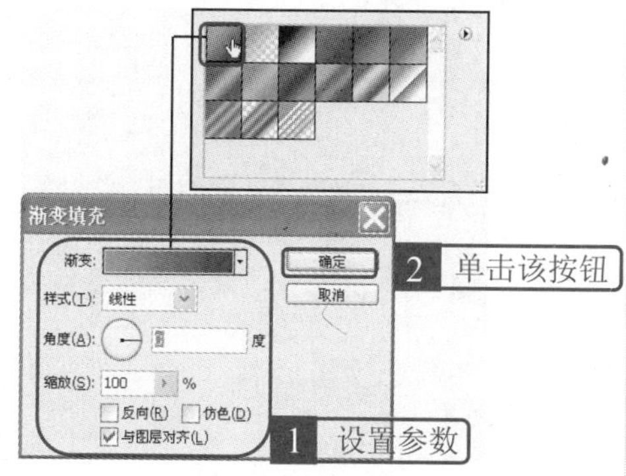

23 在【图层】面板中的【设置图层的混合模式】下拉列表中选择【叠加】选项，在【填充】文本框中输入“70%”。

24 选择【渐变填充】图层的图层蒙版缩览图，将前景色设置为黑色，选项【画笔】工具，在工具选项栏中设置如图所示的参数。

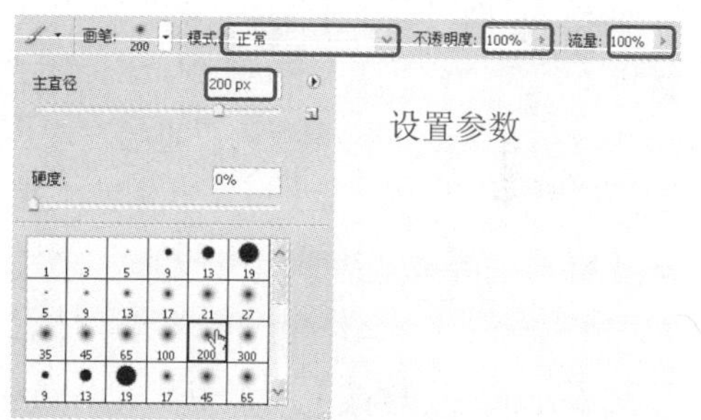

25 在图像中涂抹左侧的图像部分，将其隐藏，得到如图所示的效果。

26 将前景色设置为黑色，将背景色设置为“442f0a”号色，参照上述方法添加渐变，并通过图层蒙版隐藏右侧的渐变效果，最终得到如图所示的效果。

最终效果

5. 【样式】面板

应用预设的图层样式可以迅速地创建图形图像效果，从而提高工作效率。Photoshop CS4 中提供了预设的样式集合。通过使用【样式】面板和一些工具的下拉面板可以直接应用预设图层的样式。

【样式】面板

在【样式】面板中可以使用和管理各种图层样式集合。在【样式】面板中既可以应用系统的预设样式，又可以添加或存储自定义的图层样式。选择【窗口】➢【样式】菜单项，打开【样式】面板。如果【样式】面板停泊在工作区中，可以直接单击图标将其打开。单击【样式】面板右侧的按钮可以打开【样式】面板菜单。

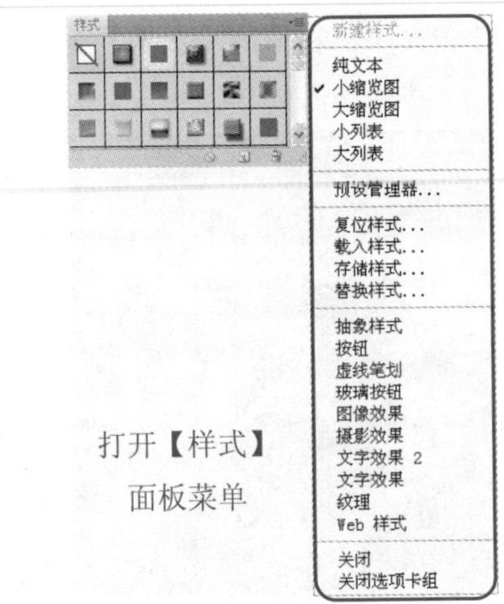

【样式】拾色器

选择【矩形】工具或者【钢笔】工具，在其工具选项栏中单击【形状图层】按钮，然后单击其工具选项栏中的【样式】图标或图标后面的倒三角按钮，打开【样式】拾色器，从中可以选择所需的图层样式。

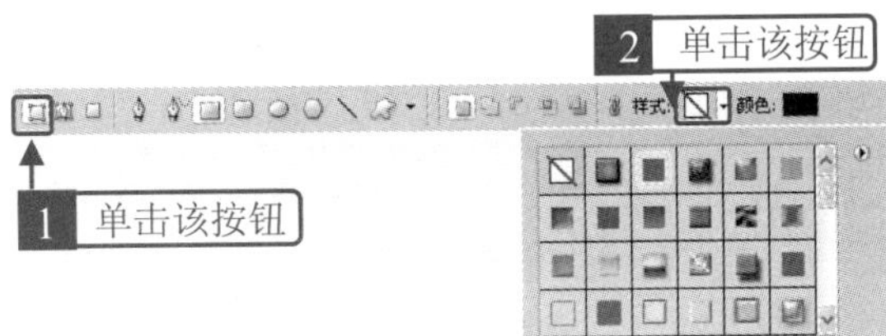

新手

第9章 通道与蒙版的应用

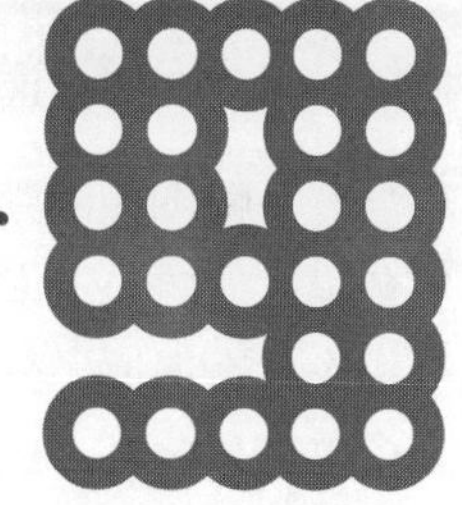

Chapter 9

小月：小龙，我想把这个图像中的人物抠出来，可是不知道该怎么操作！

小龙：你可以应用通道和蒙版功能啊！

小月：通道和蒙版？我不是很了解啊！

小龙：没关系，我来给你讲讲这方面的知识吧！

小月：太好了！

小龙：呵呵。

要点导航

- 通道
- 蒙版

9.1 通道

在 Photoshop 中有专门的【通道】面板用于完成通道的相关操作。使用通道和蒙版可以制作出各种有创意的图像，并且可以完成难度较大的抠图工作。

9.1.1 通道的基础知识

每一个 Photoshop 图像都有通道，通道采用特殊灰度存储图像的颜色信息或者专色信息。

1. 【通道】面板

一幅图像的默认通道数取决于该图像的颜色模式。CMYK 模式的图像有 4 个颜色通道和一个复合通道，分别存储图像中的 C、M、Y、K 等颜色信息。

选择【窗口】➢【通道】菜单项，打开【通道】面板。

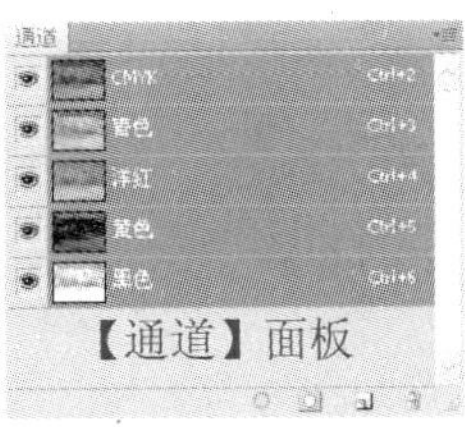

【通道】面板

RGB 模式有 3 个颜色通道，另有一个复合通道。

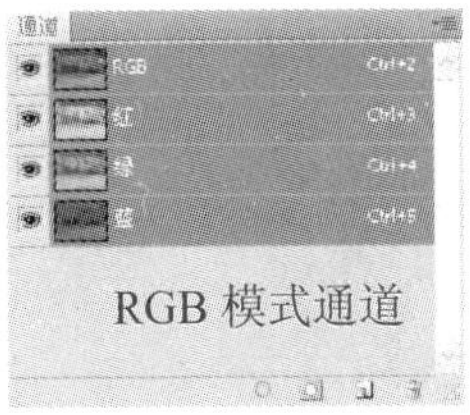

RGB 模式通道

Lab 模式也有 3 个颜色通道和一个复合通道。

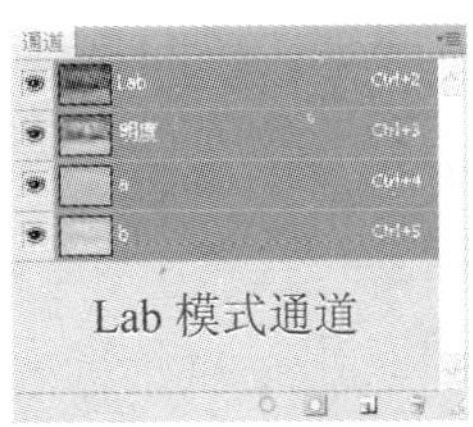

Lab 模式通道

索引颜色、位图、灰度等模式的图像则只有一个通道。

双色调模式通过 1 ~ 4 种自定油墨创建单色调、双色调（两种颜色）、三色调（3 种颜色）和四色调（4 种颜色）的灰度图像。

2. 通道的基本编辑

通道的操作方法和图层相似，可以进行新建、复制、移动、显示和隐藏等操作。下面分别进行介绍。

创建 Alpha 通道

在【通道】面板中单击【调板卷帘】按钮，选择【新建通道】菜单项，或者按住【Alt】键不放单击【通道】面板底部的按钮，弹出【新建通道】对话框。

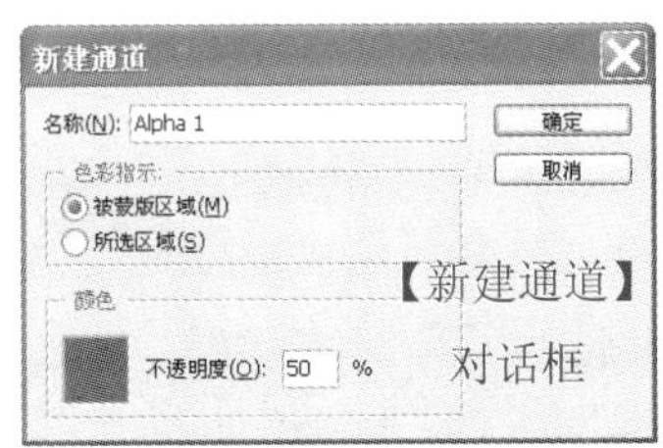

【新建通道】对话框

在【新建通道】对话框中单击 确定 按钮，即可创建新的 Alpha 通道。

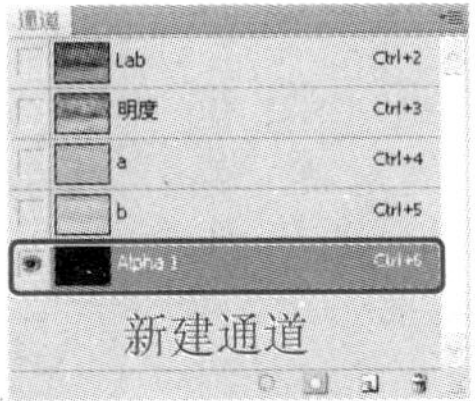

新建通道

复制通道

选择【通道】面板中的【蓝】通道，单击

右上角的按钮，在弹出的下拉菜单中选择【复制通道】菜单项。

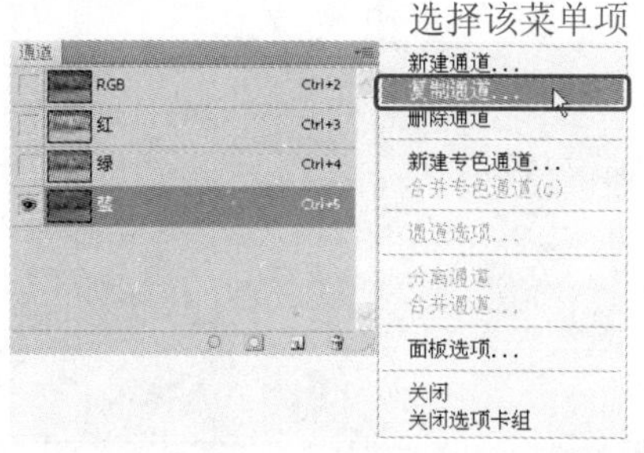

弹出【复制通道】对话框，在该对话框中设置相关选项，然后单击 确定 按钮。

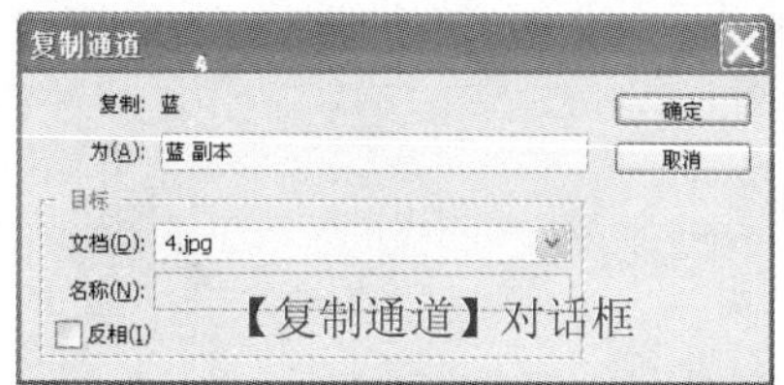

在【通道】面板中即可得到【蓝 副本】通道。

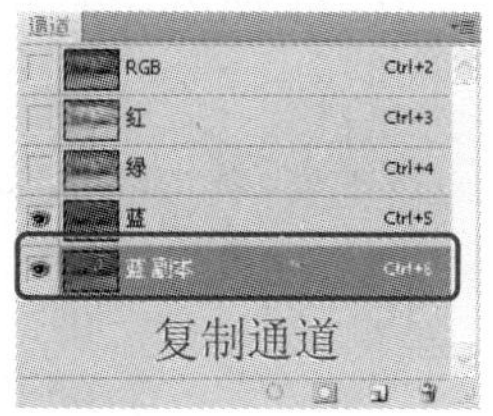

删除通道

删除通道的方法有以下几种。

(1) 在【通道】面板中选择要删除的通道，然后单击【通道】面板右上角的按钮，在弹出的下拉菜单中选择【删除通道】菜单项即可将通道删除。

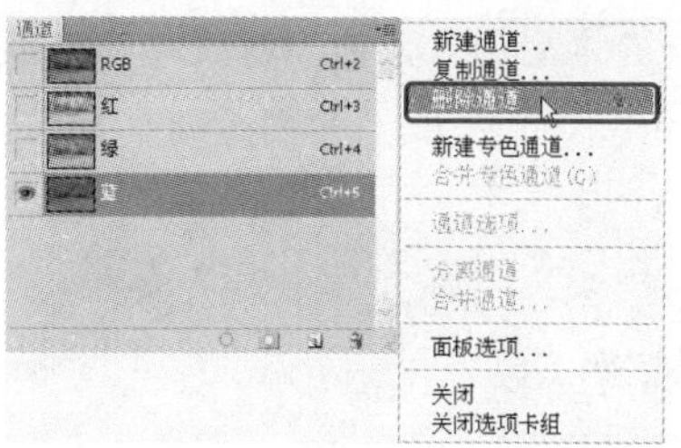

(2) 直接将要删除的通道拖至按钮上即可将该通道删除。

(3) 选中通道后单击【通道】面板底部的按钮，然后在弹出的提示对话框中单击 是(Y) 按钮，即可将选中的通道删除。

显示和隐藏通道

打开【通道】面板，可以看见每一个通道前都有一个图标，表示该通道处于显示状态。

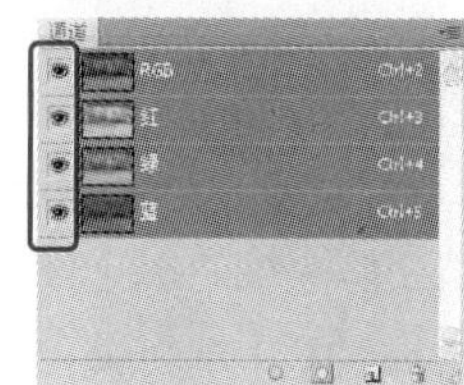

当通道前面的图标消失时，表示该通道处于隐藏状态。

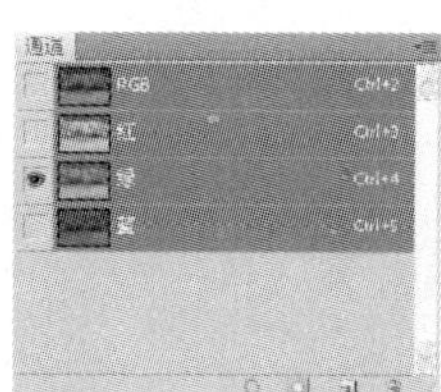

9.1.2 实例——通道与抠图

使用【通道】面板对图像进行抠图操作是比较常用的抠图方法之一。

下面通过实例介绍使用【通道】面板抠图的操作方法及使用技巧。

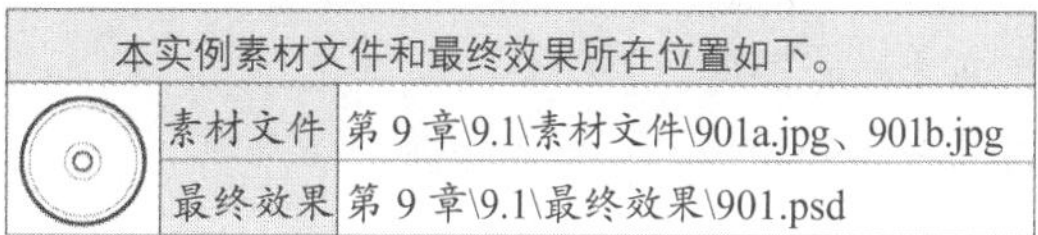

本实例素材文件和最终效果所在位置如下。	
素材文件	第 9 章\9.1\素材文件\901a.jpg、901b.jpg
最终效果	第 9 章\9.1\最终效果\901.psd

1 打开本实例对应的素材文件 901a.jpg。

素材文件

2 按下【Ctrl】+【J】组合键，复制【背景】图层得到【图层 1】图层，单击【添加图层蒙版】按钮，为【图层 1】图层创建图层蒙版。

单击该按钮

3 打开【通道】面板，选择【蓝】通道，按下【Ctrl】+【A】组合键，将【蓝】通道图像全选，按下【Ctrl】+【C】组合键复制图像，然后选择【图层 1 蒙版】通道并显示所有通道，按下【Ctrl】+【V】组合键粘贴图像。

粘贴图像

4 返回【图层】面板，隐藏【背景】图层，按下【Ctrl】+【D】组合键取消选择，得到如图所示的图像效果。

5 按下【Shift】键的同时，单击【图层 1】图层的【图层蒙版缩览图】，停用【图层 1】图层的图层蒙版。

6 选择【钢笔】工具，在工具选项栏中设置如图所示的选项。

设置【钢笔】选项

7 使用【钢笔】工具在图像中绘制如图所示的闭合路径。

绘制路径

8 按下【Ctrl】+【Enter】组合键将路径转换为选区，单击【图层 1】图层的【图层蒙版缩览图】，恢复使用图层蒙版。

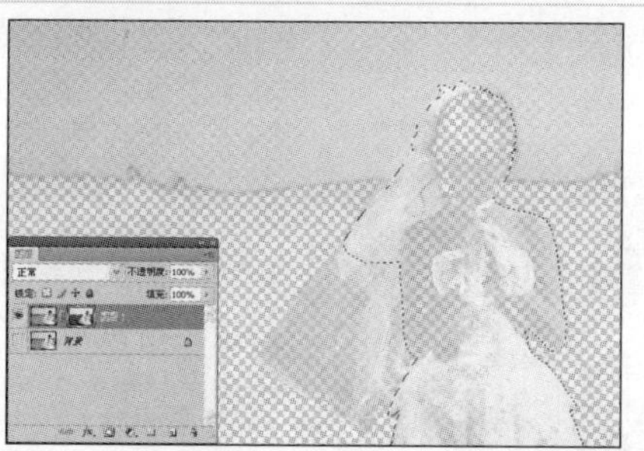

9 选择【橡皮擦】工具，在工具选项栏中设置如图所示的参数。

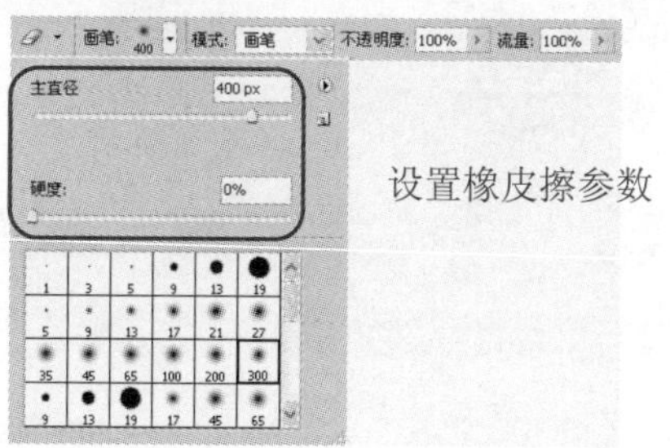

设置橡皮擦参数

10 选择【图层 1】图层的图层蒙版，交替按下【[】和【]】键调整画笔的直径，使用【橡皮擦】工具在人物部分涂抹擦出人物，得到如图所示的图像效果。

11 按下【Ctrl】+【Shift】+【I】组合键反选选区，将前景色设置为白色，涂抹剩余的蓝天和其他剩余颜色（不涂抹婚纱部分）。

12 按下【Ctrl】+【D】组合键取消选区，选择【背景】图层。

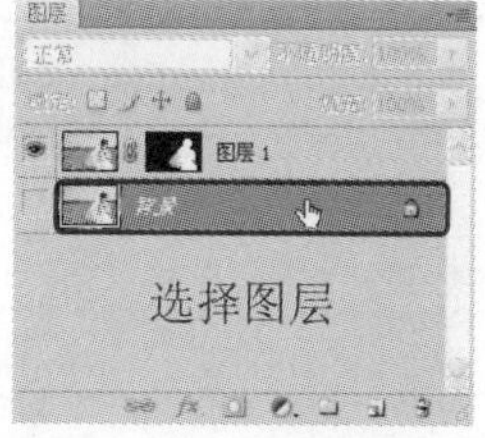

选择图层

13 打开本实例对应的素材文件 901b.jpg。

素材文件

14 使用【移动】工具将素材文件 901b.jpg 中的图像拖到素材文件 901a.jpg 中，按下【Ctrl】+【T】组合键调整图像的大小及位置，调整合适后，按下【Enter】键确认操作，最终得到如图所示的效果。

最终效果

9.1.3 实例——通道与色彩调整

使用【通道】面板可以快速变换图像局部范围的色调。

本实例素材文件和最终效果所在位置如下。	
素材文件	第 9 章\9.1\素材文件\902.jpg
最终效果	第 9 章\9.1\最终效果\902.psd

1 打开本实例对应的素材文件 902.jpg。

2 选择【图像】➢【模式】➢【Lab 颜色】菜单项，转换图像模式。打开【通道】面板，选中【a】通道，按下【Ctrl】+【A】组合键全选该通道内容。

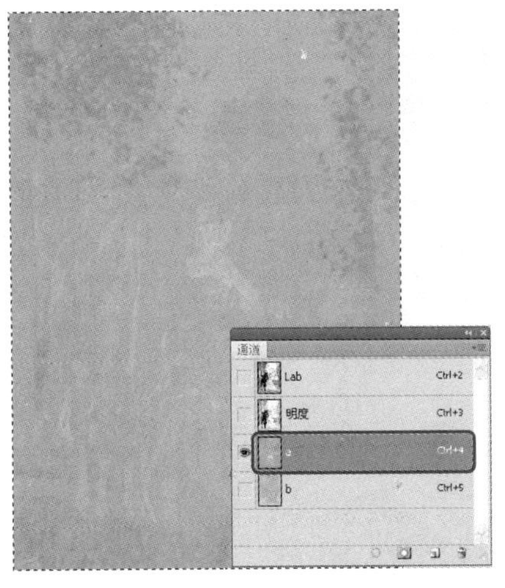

3 按下【Ctrl】+【C】组合键复制，选中【b】通道，按下【Ctrl】+【V】组合键粘贴。

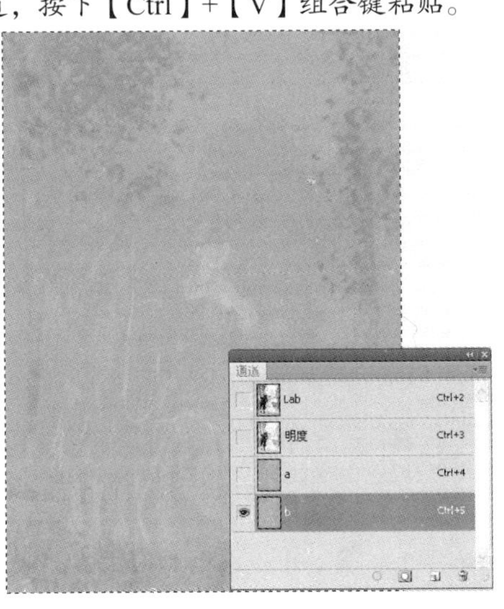

4 选择【Lab】通道，按下【Ctrl】+【D】组合键取消选区，最终得到如图所示的效果。

最终效果

9.1.4 【应用图像】命令

使用【应用图像】命令可以将图像的图层和通道（源）与现用的图像（目标）的图层和通道进行混合。

选择【图像】➢【应用图像】菜单项，弹出【应用图像】对话框。

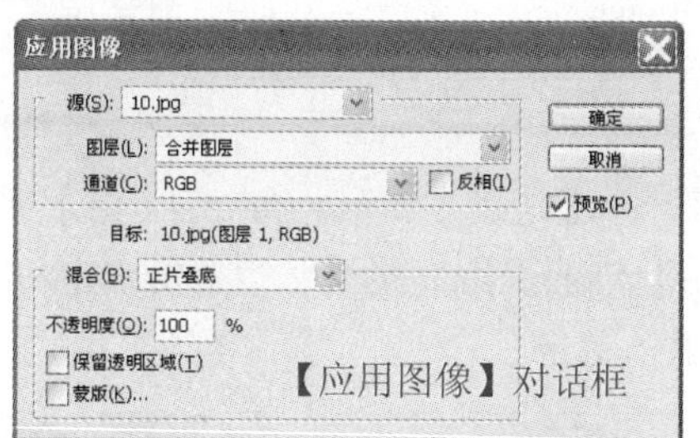

在【图层】下拉列表中选择【背景】选项，在【通道】下拉列表中选择【RGB】选项。

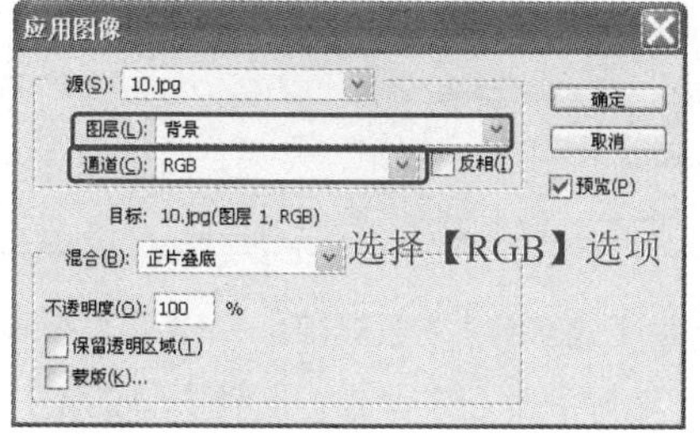

【相加】混合模式

选择【相加】混合模式可以增加两个通道中的像素值。

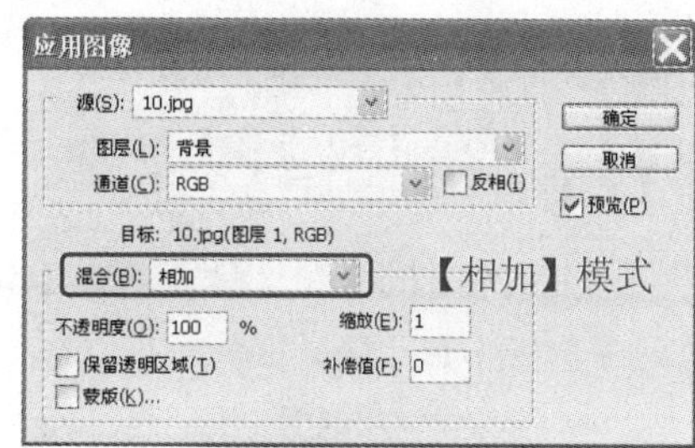

【减去】混合模式

从目标通道中相应的像素上减去源通道中的像素值。

【缩放】因数可以是介于 1.000 和 2.000 之间的任何数字。可以使用【补偿】值，通过介于+255 和 – 255 之间的亮度值使目标通道中的像素变暗或变亮。

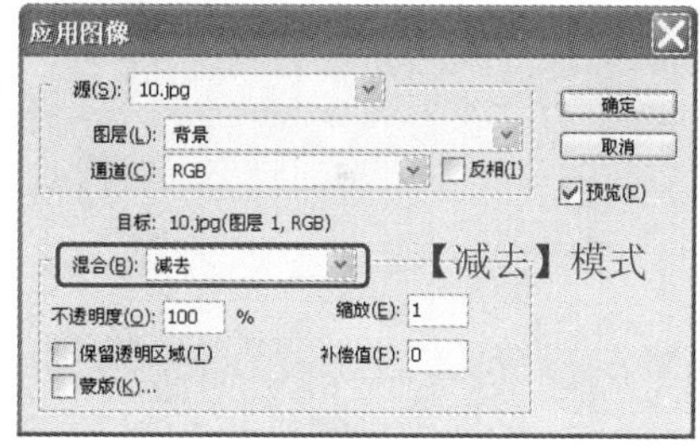

9.1.5 实例——锐化照片

【计算】命令用于混合两个来自一个或多个源图像的单个通道。可以将结果应用到新图像或新通道中，也可以应用到现用图像的选区中。

使用【计算】命令可以将模糊的图像变得清晰。

下面通过实例介绍使用【计算】命令锐化照片的操作过程。

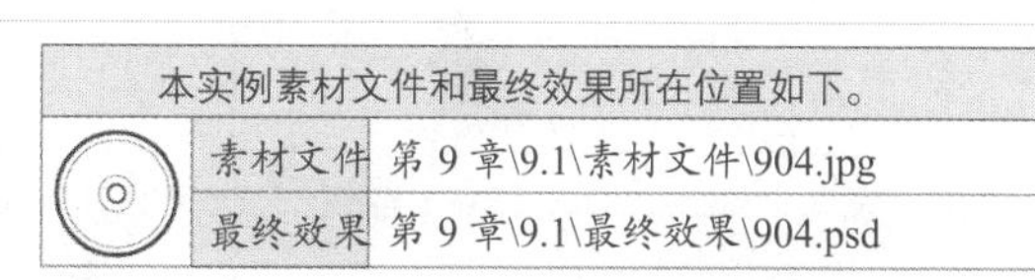

本实例素材文件和最终效果所在位置如下。	
素材文件	第 9 章\9.1\素材文件\904.jpg
最终效果	第 9 章\9.1\最终效果\904.psd

1 打开本实例对应的素材文件 904.jpg。

2 按下【Ctrl】+【J】组合键，复制【背景】图层得到【图层1】图层。

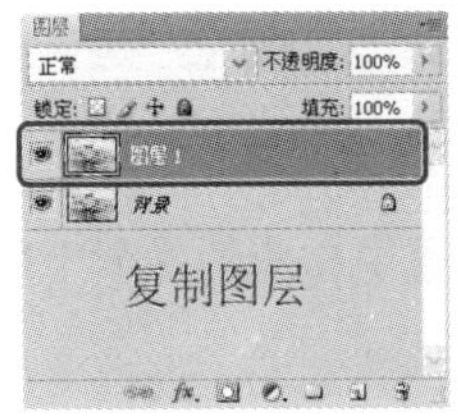

3 选择【滤镜】➢【风格化】➢【查找边缘】菜单项，得到如图所示的图像效果。

4 按下【Ctrl】+【L】组合键，弹出【色阶】对话框，在该对话框中设置如图所示的参数，设置完毕单击 确定 按钮。

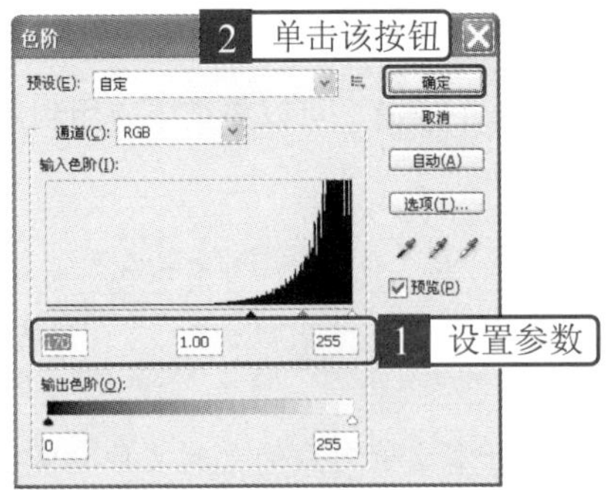

5 选择【图像】➢【计算】菜单项，弹出【计算】对话框，从中设置如图所示的参数及选项，单击 确定 按钮。

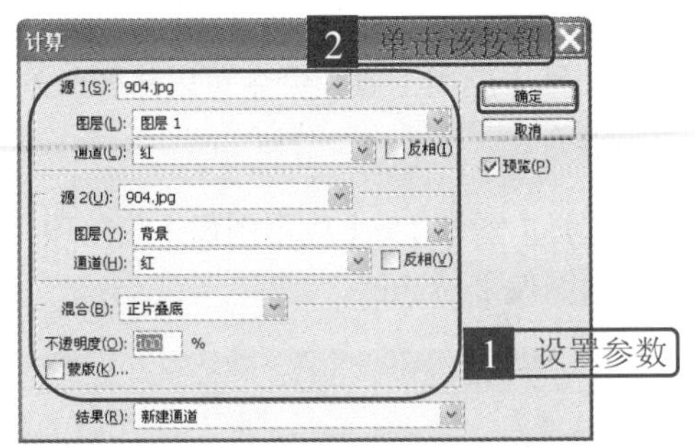

6 打开【通道】面板，按住【Ctrl】键的同时单击【Alpha1】通道的通道缩览图，将【Alpha1】通道载入选区。

7 按下【Ctrl】+【Shift】+【I】组合键反选选区，返回【图层】面板，隐藏【图层1】图层，选择【背景】图层。

8 按下【Ctrl】+【J】组合键，复制选区中的图像并得到新图层【图层2】图层。

9 选择【滤镜】➤【锐化】➤【USM 锐化】菜单项，弹出【USM 锐化】对话框，从中设置如图所示的参数，然后单击 确定 按钮。

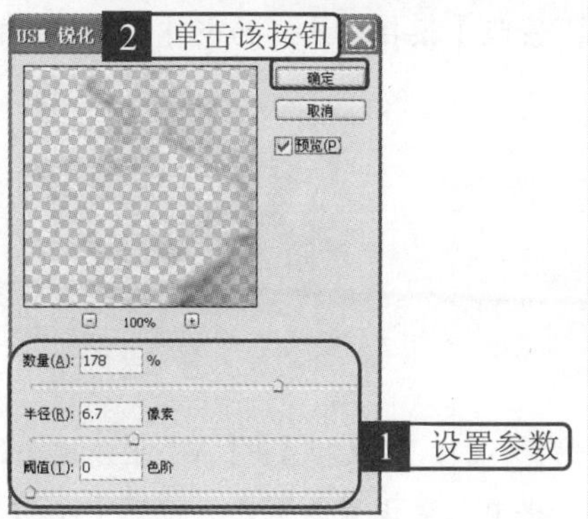

10 最终得到如图所示的图像效果。

最终效果

9.2 蒙版

图层蒙版是 Photoshop 中很强大的功能之一。图层蒙版可以用来遮蔽整个图层组，或者只遮蔽半个图层。

1. 图层蒙版

图层蒙版是 256 色灰度图像，在蒙版图像中黑色的区域为隐藏区域，白色的区域为显示区域，而灰色的区域则为透明区域。另外，对图层蒙版也可以进行各种编辑，因此通过添加图层蒙版可以合成各种神奇的图像效果。

创建图层蒙版

单击【图层】面板下方的【添加图层蒙版】按钮 即可创建图层蒙版。

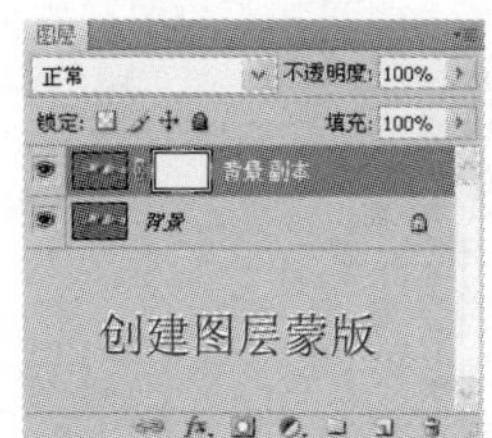

创建图层蒙版

显示和隐藏图层蒙版

选择【图层】➤【图层蒙版】➤【应用】菜单项，此时图层处于“应用”状态。

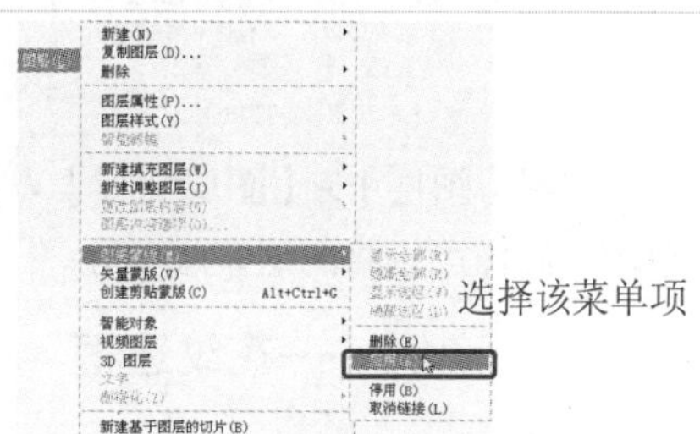

选择【图层】➤【图层蒙版】➤【显示全部】（或【隐藏全部】）菜单项，图层蒙版即为显示（或隐藏）状态。

停用和删除图层蒙版

在图层蒙版上单击鼠标右键，在弹出的快捷菜单中选择【停用图层蒙版】菜单项，此时在【图层蒙版】上会出现红色的叉号，即图层蒙版被停用。

停用蒙版

若要删除图层蒙版，可以在图层蒙版预览框中单击鼠标右键，在弹出的快捷菜单中选择【删除图层蒙版】菜单项即可。

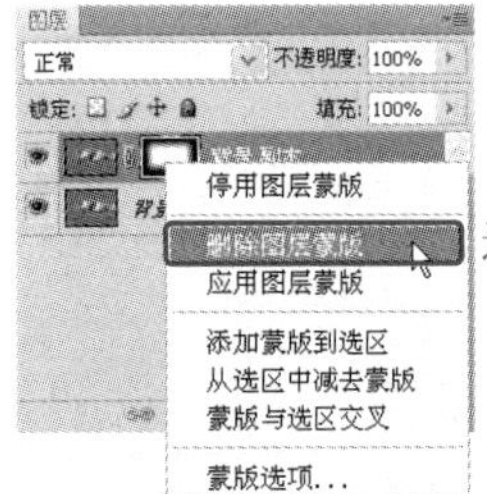

选择该菜单项

选择【图层】➤【图层蒙版】➤【删除】菜单项，同样可以将图层蒙版删除。

2. 实例——花纹边框

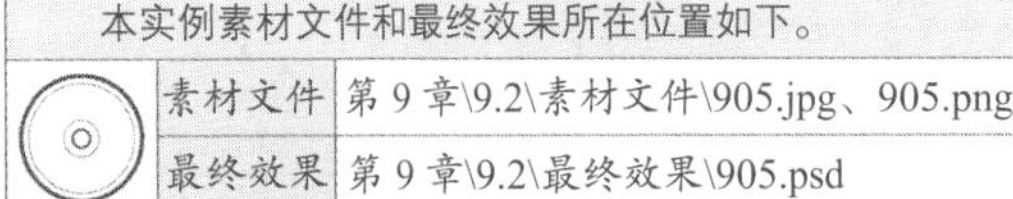

本实例素材文件和最终效果所在位置如下。		
	素材文件	第 9 章\9.2\素材文件\905.jpg、905.png
	最终效果	第 9 章\9.2\最终效果\905.psd

1 打开本实例对应的素材文件 905.jpg。

素材文件

2 单击【创建新图层】按钮，新建【图层 1】图层，将前景色设置为白色，按下【Alt】+【Delete】组合键填充图像，单击【添加图层蒙版】按钮，为新建图层添加图层蒙版。

添加蒙版

3 按下【Ctrl】+【A】组合键全选图层蒙版，将前景色设置为黑色，按下【Alt】+【Delete】组合键填充图层蒙版。

4 按下【Ctrl】+【D】组合键取消选区，选择【画笔】工具，在工具选项栏中设置如图所示的参数。

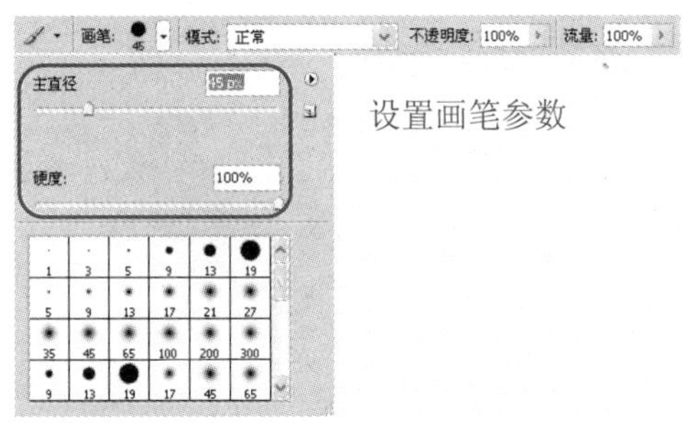

设置画笔参数

5 将前景色设置为白色，在图像中沿着边缘涂抹，显示部分图像，得到如图所示的效果。

6 在【填充】文本框中输入“66%”。

7 打开本实例对应的素材文件 905.png。

8 选择【移动】工具，将素材文件 905.png 中的图像拖动到素材文件 905.jpg 中。

9 选择【图层 1】图层，单击【创建新图层】按钮，新建图层。

10 将前景色设置为白色，按下【Alt】+【Delete】组合键填充图像，单击【添加图层蒙版】按钮，为新建图层添加图层蒙版。

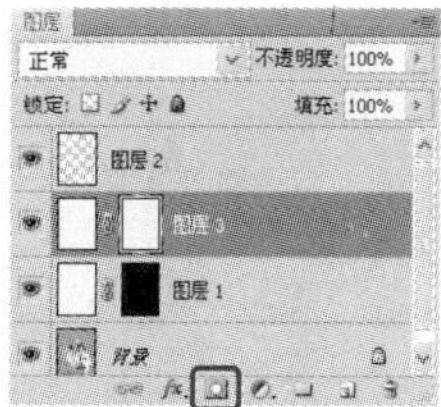

11 按下【Ctrl】+【A】组合键全选图层蒙版，将前景色设置为黑色，按下【Alt】+【Delete】组合键填充图层蒙版。

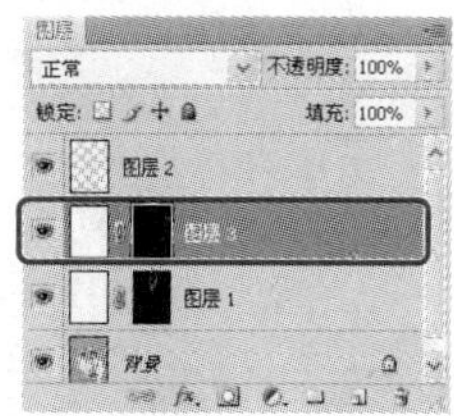

12 按下【Ctrl】+【D】组合键取消选区，选择【画笔】工具，在工具选项栏中设置如图所示的参数。

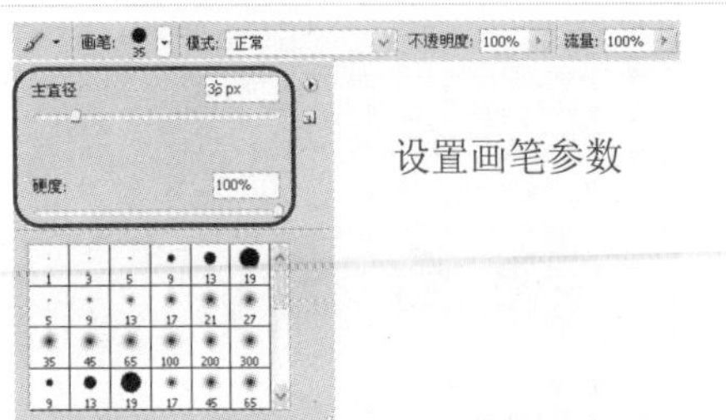

13 将前景色设置为白色，在图像中沿着图像的四周涂抹，显示部分图像，得到如图所示的效果。

14 在【图层】面板中的【填充】文本框中输入“85%”。

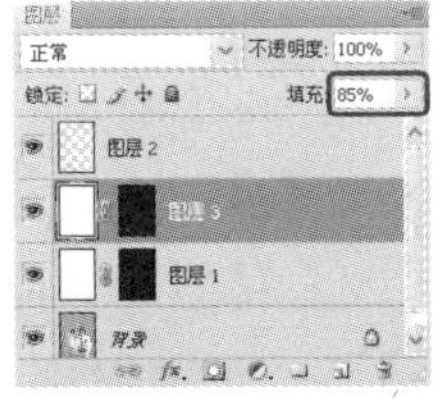

15 最终得到如图所示的效果。

3. 快速蒙版

快速蒙版是方便快捷地创建蒙版的方法之一，确保对图像修改部分进行单独操作而不影响图像中的其他元素。

创建快速蒙版

单击工具箱下方的【快速蒙版】按钮，即可进入快速蒙版模式下编辑任何选区。

关闭快速蒙版

单击工具箱下方的【以标准模式编辑】按钮，即可关闭蒙版并返回原图像。

4. 实例——烟雨蒙蒙

本实例素材文件和最终效果所在位置如下。		
	素材文件	第 9 章\9.2\素材文件\906.jpg
	最终效果	第 9 章\9.2\最终效果\906.psd

1 打开本实例对应的素材文件 906.jpg。

2 在【图层】面板中单击【创建新图层】按钮，新建图层。

3 单击工具箱中的【快速蒙版】按钮，进入快速蒙版模式。

4 将前景色设置为白色，背景色设置为黑色，选择【滤镜】➤【渲染】➤【云彩】菜单项，为图像添加云彩效果。

5 单击工具箱中的【以标准模式编辑】按钮，关闭蒙版并返回原图像。

6 按下【Alt】+【Delete】组合键填充选区。

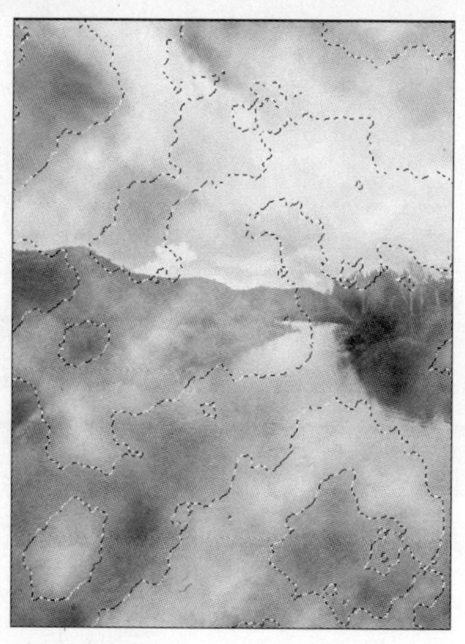

7 在【图层】面板中单击【添加图层蒙版】按钮，为该图层添加图层蒙版，最终得到如图所示的云雾效果。

5. 实例——停泊

本实例素材文件和最终效果所在位置如下。	
素材文件	第 9 章\9.2\素材文件\907.jpg
最终效果	第 9 章\9.2\最终效果\907.psd

1 打开本实例对应的素材文件 907.jpg。

素材文件

2 将前景色设置为白色，选择【矩形】工具，在工具选项栏中设置如图所示的选项。

设置【矩形】参数

3 在图像中绘制如图所示的矩形样式。

4 在【图层】面板中的【设置图层的混合模式】下拉列表中选择【正片叠底】选项。

5 双击【图层】面板中的【斜面和浮雕】样式图层，弹出【图层样式】对话框，设置如图所示的参数，然后单击 确定 按钮。

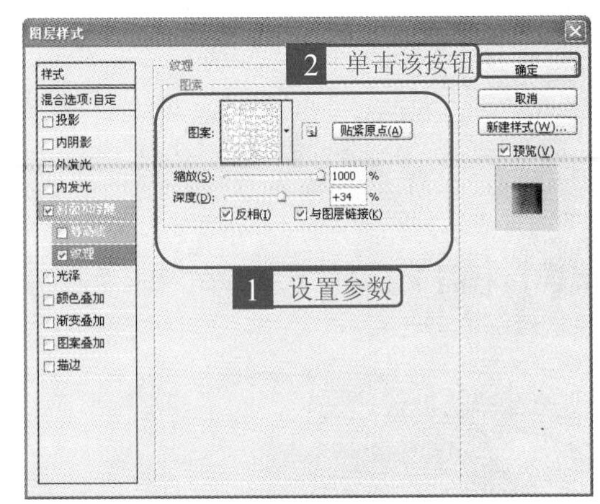

6 最终得到如图所示的效果。

最终效果

新手

第 10 章 文字的创建与编辑

Chapter 10

小月：小龙，Photoshop 软件可以制作立体字效果吗？

小龙：可以啊！

小月：那你能教教我吗？

小龙：没问题，其实制作立体字效果很简单。

小月：是吗？那你快说怎么做吧！

小龙：好的。

要点导航

- 文字的输入
- 【字符】和【段落】面板
- 创建特效文字

10.1 文字的输入

在 Photoshop 中存在点文本和段落文本两种文本形式。使用【横排文字】工具和【直排文字】工具在图像中输入文字即可创建文字图层。

1. 文字工具的选项栏

选择【横排文字】工具，在工具选项栏中会显示相应的文字属性选项。在 Photoshop 中的文字工具选项栏中可以设置或者更改文字的颜色、大小和字距等属性。

设置文字的字体和大小

图像的尺寸与文字的大小密切相关，输入文字时可以根据需要设置文字的大小。

文字属性的设置可以在输入前进行，也可以在输入文字后进行。

字体样式和字号大小的设置方法如下。

⑴ 设置字体样式。

选择文字工具后，单击工具选项栏中的【设置字体系列】下拉列表方正大标宋简体后面的下箭头按钮，在弹出的下拉列表中的左侧列出了字体的名称，右侧则显示该字体形态，从中可以预览并选择一种需要的字体。

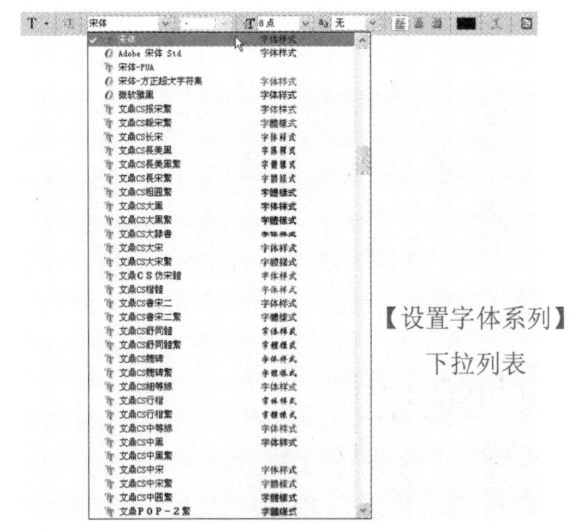

【设置字体系列】下拉列表

在该下拉列表中选择不同的文字样式，可以输入不同风格的字体样式。

⑵ 设置字体的大小。

单击工具选项栏中的【设置字体大小】下拉列表8点后面的下箭头按钮，弹出【设置字体大小】下拉列表，从中选择不同的选项，可以设置或者更改文字的大小。

编辑后效果

转换文字的排列

输入文字的排列方向可以相互转换，主要可以通过以下方式进行。

⑴ 使用按钮。

输入文字后单击工具选项栏中的【更改文本方向】按钮，即可快速地更改文字的排列方向。

⑵ 使用菜单。

当文本处于水平状态时，选择【图层】➤【文字】➤【垂直】菜单项，可以将文字转换为垂直状态；当文本处于垂直状态时，选择【图层】➤【文字】➤【水平】菜单项，可以将文字转换为水平状态。

文字的对齐方式

选择【横排文字】工具，在工具选项栏中有【左对齐】按钮、【居中对齐】按钮和【右对齐】按钮，选择相应的按钮可以初步设置段落文字的不同对齐方式。

文字边缘和颜色

在文字工具选项栏中还可以设置文字边缘的平滑程度以及文字的颜色。

(1) 消除锯齿。

单击工具选项栏中的【设置消除锯齿的方法】下拉列表框后面的下箭头按钮，弹出相应的下拉列表。

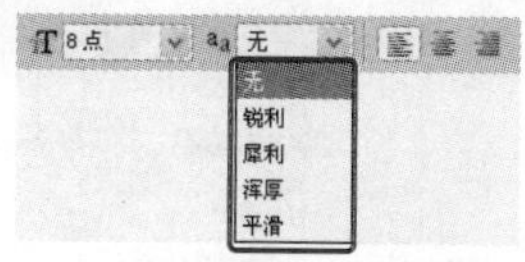

在该下拉列表中选择相应的选项，即可为文字设置不同的消除文字边缘锯齿的形态。

(2) 设置文字的颜色。

选择文字工具，或者在输入文字后选中需要更改颜色的文字，然后单击工具箱中的【设置前景色】颜色框，弹出【拾色器（前景色）】对话框，从中选择一种颜色作为文字的颜色。

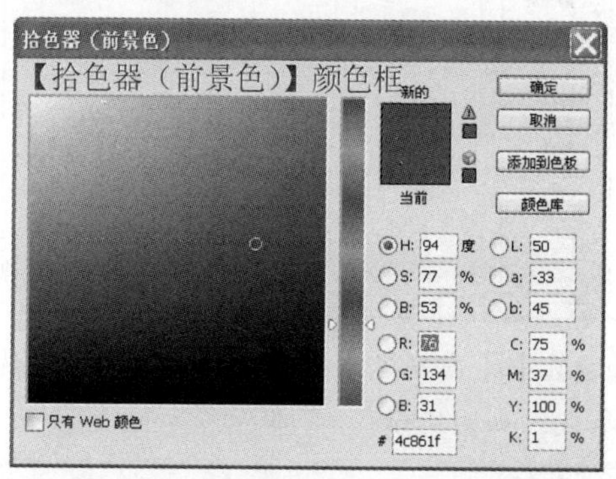

【拾色器（前景色）】颜色框

还可以在输入文字后选中文字，单击工具选项栏中的【设置文本颜色】颜色框，设置文字的颜色。

【设置文本颜色】颜色框

2. 输入点文本

点文本是一种不会自动转行的文字形式，一般用于创建较短的文本。

输入横排文字

输入水平排列的点文本的具体步骤如下。

1 打开需要添加文字的素材图片，选择【横排文字】工具，在工具选项栏中设置相关参数及选项。

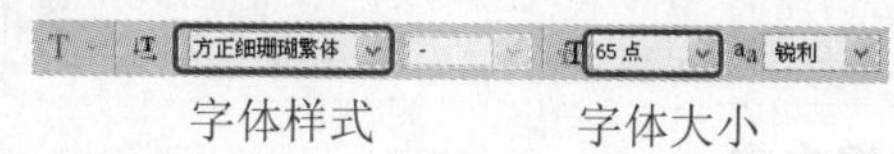

字体样式　　字体大小

2 将鼠标指针移动到图像中，待指针变为形状时在图像中单击插入文本输入光标。

插入输入点

3 在图像中输入文字（如果文本太长，可以在一行写完后按下【Enter】键换行，然后继续输入文字）。

输入文字

4 输入完文字后单击工具选项栏右侧的【取消所有当前编辑】按钮，取消当前的文字操作；单击【提交所有当前编辑】按钮，确定当前的文字操作。

3. 实例——LOVE 文字

本实例素材文件和最终效果所在位置如下。	
素材文件	第 10 章\10.1\素材文件\1001a.jpg~1001b.jpg
最终效果	第 10 章\10.1\最终效果\1001.psd

编辑文字

1 打开本实例对应的素材文件 1001a.jpg。

素材文件

2 单击工具箱中的【设置前景色】颜色框，在弹出的【拾色器（前景色）】对话框中设置如图所示的参数，然后单击 确定 按钮。

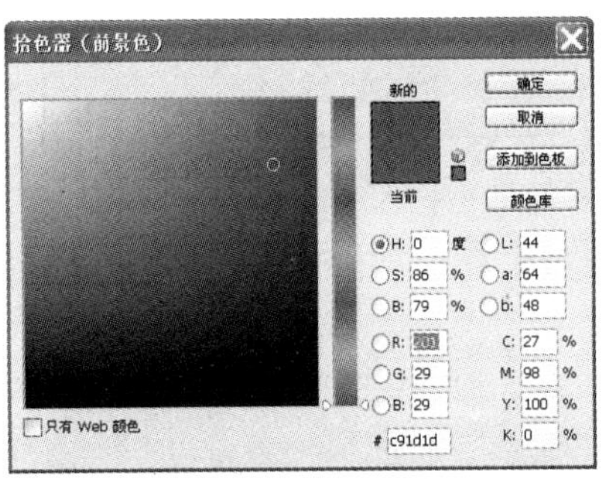

3 选择【横排文字】工具 T，在工具选项栏中设置如图所示的选项及参数。

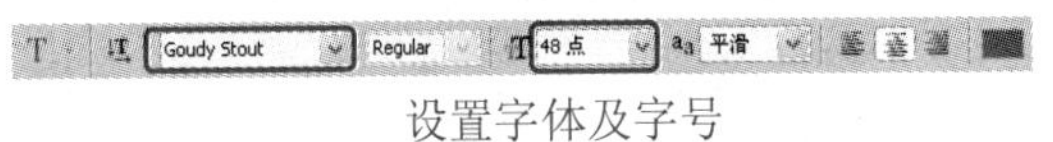

设置字体及字号

4 在图像中输入如图所示的文字。

添加文字

5 在【图层】面板中单击【添加图层样式】按钮 fx，在弹出的下拉菜单中选择【内阴影】菜单项。

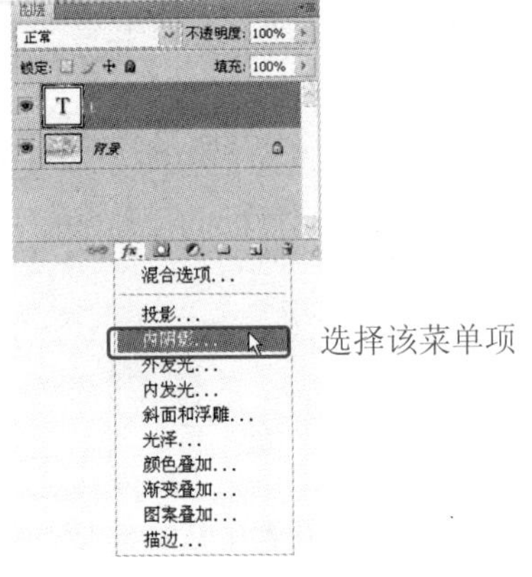

6 在弹出的【图层样式】对话框中设置如图所示的参数。

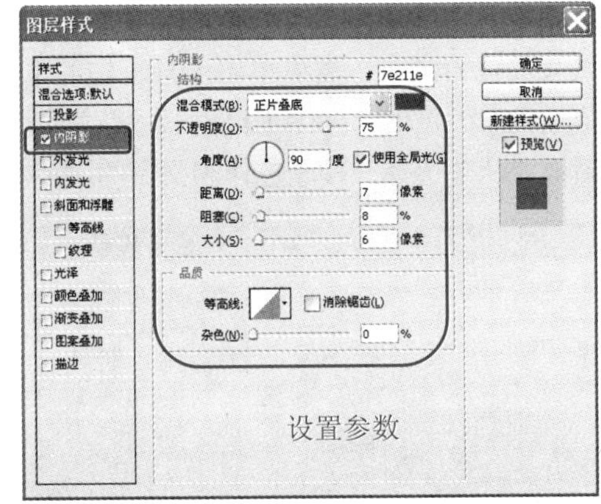

7 选中【内发光】复选框，设置内发光的相关参数，如图所示。

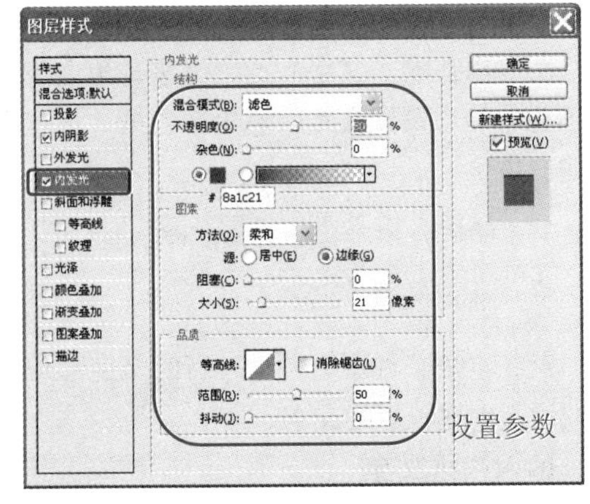

8 选中【斜面和浮雕】复选框，设置相关参

数，如图所示。

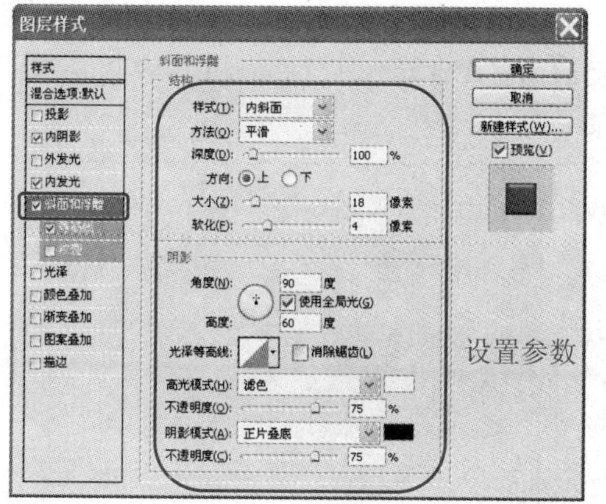

9 选中【等高线】复选框，设置相关参数，如图所示。

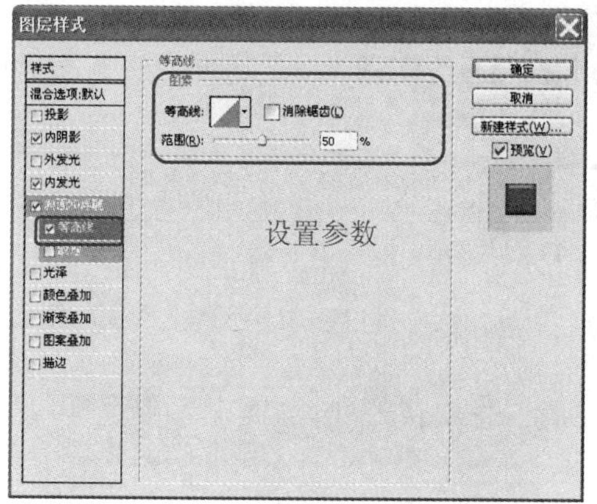

10 选中【光泽】复选框，设置相关参数，如图所示。

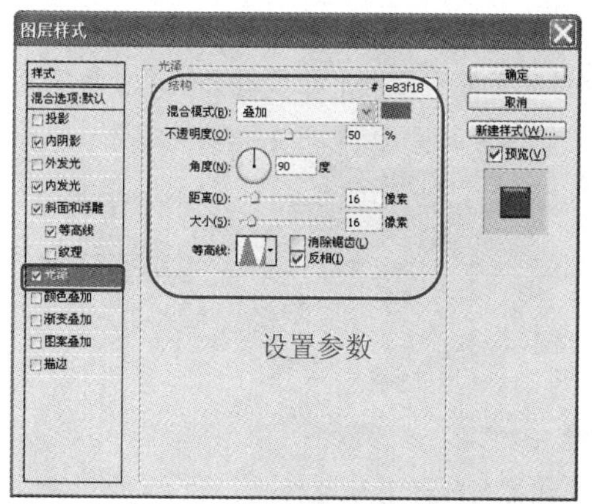

11 选中【颜色叠加】复选框，设置相关参数，如图所示。

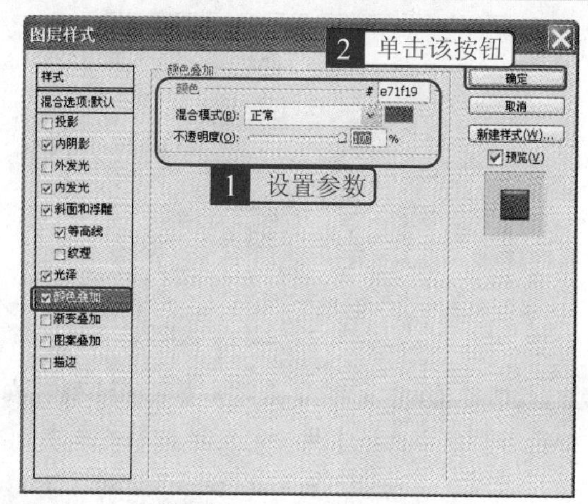

12 设置完毕单击 确定 按钮，得到如图所示的效果。

13 在【图层】面板中单击【创建新图层】按钮，新建图层。

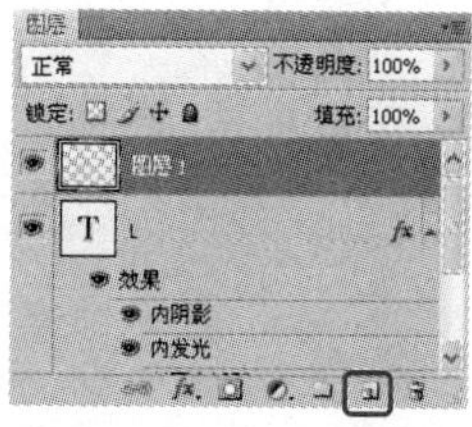

14 选择【自定形状】工具，在工具选项栏中设置如图所示的选项及参数。

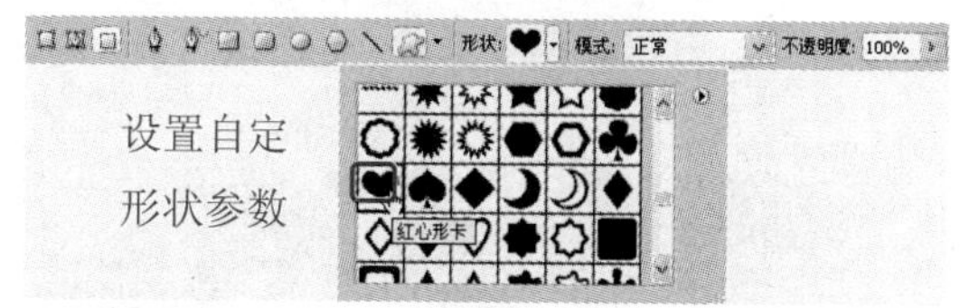

15 按住【Shift】键在图像中绘制如图所示的心形图像。

16 选择【L】文字图层，单击鼠标右键，在弹出的菜单中选择【拷贝图层样式】菜单项。

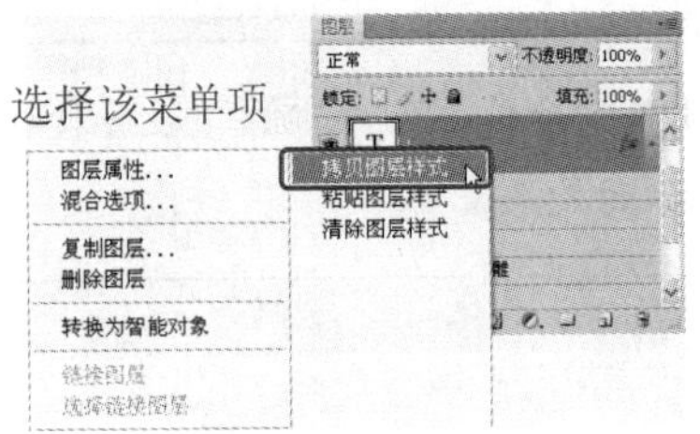

17 选择【图层 1】图层，单击鼠标右键，在弹出的菜单中选择【粘贴图层样式】菜单项。

18 粘贴样式后的心形效果如图所示。

19 参照上述方法再绘制一个心形图像，并按下【Ctrl】+【T】组合键适当调整图像的旋转角度，调整合适后按下【Enter】键确认操作，效果如图所示。

20 选择【横排文字】工具 T，在工具选项栏中设置如图所示的选项及参数。

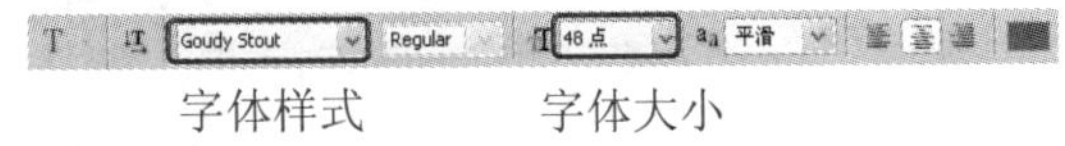

21 在图像中输入如图所示的文字。

22 选择【VE】文字图层，单击鼠标右键，在弹出的菜单中选择【粘贴图层样式】菜单项。

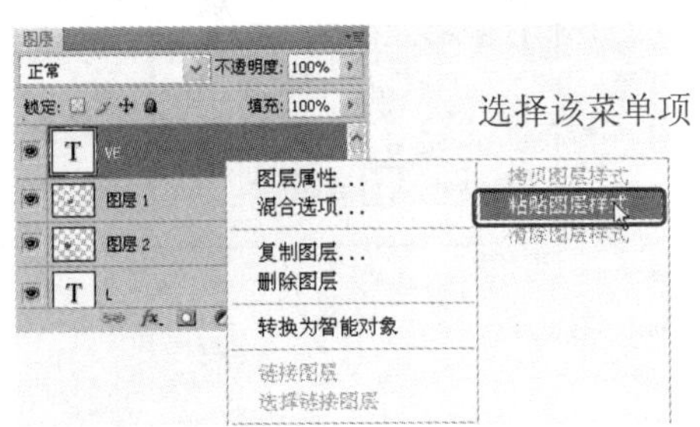

23 得到的效果如图所示。

24 将【背景】图层隐藏，选择【VE】文字图层，按下【Ctrl】+【Alt】+【Shift】+【E】组合键盖印图层。

盖印图层

25 显示【背景】图层，选择【图层 3】图层，按下【Ctrl】+【T】组合键调出调整控制框，在控制框内单击鼠标右键，在弹出的快捷菜单中选择【垂直翻转】菜单项。

选择该菜单项

26 按下【Enter】键确认操作，选择【移动】工具 向下移动图像的位置，在【图层】面板中的【填充】文本框中输入“45%”。

27 单击【图层】面板中的【添加图层蒙版】按钮 ，为该图层添加图层蒙版。

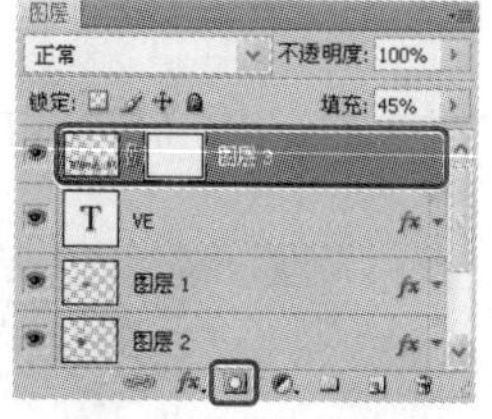

添加蒙版

28 将前景色设置为黑色，选择【渐变】工具 ，在工具选项栏中设置如图所示的选项。

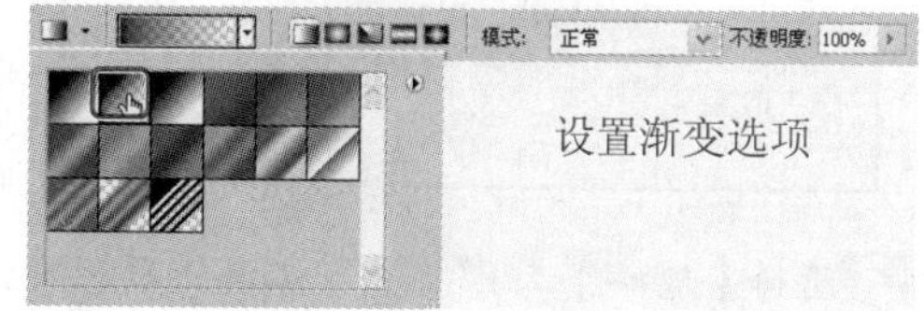

设置渐变选项

29 按住【Shift】键在倒影的文字部分由下至上拖曳鼠标，添加渐变效果。

最终效果

添加装饰

1 打开本实例对应的素材文件 1001b.jpg。

素材文件

2 按下【Ctrl】+【A】组合键全选图像，按下【Ctrl】+【C】组合键复制图像，选择绘制的文字素材文件，按下【Ctrl】+【V】组合键粘贴图像。

粘贴图像

3 选择【魔棒】工具，在工具选项栏中设置如图所示的参数。

容差：32 ☑消除锯齿 ☑连续

4 在图像中白色的背景区域单击鼠标左键，将白色的背景全部选中，按下【Ctrl】+【Shift】+【I】组合键将选区反选。

5 单击【图层】面板中的【添加图层蒙版】按钮，为该图层添加图层蒙版。

添加蒙版

6 按下【Ctrl】+【T】组合键调整花朵的图像大小，并移动其位置，调整合适后按下【Enter】键确认操作，最终得到如图所示的效果。

4. 输入段落文字

在 Photoshop 中段落文本是一种可以在设定的区域中自动进行换行的文字，适用于创建大段文字。输入段落文本的具体步骤如下。

1 打开需要添加文字的素材图片，选择【横排文字】工具，在图像中单击一点，并拖动鼠标到另一点处，拉出一个文字定界框。

拖出定界框

2 创建完定界框后，可以根据需要缩放定界框的大小。

3 此时可以在定界框内输入文字，并可以观察到输入的文字会自动换行。

4 拖动定界框的节点或者一条边，可以任意调整段落文本的排列形态。输入完成后，单击工具选项栏中的【提交所有当前编辑】按钮✓确认操作即可。

5. 转换点文本与段落文本

在 Photoshop CS4 中可以对输入的文字进行点文本与段落文本的相互转换以及图层间的转换，或是替换文字等操作。

在图像中输入文字后，单击工具选项栏中的【提交所有当前编辑】按钮✓确认操作，然后选中文字图层。

将点文本转换为段落文本时，选择【图层】➤【文字】➤【转换为段落文本】菜单项。

将段落文本转换为点文本时，选择【图层】➤【文字】➤【转换为点文本】菜单项。

10.2 【字符】和【段落】面板

在图像中输入文字后，可以通过【字符】面板和【段落】面板调节文字的间距、行距以及段落样式等属性。

1. 【字符】面板

使用【字符】面板可以更加精确地为输入的文字设置各种参数。

选择文字工具后单击工具选项栏中的【显示/隐藏字符和段落调板】按钮，或者单击工作区中的图标，打开【字符】面板。

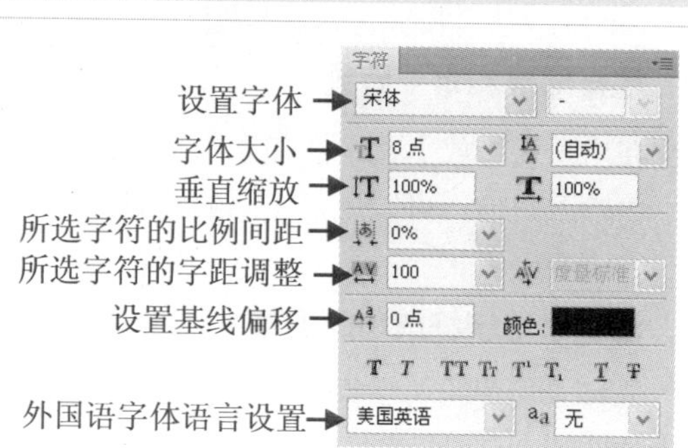

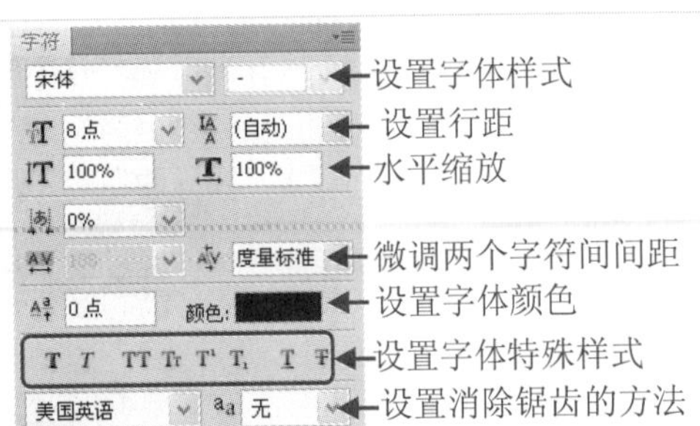

【字符】面板中几个常用选项的作用如下。

设置行距

选择【设置行距】下拉列表中的选项，可以设置两行文字之间的距离。

设置效果前后对比

垂直缩放和水平缩放

在【垂直缩放】文本框和【水平缩放】文本框中输入数值，可以设置文字的垂直缩放或水平缩放的比例。

设置所选字符的字距调整

选择【设置所选字符的字距调整】下拉列表中的选项，可以设置所选字符的间距。

设置基线偏移

在【设置基线偏移】文本框中输入数值，可以调整字符与基线之间的距离。

设置字体特殊样式

单击【设置字体特殊样式】按钮组中的不同按钮，可以设置文字特殊的显示样式。

2. 【段落】面板

在【段落】面板中可以设置段落文本的对齐方式和缩进方式。

输入段落文字后单击工具选项栏中的【显示/隐藏字符和段落调板】按钮，或者单击工作区中的图标，都可打开【段落】面板。

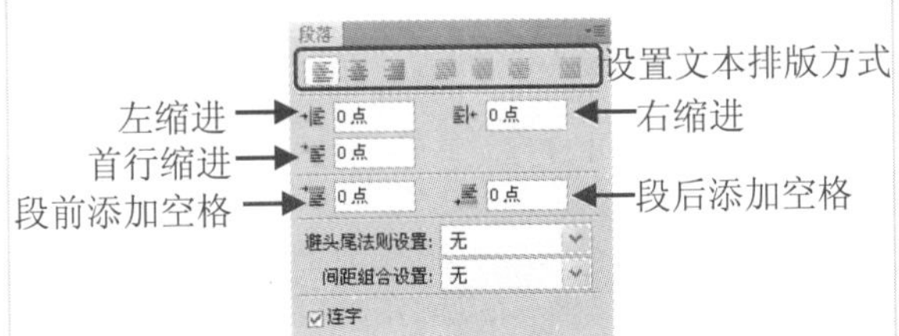

【段落】面板中各个选项的作用如下。

设置文本排版方式

单击【设置文本排版方式】按钮组中的按钮，可以设置各种文本排版的方式。

编辑后效果

设置文本缩进方式

在【左缩进】文本框中输入数值将会使文本向右移动，增加文本的左侧空白。

在【右缩进】文本框中输入数值将会使文本向左移动，增加文本的右侧空白。

在【首行缩进】文本框中输入数值将会调整段落文本第 1 行的缩进量。

设置段落前后间距

在【段前添加空格】文本框中输入数值，可以设置选中的段落文字与前段文字的间距。

在【段后添加空格】文本框中输入数值，可以设置选中的段落文字与后段文字的间距。

3. 实例——明信片

本实例素材文件和最终效果所在位置如下。	
素材文件	第 10 章\10.2\素材文件\1002.jpg
最终效果	第 10 章\10.2\最终效果\1002.psd

1 打开本实例对应的素材文件 1002.jpg。

2 将前景色设置为“fde532”号色，选择【横排文字】工具T，在工具选项栏中设置适当的字体及字号。

设置字体及字号

3 在图像的右上方单击鼠标左键插入文字指针，输入如图所示的文字，然后单击工具选项栏中的【提交当前所有编辑】按钮✓，确认操作。

4 使用【横排文字】工具T，再次输入其他文字，得到如图所示的效果。

5 在工具选项栏中将文本颜色设置为“97731b”号色，参照上述方法在图像中输入如图所示的文字。

6 在工具选项栏中将文本颜色设置为"fde532"号色，并从中设置适当的字体及字号。

设置字体及字号

7 使用【横排文字】工具，在图像中按住鼠标右键不放并向外拖动，拉出文字定界框。

8 在定界框内输入文字，需要换行时直接按下【Enter】键即可，输入文字后得到如图所示的效果。

添加文字

9 按下【Ctrl】+【A】组合键全选定界框内的文字。

全选文字

10 打开【段落】面板，单击面板中的【右对齐】按钮，将文字设置为右对齐。

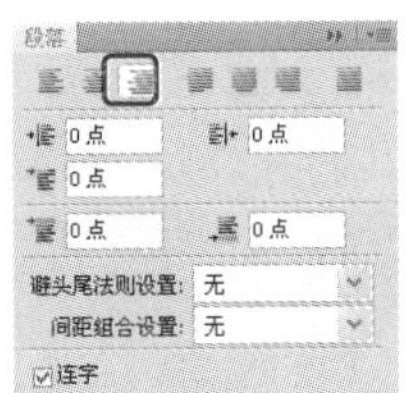

右对齐设置

11 单击工具选项栏中的【提交当前所有编辑】按钮✓确认操作，最终得到如图所示的效果。

最终效果

10.3 创建特效文字

本节主要通过实例介绍利用 Photoshop CS4 软件的特殊功能并结合文字工具，制作特效文字的操作过程。

1. 实例——立体字

本实例素材文件和最终效果所在位置如下。	
素材文件	第 10 章\10.3\素材文件\1003.jpg
最终效果	第 10 章\10.3\最终效果\1003.psd

1 打开本实例对应的素材文件 1003.jpg。

2 将前景色设置为“64d4ff”号色，将背景色设置为“0041a6”号色，选择【横排文字】工具T，在打开的【字符】面板中设置适当的字体及字号。

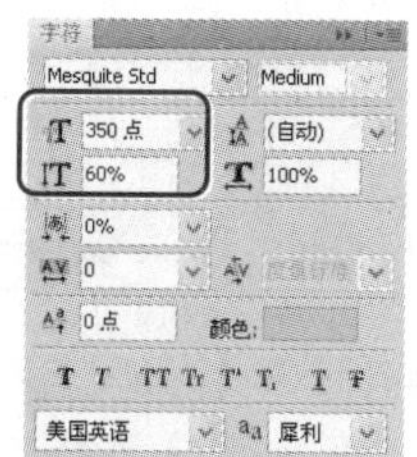

设置字体及字号

3 在图像中输入如图所示的文字。

4 打开【图层】面板，在【T】图层上单击鼠标右键，在弹出的快捷菜单中选择【栅格化文字】菜单项，将文字图层栅格化。

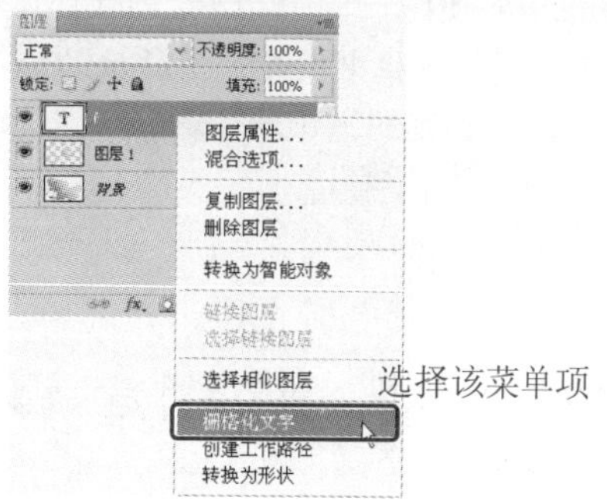

5 按下【Ctrl】+【J】组合键复制文字图层，得到【F 副本】图层。

6 选择【F】图层，按住【Ctrl】键单击该文字图层的图层缩览图，将图像载入选区。

7 选择【移动】工具，按住【Alt】键的同时交替按下【↑】键和【→】键微移图像，然后多次执行该命令。

8 选择【F副本】图层，选择【渐变】工具，在工具选项栏中设置如图所示的选项。

9 在选区内由右下角到左上角拖动鼠标，添加渐变效果。

10 选择【F】图层，按住【Ctrl】键单击该文字图层的图层缩览图，将图像载入选区。

11 使用【渐变】工具，在选区内由右上角到左下角拖动鼠标，添加渐变效果。

12 按下【Ctrl】+【D】组合键取消选区，按下【Ctrl】+【J】组合键复制文字图层，得到【F副本2】图层。

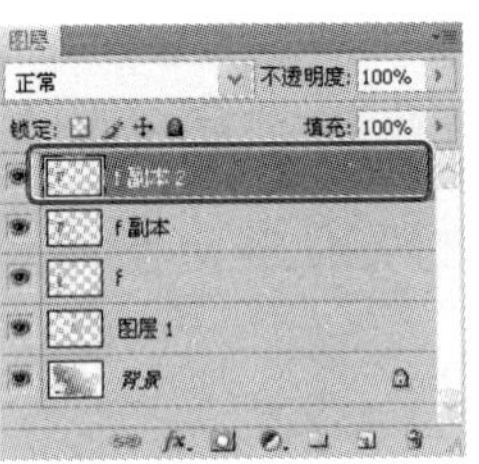

13 按住【Ctrl】键单击该文字图层的图层缩览图，将图像载入选区。

14 选择【选择】➤【修改】➤【收缩】菜单项，在弹出的【收缩选区】对话框中设置如图所示的参数，然后单击 确定 按钮。

15 单击【添加图层蒙版】按钮，为该图层添加图层蒙版。

16 选择【F 副本】图层，选择【加深】工具，在工具选项栏中设置如图所示的参数。

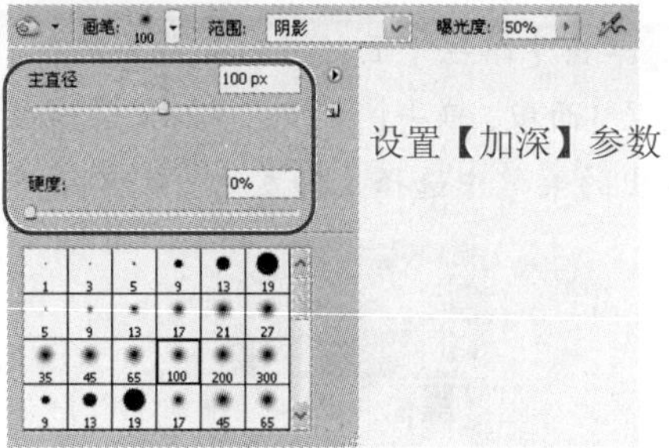

17 在文字的下边缘涂抹，加深效果。

18 选择【减淡】工具，在工具选项栏中设置如图所示的参数。

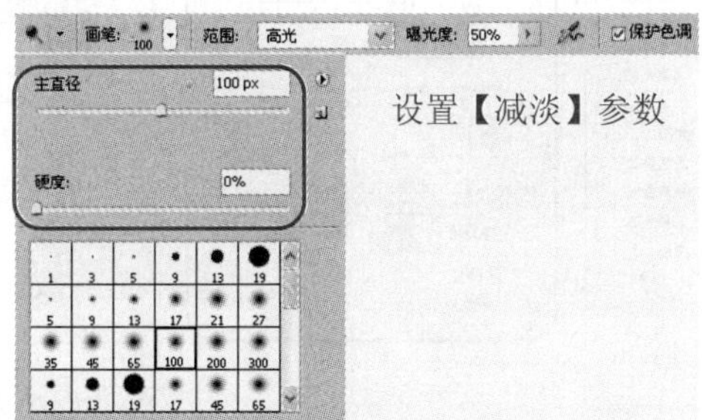

19 在文字的上边缘涂抹，将效果减淡。

20 参照上述方法绘制其他立体字，并设置适当的渐变颜色，最终得到如图所示的效果。

2. 实例——龙文字

本实例素材文件和最终效果所在位置如下。	
素材文件	第 10 章\10.3\素材文件\1004a.jpg、1004b.jpg
最终效果	第 10 章\10.3\最终效果\1004.psd

编辑龙纹

1 打开本实例对应的素材文件 1004a.jpg。

2 选择【编辑】➤【定义画笔预设】菜单项，

在弹出的【画笔名称】对话框中设置画笔名称，然后单击 确定 按钮。

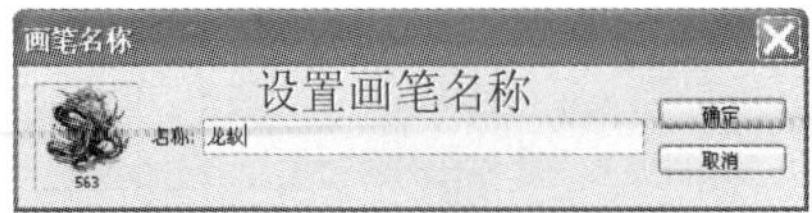

3 按下【Ctrl】+【N】组合键，弹出【新建】对话框，在该对话框中设置如图所示的参数，然后单击 确定 按钮。

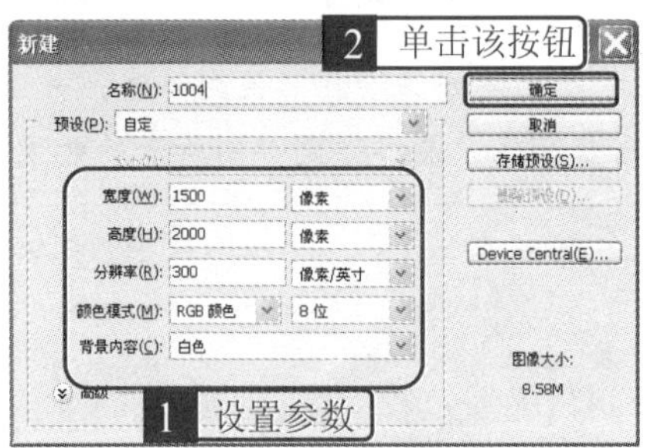

4 将前景色设置为黑色，按下【Alt】+【Delete】组合键填充图像。单击【创建新图层】按钮，新建图层。选择【钢笔】工具，在图像中绘制如图所示的曲线路径。

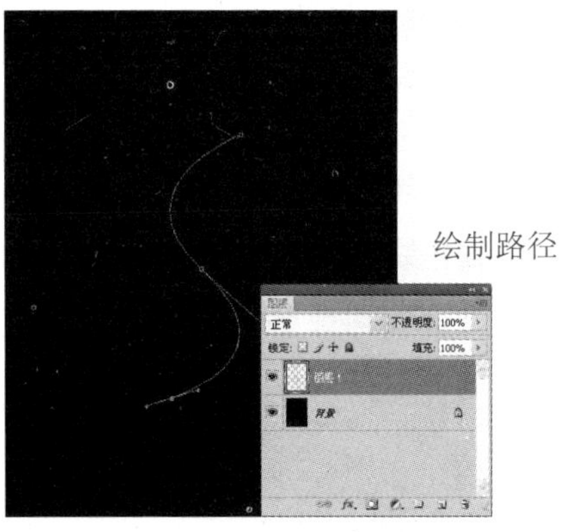

5 将前景色设置为白色，选择【画笔】工具，在工具选项栏中设置如图所示的参数。

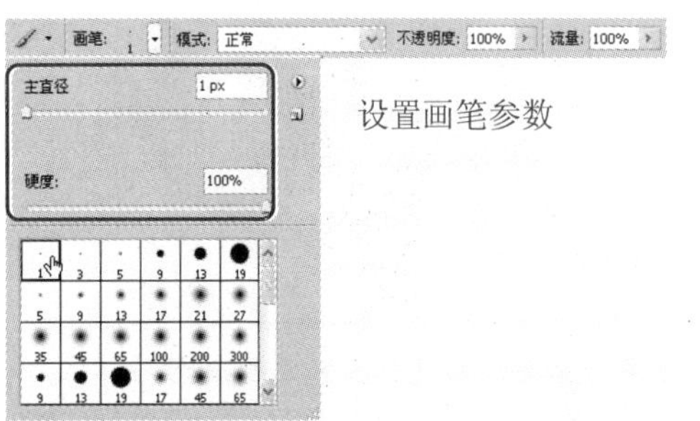

6 打开【路径】面板，按住【Alt】键单击【用画笔描边路径】按钮，弹出【描边路径】对话框，从中设置如图所示的选项，然后单击 确定 按钮。

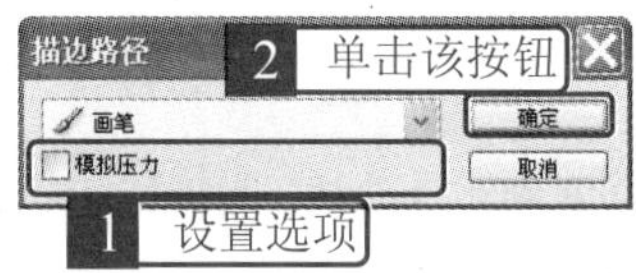

7 单击【路径】面板空白处隐藏路径，打开【图层】面板，单击【添加图层样式】按钮，在弹出的菜单中选择【外发光】菜单项。

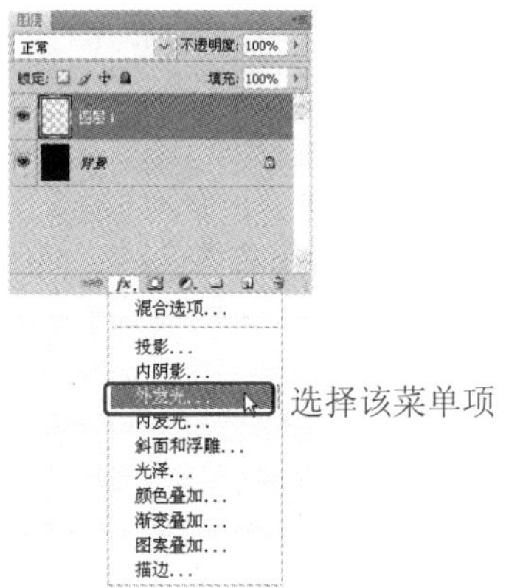

8 在弹出的【图层样式】对话框中设置如图所示的参数。

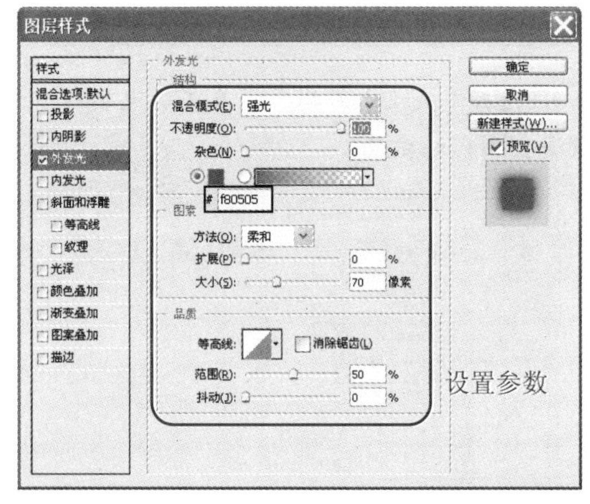

9 选中【内发光】复选框，设置内发光颜色，并设置如图所示的参数，然后单击 确定 按钮。

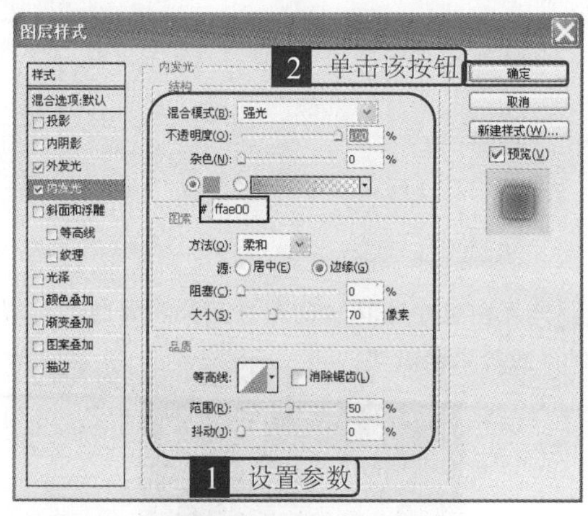

10 添加图层样式后得到如图所示的效果。

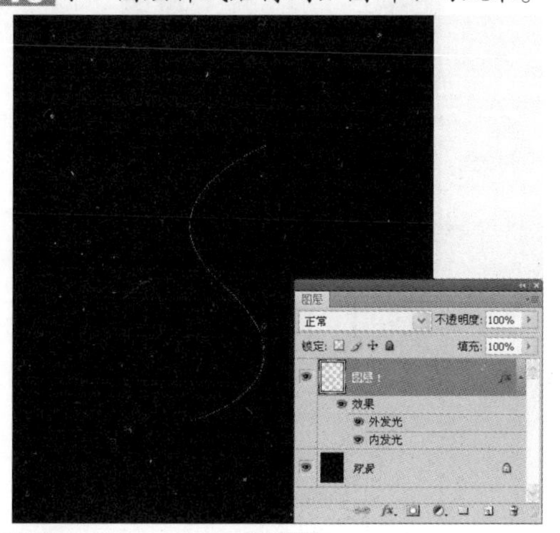

11 选择【画笔】工具，在工具选项栏中设置如图所示的选项及参数。

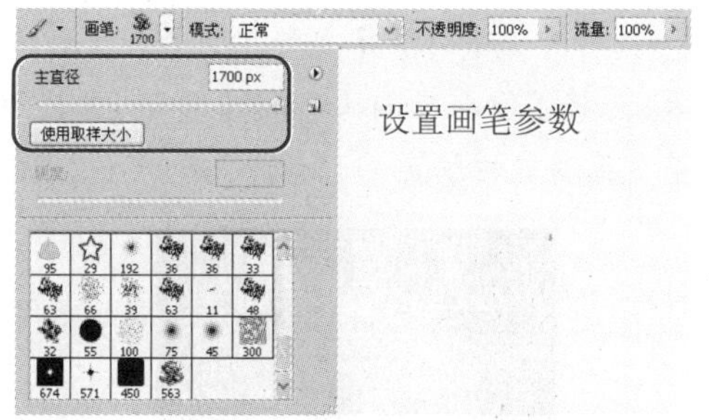

12 使用【画笔】工具，在图像中央单击鼠标左键，绘制龙的样式。

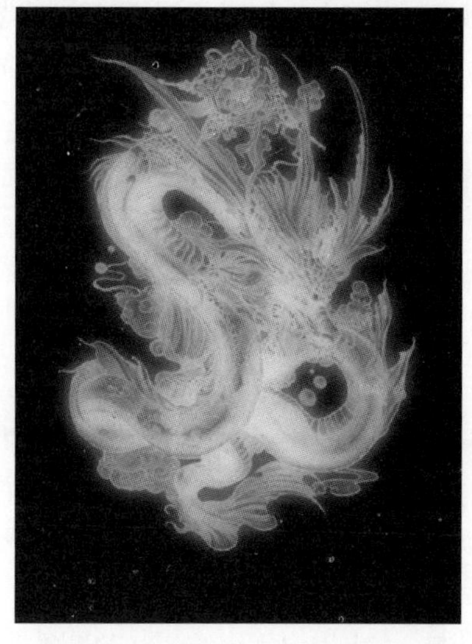

13 打开本实例对应的素材文件 1004b.jpg。

14 选择【移动】工具，将素材文件 1004b.jpg 拖动到绘制龙样式的素材文件中。

15 按下【Ctrl】+【T】组合键调整水花的大小及位置，调整合适后按下【Enter】键确认操作。

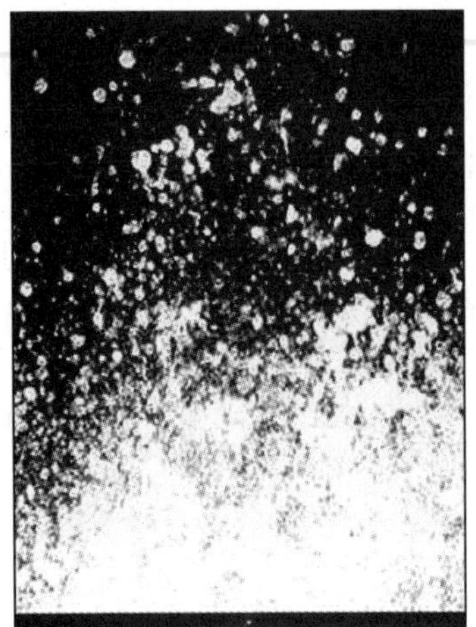

16 在【图层】面板中的【设置图层的混合模式】下拉列表中选择【滤色】选项。

17 单击【添加图层蒙版】按钮，为该图层添加图层蒙版。

添加蒙版

18 将前景色设置为黑色，选择【画笔】工具，在工具选项栏中设置如图所示的参数。

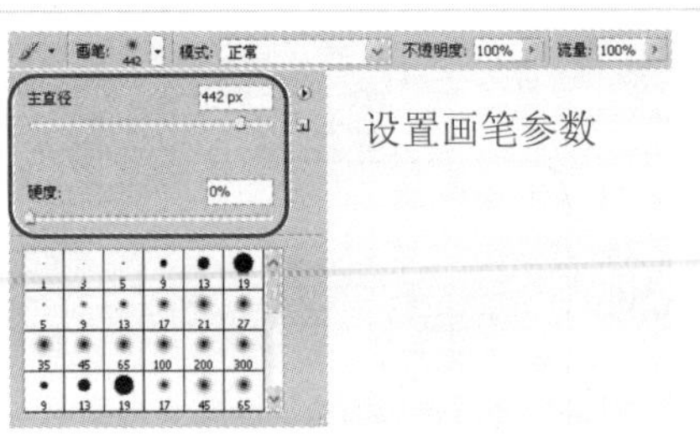
设置画笔参数

19 在图像中涂抹水的部分图像将其隐藏，得到如图所示的效果。

20 按下【Ctrl】+【J】组合键复制【图层2】图层，得到【图层2副本】图层。

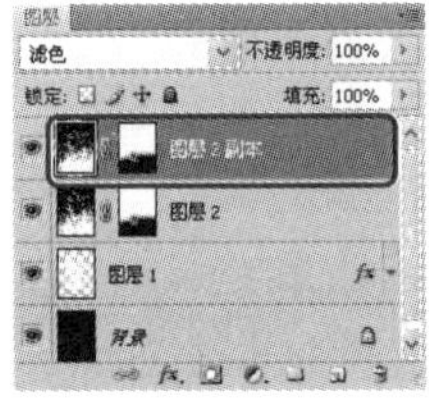
复制图层

21 选择【编辑】➢【变换】➢【垂直翻转】菜单项，将图像垂直翻转。选择【移动】工具，调整水花副本的位置。

22 将前景色设置为黑色，背景色设置为“ffc800”号色，打开【调整】面板，单击【渐变映射】图标，在弹出的【渐变映射】调板中设置如图所示的选项。

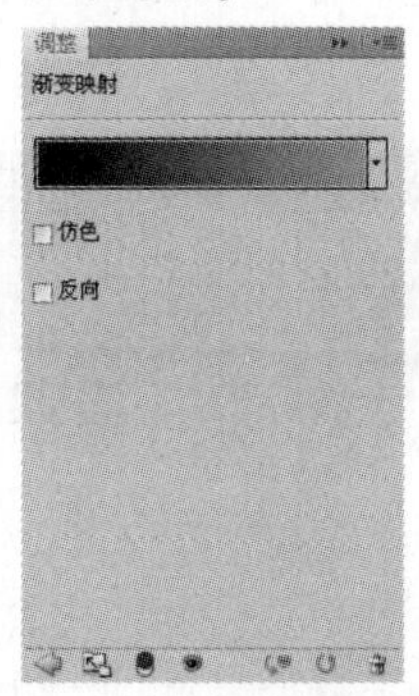

设置前景到背景的渐变

23 在【图层】面板中的【设置图层的混合模式】下拉列表中选择【滤色】选项。

设置滤色模式

24 选择【图层 1】图层，按下【Ctrl】+【J】组合键复制图层，得到【图层 1 副本】图层。

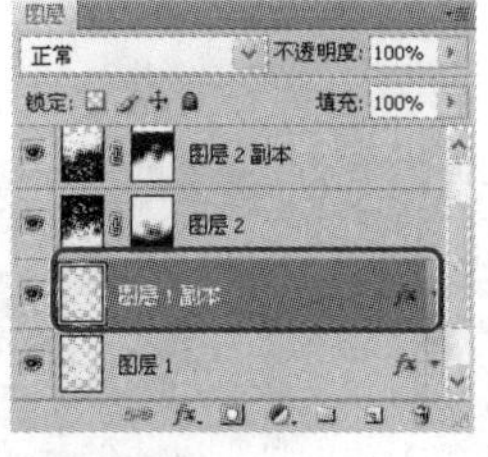

复制图层

25 选择【编辑】➢【变换】➢【垂直翻转】菜单项，将图像垂直翻转。选择【移动】工具，调整水花副本的位置。

26 单击【添加图层蒙版】按钮，为该图层添加图层蒙版。

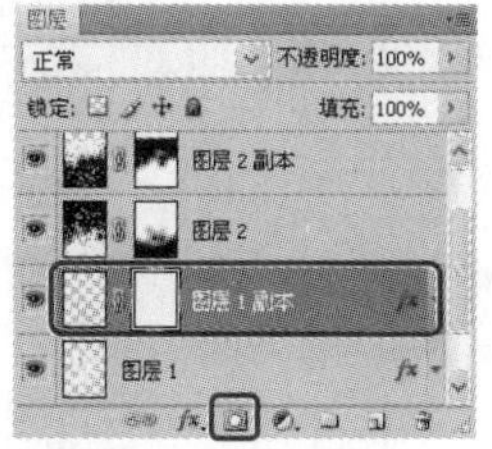

添加蒙版

27 将前景色设置为黑色，选择【渐变】工具，在工具选项栏中设置如图所示的选项。

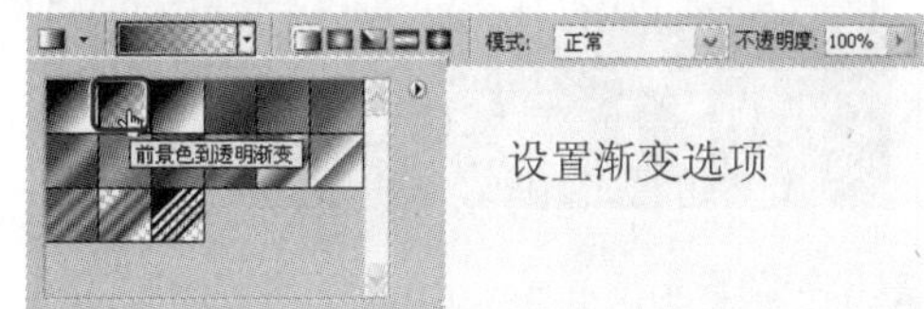

设置渐变选项

28 按住【Shift】键在图像中由上至下添加渐变效果，得到如图所示的效果。

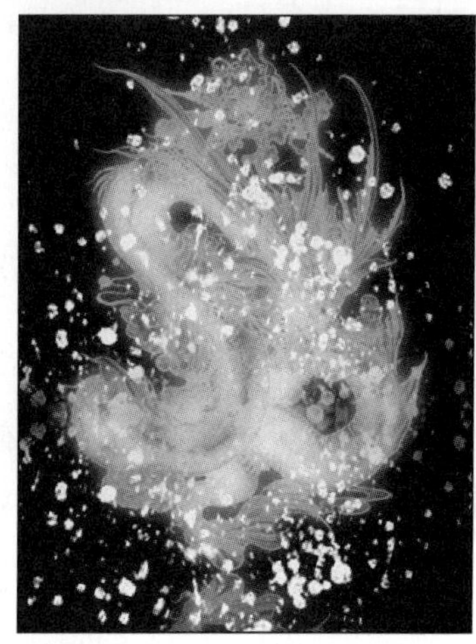

添加文字

1 选择【背景】图层，单击【创建新图层】按钮，新建图层。

新建图层

2 选择【钢笔】工具，在图像中绘制如图所示的直线路径。

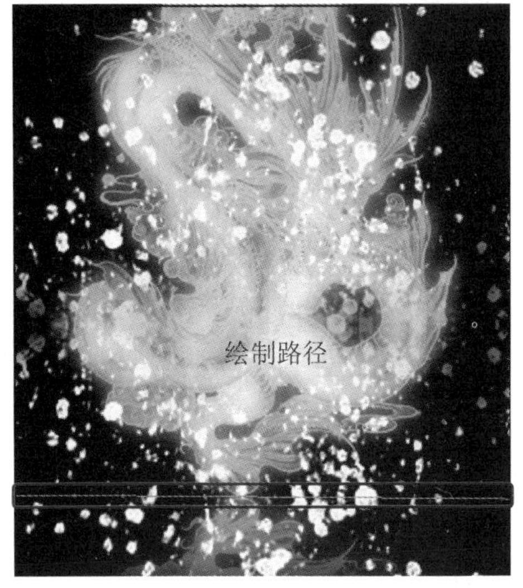
绘制路径

3 将前景色设置为“fffbd0”号色，选择【画笔】工具，在工具选项栏中设置如图所示的参数。

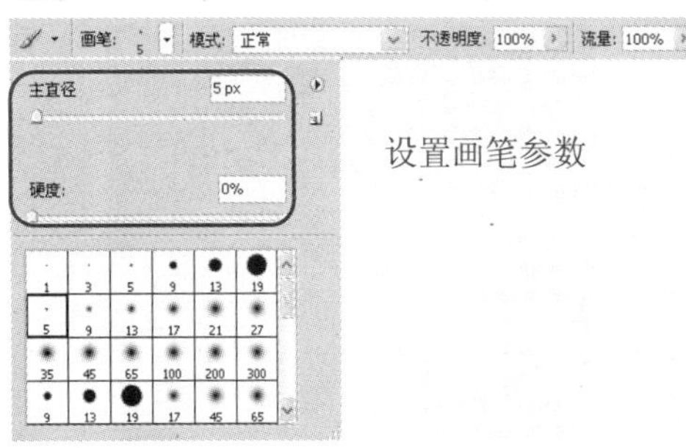

设置画笔参数

4 打开【路径】面板，按住【Alt】键单击面板中的【用画笔描边路径】按钮，弹出【描边路径】对话框，从中设置如图所示的选项，然后单击 确定 按钮。

5 单击【路径】面板的空白位置隐藏路径，显示描边效果。

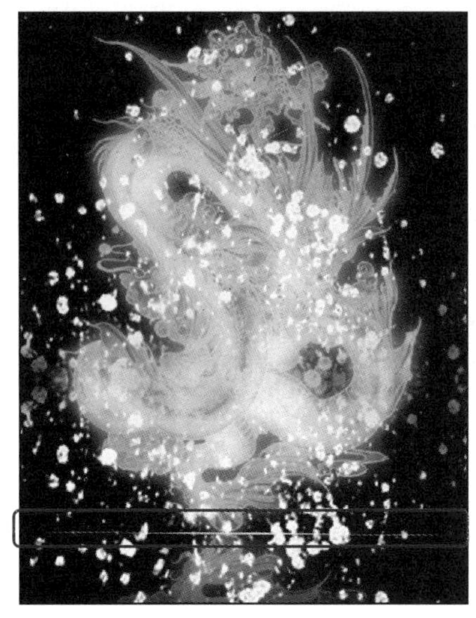

6 选择【横排文字】工具，在工具选项栏中设置适当的字体及字号。

字体样式　字体大小

7 在图像的左上角输入如图所示的文字。

添加文字

8 单击工具选项栏中的【提交当前所有编辑】按钮✓确认操作，单击【创建新的填充或调整图层】按钮，在弹出的菜单中选择【渐变】菜单项。

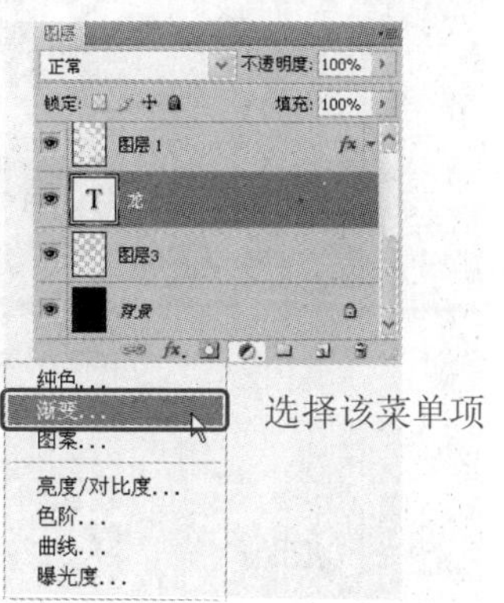

9 在弹出的【渐变填充】对话框中设置如图所示的选项及参数。

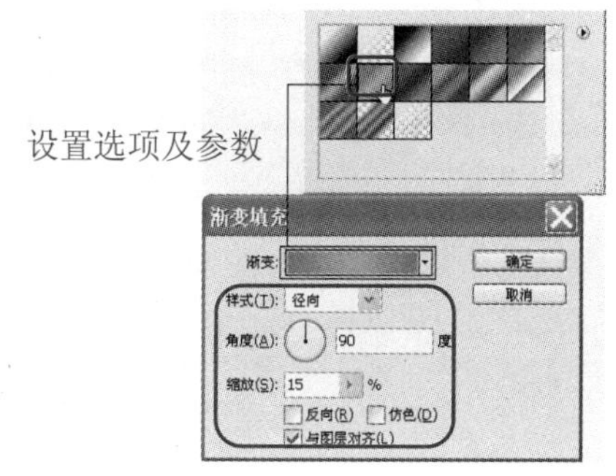

10 在图像中将渐变中心的位置移至图像的左下角处，然后单击 确定 按钮。

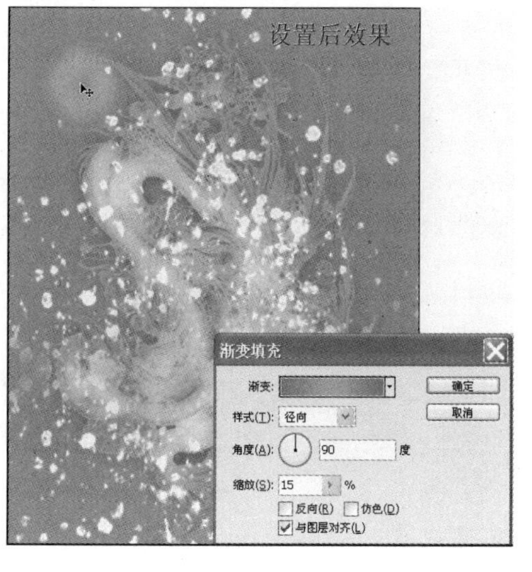

11 按下【Ctrl】+【Alt】+【G】组合键将【渐变填充 1】图层嵌入到下一图层中。

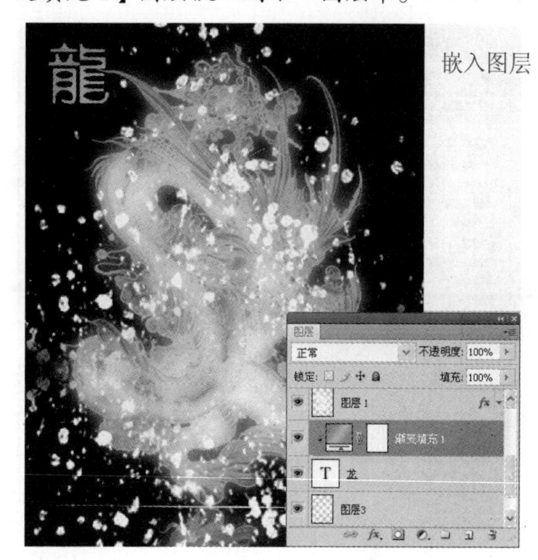

12 选择【背景】图层，按下【Ctrl】+【J】组合键复制图层，得到【背景 副本】图层。

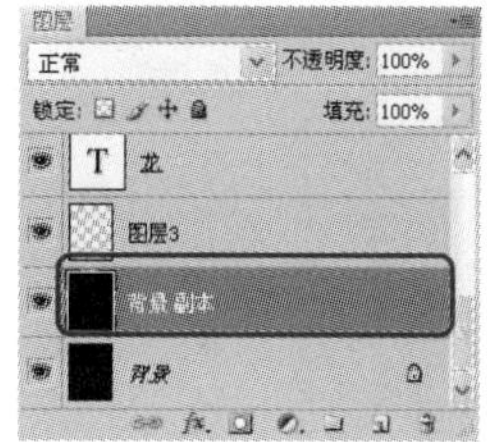

13 选择【图层】➤【图层样式】➤【描边】菜单项，弹出【图层样式】对话框，在该对话框中设置如图所示的参数。

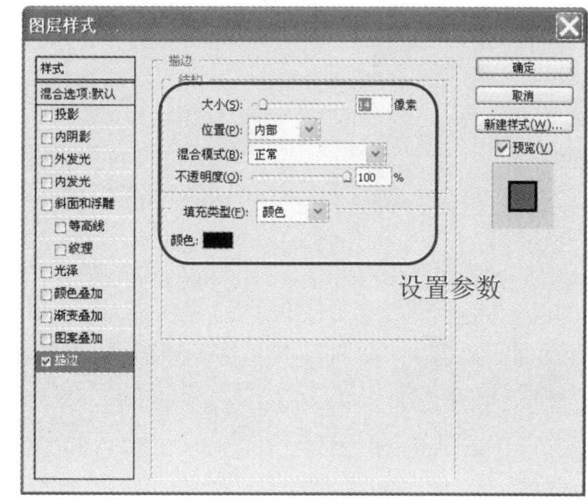

14 将描边颜色设置为“fcc82b”号色，然后单击 确定 按钮。

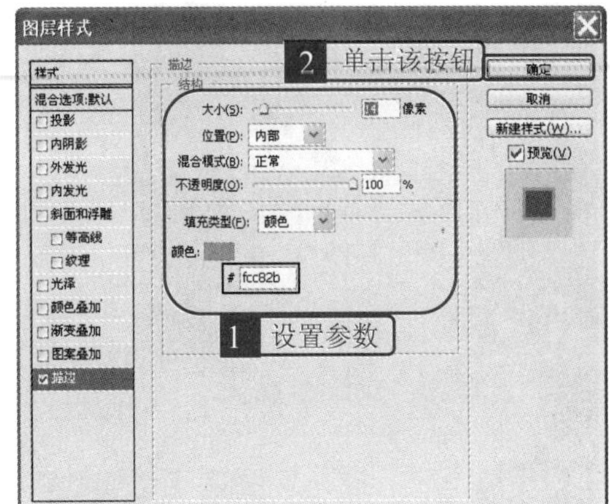

15 最终得到如图所示的效果。

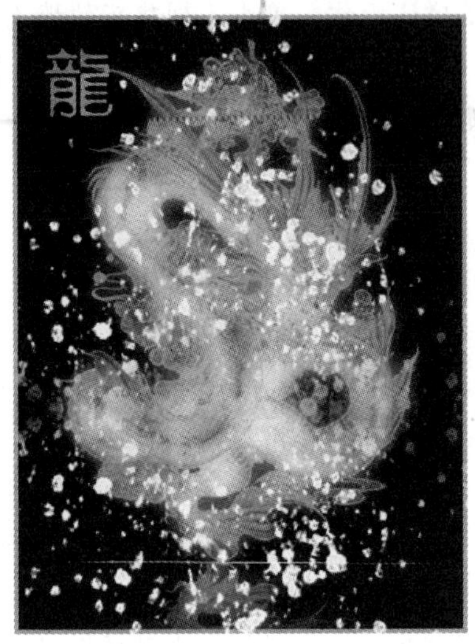

最终效果